Callwey

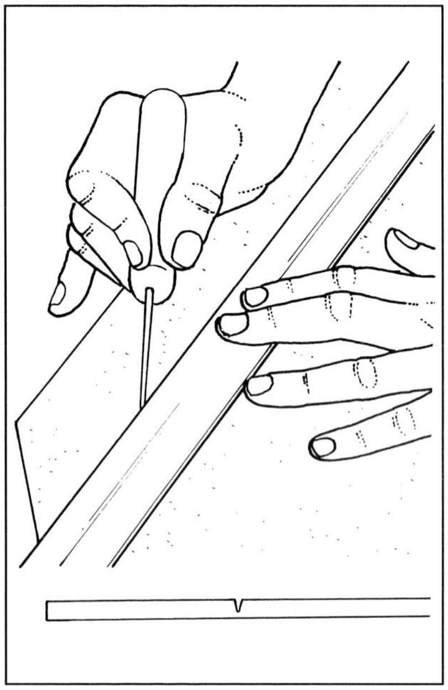
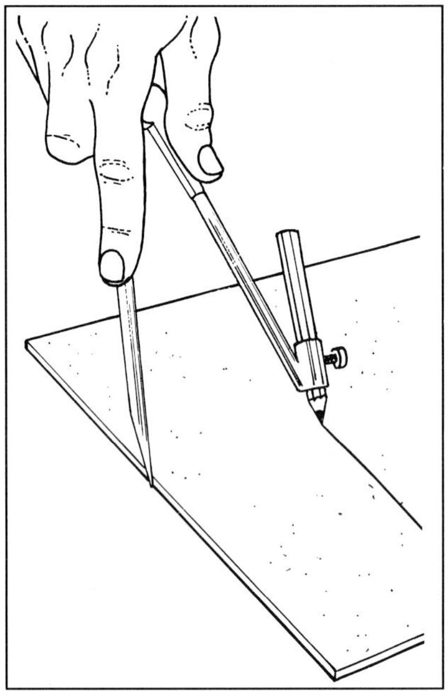
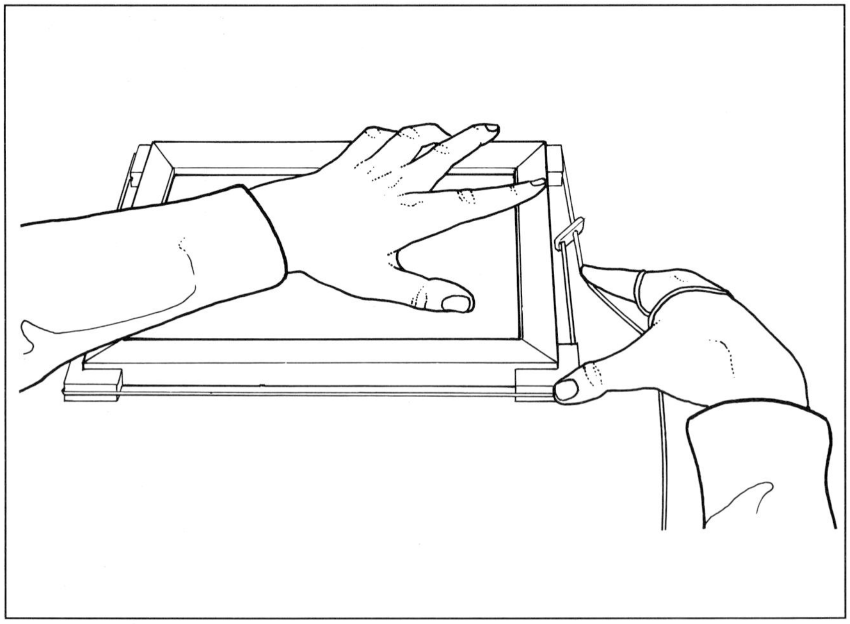

Lily Becker-Massart

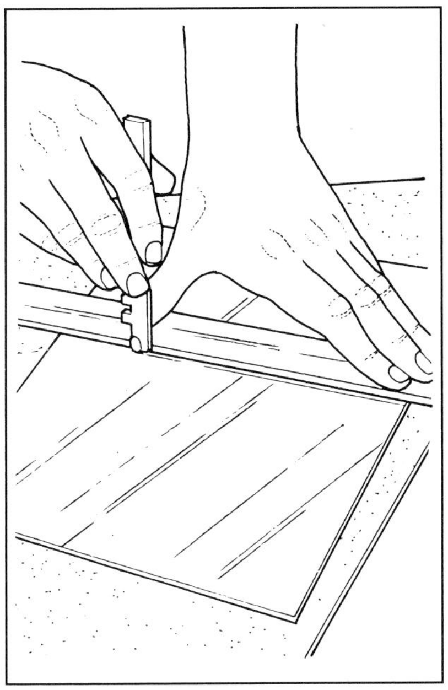

Bilder richtig rahmen

Vom Umgang
mit Passepartout, Leisten und Glas

CALLWEY

Die Originalausgabe erschien unter dem Titel
LE PLAISIR D'ENCADRER COMME UN PROFESSIONNEL
im Verlag Editions Fleurus, Paris 1989

Übersetzung aus dem Französischen von
MICHAEL THEN, MÜNCHEN

In der Reihe Callwey Creativ sind bereits erschienen:

Uwe Geißler: Porzellan bemalen – Anleitung, Beispiele, Dekore

Uwe Geißler: Porzellan bemalen auf Meißner Art – Vorlagen für Fortgeschrittene

Jane Brandehof und Uwe Geißler: Porzellan bemalen heute – Neue Beispiele und Techniken

Else Regensteiner: Die Kunst zu weben

Nenna von Merhart: Bauernmöbelmalerei – Riß und Detail

Tobias Wichmann: Restaurieren alter Bauernmöbel – Eine praktische Anleitung

Traudi Dwinger: Die Kunst auf Seide zu malen – Techniken, Motive, Beispiele

Gertrud Rittmann-Fischer: Gestalten mit Email – Techniken, Motive, Ideen

Schutzumschlaggestaltung: Baur + Belli Design, München, unter Verwendung
einer Aufnahme von Günter v. Voithenberg, München
Satz und Montage: Filmsatz Schröter GmbH, München
Druck und Bindung: Editoriale Bortolazzi-Stei s. r. l., Verona
Printed in Italy, 1992
ISBN 3-7667-1007-9

Die Deutsche Bibliothek – CIP-Einheitsaufnahme
Bilder richtig rahmen: vom Umgang mit Passepartout, Leisten und Glas /
Lily Becker-Massart. (Aus dem Franz. von Michael Then). –
München: Callwey, 1992
(Callwey Creativ)
Einheitssacht.: Le plaisir d'encadrer comme un professionnel (dt.)
ISBN 3-7667-1007-9
NE: Becker-Massart, Lily; EST

Inhalt

Brief
an alle zukünftigen Freunde der Rahmenkunst

Geneigte Leserinnen und Leser, liebe Freunde,

»In jedem von uns steckt ein schlafender Künstler.« Um ihn zu wecken, braucht es ein bißchen Neigung, Geduld und Ausdauer. Handwerkliches Arbeiten bringt Entspannung für Geist und Seele. Das Wiederholen einer Arbeit sorgt dafür, daß Sie den Spaß an einer Sache nicht verlieren. Dann, ja dann werden Sie sicherlich ein Heimwerker aus Leidenschaft!
Dank meinen Schülern, die mich dazu anregten, Ihnen meine Geheimnisse zu verraten. Mein Ziel ist es, Ihnen mein Wissen – eine wahre Leidenschaft – zu vermitteln. Das Buch »Bilder richtig rahmen« gibt Ihnen all das in die Hand, was Sie brauchen, um Ihre Ideen zu verwirklichen: Wählen Sie Ihre Farbtöne, Papiere, Stoffe, Formen und Ihre Rahmenleisten.
Beherzigen Sie einen guten Rat: Machen Sie sich von jeder der folgenden Techniken ein Muster (eine Maquette), Skizzen, in die Sie sich wie in Bilderbücher immer wieder vertiefen können. Sie werden auch später noch Stützen für Ihr Gedächtnis sein.
Beenden möchte ich diesen Brief mit der Hoffnung, daß dieses Buch, geschrieben mit großer Hingabe, das ist, was Sie sich schon immer wünschten; daß Sie damit Stunden, Tage verbringen, in denen die Zeit nicht zählt.

Lily Becker-Massart

1 Skizzen zu Eck- und Mittelornamenten von Bilderrahmen. Federzeichnung um 1743/44 von einem unbekannten Künstler. Berlin, Verwaltung der Staatl. Schlösser und Gärten

Tips für Anfänger

Sie haben noch niemals Bilder gerahmt. Macht nichts; hier für Sie ein »roter Faden« und einige Ratschläge, denen Sie folgen sollten. Genau dies sage ich auch meinen Schülern, wenn sie zu mir kommen.

1. Machen Sie sich mit den notwendigen Werkzeugen (siehe Seite 9) und den Materialien (siehe Seite 15) vertraut.

2. Lernen Sie, wie ein Karton rechtwinklig geschnitten wird (siehe Seite 28).

3. Lernen Sie, wie Sie eine Bildaufhängung an der Rückwand befestigen (siehe Seite 37) und wie Sie Kartons richtig markieren (siehe Seite 26).

4. Bevor Sie sich das Deckglas zuschneiden und einen Rahmen herstellen, machen Sie sich immer eine Maquette (siehe Seite 27).

5. Lernen Sie, wie Sie die Maße für einen Fensterausschnitt ermitteln (siehe Seite 47, 48), die Längen und Breiten (siehe Seite 51), die Abmessungen für die Rückwand (siehe Seite 41, 51) und wie Sie sich ein Paket erstellen (siehe Seite 41, 44).

6. Fangen Sie mit dem rahmenlosen Bilderhalter an (siehe Seite 45). Lassen Sie sich anfangs das Glas von einem Glaser zuschneiden.

7. Stellen Sie sich einen persönlichen Rahmenrand her (siehe Seite 45 f.).

8. Schneiden Sie aus Fotopapier einen Prototyp und stellen Sie aus dem gleichen Papier Ihr Passepartout her (siehe Seite 51).

9. Lernen Sie, wie Rahmenleisten zugeschnitten werden (siehe Seite 112), wie ein Rahmen zusammengebaut (siehe Seite 114), wie Glas geschnitten (siehe Seite 43), wie das »Paket« in dem Rahmen befestigt wird (siehe Seite 116) und wie Sie an der Rückseite einer Rahmung einen dichten Abschluß erhalten.

10. Lernen Sie, wie Sie Goldpapier altern lassen können (siehe Seite 71).

11. Stellen Sie aus Fotopapier ein zweites Passepartout her (siehe Seite 64), indem Sie sich zuerst eine Vorlage machen.

12. Machen Sie sich eine Maquette (Vorlage) mit Schrägschnittkanten (siehe Seite 68) und lernen Sie, wie eine Kante bezogen werden kann (siehe Seite 70).

13. Stellen Sie Passepartoutmasken mit Schrägschnittkanten her.

14. Machen Sie sich die Vorlage für ein außenliegendes zweites Passepartout mit Schrägschnittkanten (siehe Seite 76).

15. Lernen Sie, wie Sie feine Lasuren zeichnen, wie Sie goldene Linien auftragen und wie Sie mit einer Reißfeder Linien ziehen (siehe Seite 59).

16. Machen Sie sich die Vorlage für ein Passepartout mit vergrößertem Fensterausschnitt (siehe Seite 80).

17. Daraufhin stellen Sie sich die Vorlage für ein Passepartout mit übereinanderliegenden Fensterausschnitten her (siehe Seite 82).

18. Nun die Vorlage für ein Passepartout mit ungleichen Fensterausschnitten (siehe Seite 81).

19. Sodann die Vorlage für ein Passepartout aus übereinanderliegenden Kartonstreifen (siehe Seite 83).

20. Abschließend die Vorlage für einen kleinen Kastenrahmen (siehe Seite 137).

21. Lernen Sie, wie Sie die unterschiedlichsten Ecken verkleiden (siehe Seite 35).

Es liegt an Ihnen, den zukünftigen Künstlern, andere Techniken zu wählen. Stellen Sie gemäß den Vorlagen Ihre Rahmungen her, so daß Ihre neuen Bilder oder Fotos gut zur Geltung kommen.

Handwerkszeug

Was brauchen Sie, um Ihre Bilder schützen und einrahmen zu können? Eigentlich nicht viel: Als Einstieg genügt ein guter Minenbleistift, ein scharfes Schneidmesser, ein großes Stahllineal und ein Passepartoutschneidesystem, mit dem Sie Passepartouts mit Schrägschnittkanten herstellen können. Nach und nach sollten Sie je nach Fortschritt bei der Arbeit und Bedürfnis Ihre »Sammlung« vervollständigen.

Unverzichtbares Handwerkszeug

Dies sind nun all jene Werkzeuge, die ich für meine Arbeiten stets benütze. Die finanziellen Aufwendungen hierfür werden sich bei den folgenden recht unterschiedlichen Arbeiten mehr als bezahlt machen.

Arbeitsplatz

Wie hoch Ihr Arbeitsplatz sein soll, hängt natürlich von Ihrer Größe ab; als Faustregel gilt eine Höhe von 95 cm.
Eine gute Schneidunterlage ist ein **grauer Karton** oder eine **Glasplatte**. Gerade eine Glasplatte ist für das Schneiden der Passepartouts besonders vorteilhaft und wird auch von Fachleuten geschätzt. Die Glasplatte wie der Karton sollten etwa 80 × 60 cm groß sein.

Anzeichnen

Zum Anzeichnen der Passepartoutzierlinien wie der Fensterausschnitte brauchen Sie eine **Reißschiene aus Stahl**, 5 mm stark und etwa 20 bis 40 cm lang, einen **Zirkel** mit einer Halterung für Stifte und, noch besser, mit einer Justierschraube zum Feststellen der gewünschten Abmessungen. Zusätzlich noch ein **Stahllineal**, 5 mm stark und 70 oder 80 cm lang, und ein großes Winkeldreieck zum Übertragen von Winkelmaßen.

Markieren

Um entsprechende Markierungspunkte auf einem Karton aufzutragen, sollten Sie sich einen **Vorstecher** oder eine **Ahle** kaufen. Durch einen Holzgriff lassen sich diese Werkzeuge wie Stifte halten. Ich bevorzuge einen Stichel mit einer »trockenen« Spitze; das heißt, die Spitze ist leicht abgerundet, was gerade für das Zeichnen von »weißen« Linien (siehe Seite 63) äußerst praktisch ist. Sparen Sie beim Kauf dieser wichtigen Geräte nicht und achten Sie darauf, daß sie eine gehärtete Spitze haben; so bricht die feine Spitze nicht so leicht ab. Wer sich einen Stichel gerne selbst herstellen möchte, kann dies ganz einfach: Drücken Sie lediglich eine passende Nadel in einen Korken – fertig.

Schneiden

Für die notwendigen Schneidarbeiten gibt es unterschiedliche Messer. Zur Grundausstattung gehört ein **Abbrechmesser**. Dieses leichte Messer gibt es mit Abbrechklingen in 9 und 18 mm Breite. Die Klinge ist durch eine Verschiebe- und Feststellautomatik leicht verstellbar. Auch kann sie, wie der Name schon sagt, partiell abgebrochen werden, so daß ein neuer, scharfer Teil zum Einsatz kommt.
Ideal für feine Schneidarbeiten, zum Beispiel sauberes Abtrennen von Aufziehfolien oder feinen Streifen, ist ein **Grafikmesser** in Füllfederhalterform. Seien Sie im Umgang mit diesen Messern

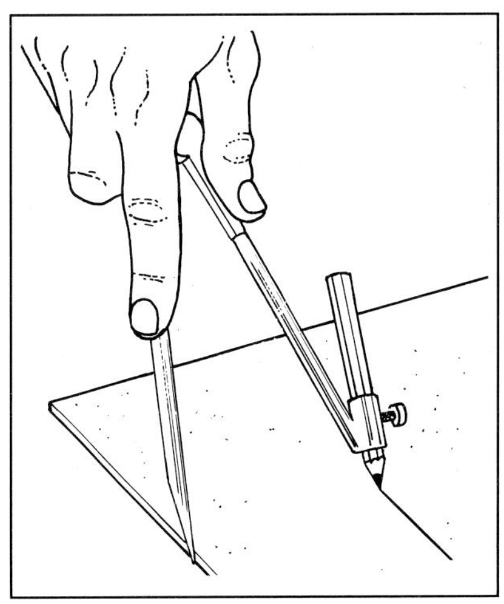

2 Mit einem Zirkel, hier mit Halterung für einen Stift, lassen sich mühelos die gewünschten Randbreiten anzeichnen.

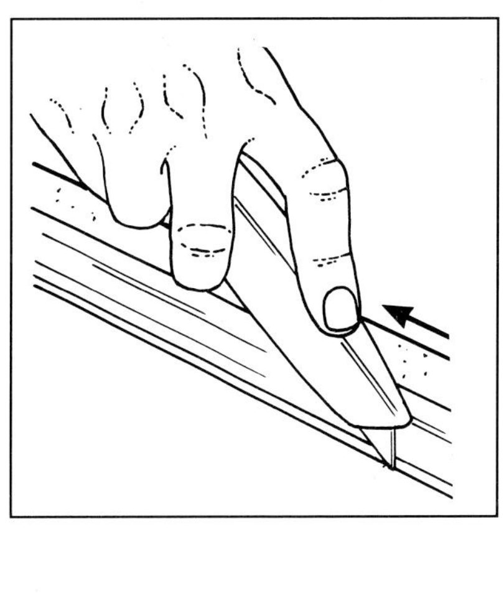

3 Ziehen Sie das Schneidmesser immer entlang des Lineals zu sich her. Sorgen Sie mit dem Zeigefinger für den notwendigen Druck.

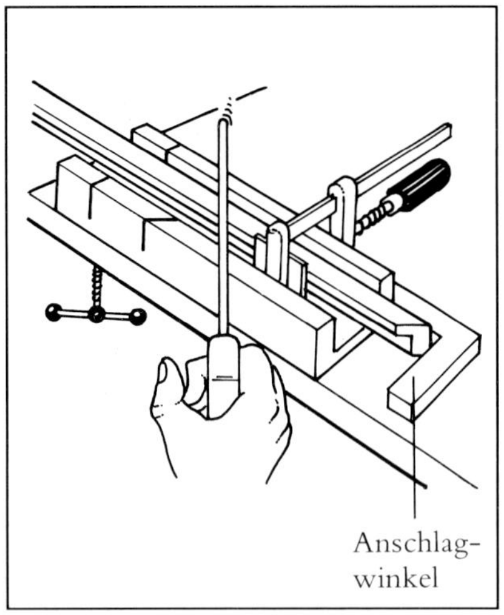

4 Gehrungslade aus Holz oder Metall mit Einkerbung für geraden Schnitt und die beiden 45°-Schnitte. Gesägt wird mit einer Rückensäge.

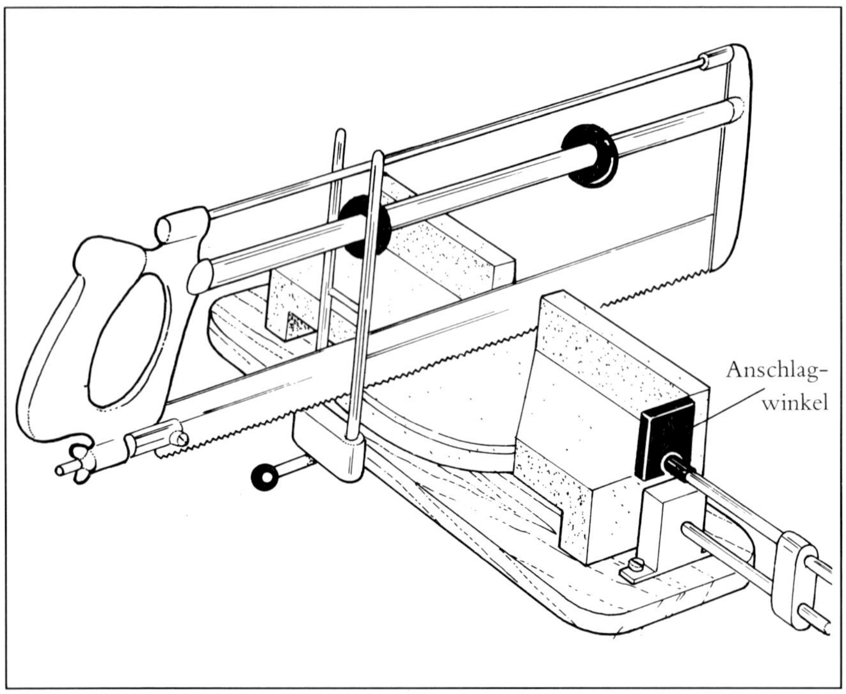

5 Handgehrungssäge mit Winkeleinstellung und verstellbarem Längsanschlag.

besonders vorsichtig, da sie sehr scharf sind. Die dafür erforderlichen Klingen gibt es zumeist in einer 10-Stück-Packung zu kaufen. Zum Schneiden der Rahmenleisten brauchen Sie eine Gehrungslade und eine Rückensäge.

Gehrungslade und Handgehrungssäge

Mit Hilfe einer Gehrungslade lassen sich die notwendigen Zuschnitte der Rahmenleisten leicht ausführen. Durch einfache Führungsschlitze können Sie die Leisten rechtwinklig oder diagonal, eben auf Gehrung, schneiden. Zumeist sind Gehrungsladen aus Holz oder Metall. Gerade bei Gehrungsladen aus Holz kann es nach einiger Zeit vorkommen, daß die Zuschnitte nicht mehr so genau wie möglich erfolgen, da es beim Sägen der Leisten immer wieder vorkommt, daß auch die Öffnungen der Gehrungslade angesägt werden und sich so vergrößern; der Säge ein größeres Spiel als notwendig geben. Daher werden die Gehrungsschnitte nicht mehr exakt, und die einzelnen Rahmenteile lassen sich nicht mehr paßgenau zusammenfügen. Dies beeinträchtigt natürlich die Qualität eines Rahmens ganz erheblich.
Weit besser ist eine Handgehrungssäge, bei der Gehrungslade und Säge ein Werkzeug sind. Durch eine stufenlos einstellbare Drehvorrichtung können Sie alle Winkel schneiden, wobei bei den wichtigen Winkeln – 30, 45, 60 und 90° – besondere Justierungen angebracht sind. Andere Winkel können nach der Maßskala eingestellt und durch eine Schraube blockiert werden. Mit Hilfe eines verstellbaren Längsanschlags können Sie ohne große Probleme mehrere Leisten mit der gleichen Länge sauber sägen. Letzter Vorteil einer Handgehrungssäge ist das einfache Wechseln der Sägeblätter. Metall- wie auch Holzleisten werden auf jeden Fall exakt geschnitten.

Passepartoutschneidesystem

Zu einem Passepartout gehört auch die elegante Schrägschnittkante der inneren Ränder, des Fensterausschnitts. Mit Hilfe eines Passepartoutschneidesystems lassen sich diese inneren Ränder ohne Probleme schräg schneiden. Die Bestandteile dieses Systems sind eine etwa 80 cm lange Anlegeschiene und ein Handschneider, der durch Führungsrillen in dem Lineal gehalten wird. Dieser Handschneider verfügt über auswechselbare Klingen für Gerad- und Schrägschnitte. Durch eine Justierung lassen sich problemlos unterschiedliche Schnittiefen einstellen.
Zusätzlich zu diesem System gibt es noch von einigen Herstellern

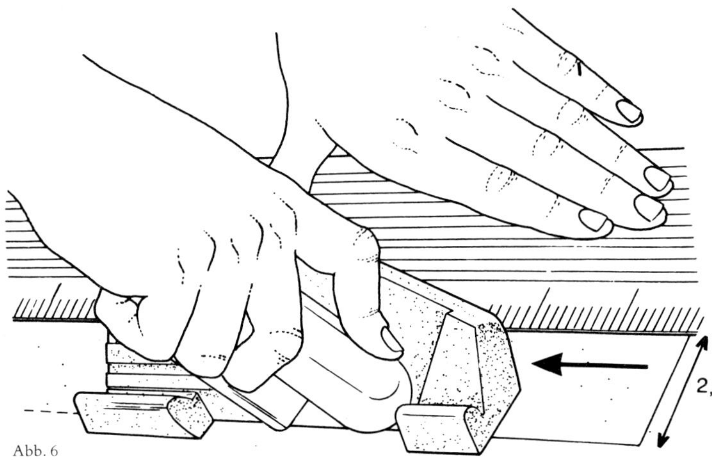

Abb. 6

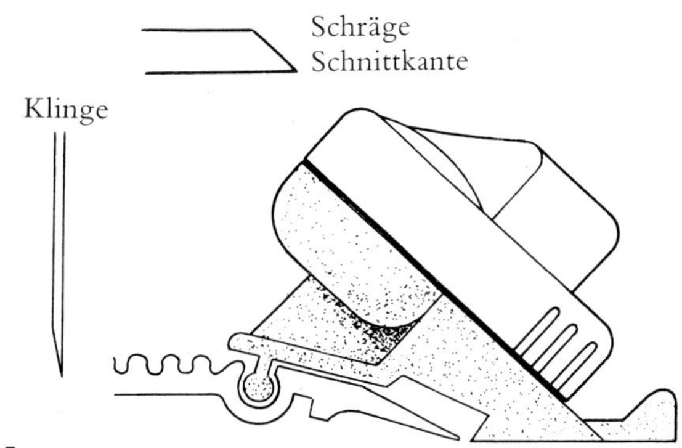

Abb. 8

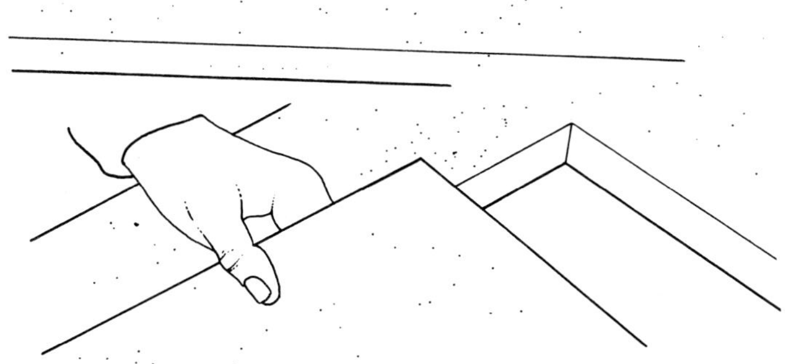

Abb. 7

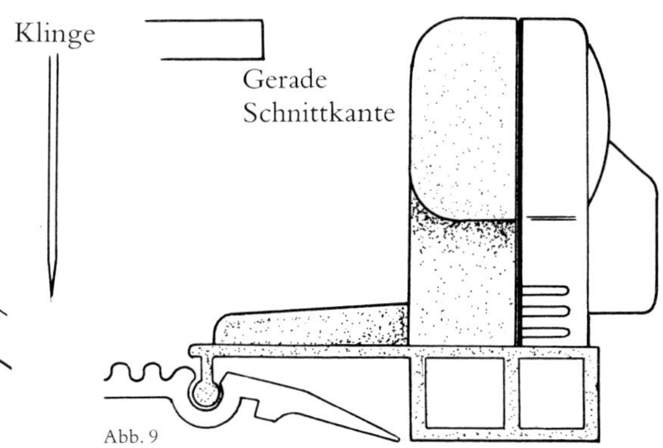

Abb. 9

6 Zum problemlosen Schneiden von rechteckigen Passepartouts eignen sich besonders Passepartoutschneidesysteme. Sie bestehen aus Anlegeschiene (Führungsschiene) und Handschneide. Die Führungsschiene wird 2,5 cm weiter innen angelegt.

7 Sauber geschnitten, lassen sich die Fensterausschnitte leicht herausheben.

8, 9 Die Klingen für Schrägschnitte sind in der Regel einseitig geschliffen (s. Abb. 8). Geradschnittklingen, zumeist sogenannte Trapezklingen, sind zweiseitig geschliffen.

ein Oval-Schneidesystem. Mit diesen Oval-Schablonen lassen sich ovale Ausschnitte, aber auch ovale Zierbögen leicht herstellen; und alles mit einer Schrägschnittkante! Bestandteile dieses Systems sind unterschiedliche Oval-Schablonen und Abstandhalter, Dekorationslinien-Schablonen zum Verzieren der Fenster mit Passepartoutzierlinien, ein Handschneider, Ersatzklingen und Fixiernadeln.

Fixieren, Befestigen

Zu Ihrer Grundausstattung sollten Bildaufhängungen gehören, die Sie sich selbst herstellen können. Sie brauchen dazu lediglich eine **Ringöse**, am besten vermessingt, mit einem Durchmesser von 16 bis 22 mm und ein 15 mm breites **Leinenband** oder eine **Metalllasche**.
Nützlich sind auch **Schraubzwingen**. Ein kleiner Luxus sind **Holzspannzwingen**, bei denen das oftmals lästige Drehen des Gewindes entfällt. Befestigung und Öffnung der Zwinge erfolgen durch eine einfache Hebelbewegung.
Zum Befestigen des Pakets im Rahmen wie auch zum Verstärken

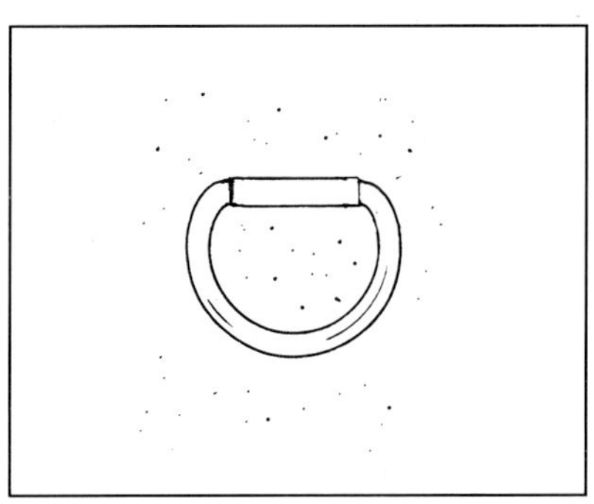

10 Als Halterung eignen sich besonders Klappösen aus vermessingtem Eisen, die Sie auch selber herstellen können.

der Rahmenverbindungen sind **Stiftnägel** ganz nützlich, die Sie mit einem **Versenker** so weit versenken können, daß eine plane Oberfläche entsteht. Um Nägel oder Stiftnägel bei Bedarf wieder entfernen zu können, sollten Sie sich zwei Zangen mit unterschiedlichen Zangengrößen kaufen. Damit die Rahmen auch richtig halten und gut verklebt werden, gibt es **Rahmenspanner**; wie Sie damit arbeiten, steht auf Seite 114.
Ein **Hammer** ist immer hilfreich gerade zum Einschlagen der unterschiedlichen Nägel. Verwenden Sie einen möglichst kleinen Hammer, damit Sie auch kleinste Nägel einschlagen können; nahezu professionell ist ein Magnethammer mit einer magnetischen Spitze und einer Messinghülse.

Kleber und Klebefolien

Verwenden Sie für das Kleben von Papier ausschließlich **Stärkekleber**, der zumeist aus Reis- oder Maisstärke gewonnen wird.

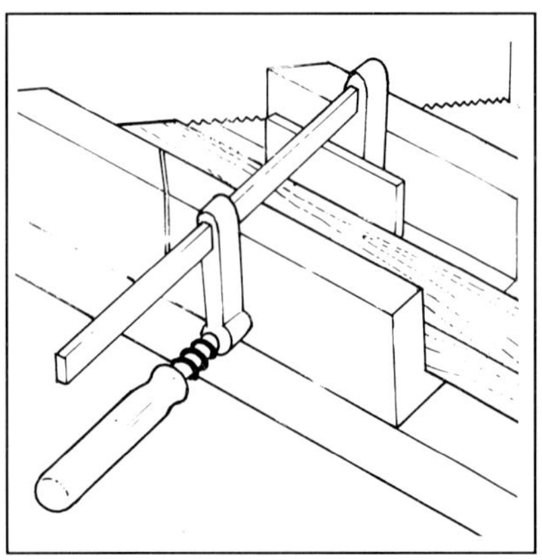

11 Damit die Rahmenleisten beim Sägen nicht verrutschen, befestigen Sie sie mit einer Schraubzwinge an der Gehrungslade.

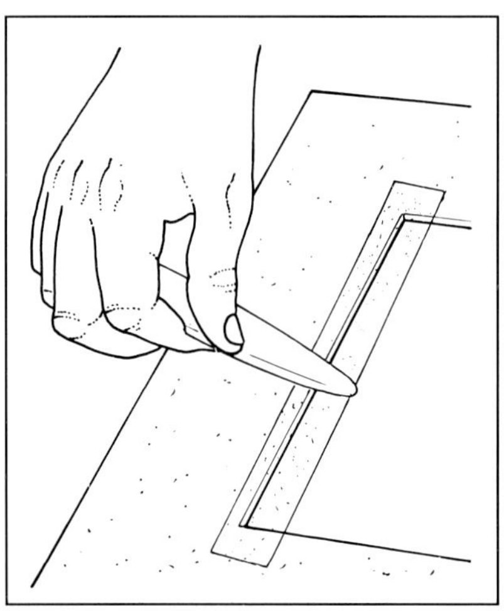

12 Falzbein oder Papiermesser sind die idealen Hilfsmittel, um Klebstreifen sauber anzudrücken.

Damit können Sie alle Papiere (außer Glanzpapier) kleben. Dies ist ein geschmeidiger Klebstoff, der recht schnell anzieht. Derartige Kleber gibt es gebrauchsfertig zu kaufen oder als Pulver, welches mit klarem Wasser angerührt wird. Denken Sie jedoch daran, daß einmal angemachter Stärkekleber nur sehr begrenzt haltbar ist.
Ebenso geeignet ist **Zellstoffkleber (Kleister)**, dessen Ausgangsstoff Weizenmehl ist. Auch hier läßt sich der Kleber leicht selbst herstellen. Schütten Sie ein Raumteil Weizenmehl und fünf Raumteile kaltes oder lauwarmes Wasser zusammen. Auf kleiner Flamme verrühren Sie das Gemisch kräftig, bis es zu kochen beginnt. Lassen Sie nun das Gemisch abkühlen. Sollten sich Klümpchen gebildet haben, entfernen Sie diese mit einem Sieb.
So angemachten Zellstoffkleber können Sie etwa eine Woche im Kühlschrank lagern; um die Haltbarkeit zu verlängern, geben Sie einige Tropfen Formol hinzu.
Im Handel erhalten Sie selbstverständlich gebrauchsfertige Kleber, die chemisch behandelt wurden, so daß sie lange verwendbar sind.
Verwenden Sie Zellstoffkleber vor allem für wertvolle Zeichnungen oder Bilder. Absolut ungeeignet ist dieser Kleber jedoch für das Kleben von Fotos oder Glanzpapier.
Zu den bekanntesten Klebern gehören sicherlich **vinylhaltige Kleber**. Diese weißen, sehr geschmeidigen Kleber werden häufig verwendet. Achten Sie beim Kauf darauf, daß es spezielle Kleber für Papiere oder Kartons und für Holz gibt.
Praktisch und vielseitig verwendbar ist rückseitig gummiertes Kraftpapier **(Naßklebestreifen)**. Durch Anfeuchten der Rückseite entsteht eine Klebefläche, ähnlich der Klebewirkung von Briefmarken. Die handelsüblichen Breiten reichen von 10 bis 60 mm und sind zumeist in den Farben braun oder weiß erhältlich; derartiges Kraftpapier ist in der Regel ungebleicht und eignet sich besonders zur staubsicheren Verklebung von »Paketen« für Ihre Rahmung.
Beliebt, aber nicht zu empfehlen sind **doppelseitige Klebebänder**. Gerade farblose doppelseitige Klebebänder verfärben sich mit der Zeit gelb und greifen vor allem die Papiere und Kartons an. Aus diesem Grunde sollten Sie deren Verwendung möglichst beschränken.

Zu guter Letzt . . .

Zur Grundausstattung gehören noch ein weicher **Bleistift (3 B)** und ein sehr feiner **Minenbleistift** zum Zeichnen der Hilfslinien und Markierungen.
Hilfreich ist auch ein **Papiermesser** oder **Falzbein**, mit dem Sie

die einzelnen Bezüge an den Kanten gut andrücken können, aber auch die Naßklebestreifen.
Einige einfache **Pinsel** für die notwendigen Klebearbeiten und eine gute **Papierschere** dürfen ebensowenig fehlen wie feines Sandpapier, mit dem Sie die Schnittkanten nacharbeiten können, aber auch Oberflächen aufrauhen, wenn Sie diese weiterbearbeiten wollen.
Und – last but not least – benötigen Sie einen **Schwamm**, am besten einen Naturschwamm mit großen Poren; wie Sie damit arbeiten können, steht auf Seite 71.

Zusätzliches Werkzeug

Mit der gerade beschriebenen Grundausstattung können Sie alle Bilder rahmen und durch Passepartouts verzieren. Mit steigendem Interesse für Ihr Hobby und wachsender Fertigkeit werden Sie jedoch feststellen, daß das eine oder andere zusätzliche Werkzeug und Material ganz nützlich sein können. Sie werden merken, daß sich die Vielfalt Ihrer Werkzeuge entsprechend Ihrem Wissen vergrößert. Was so im Laufe der Zeit noch alles dazukommen kann, zeige ich Ihnen auf den nun folgenden Seiten.

Arbeitsplatz

Eine nahezu ideale Unterlage ist eine sogenannte **Schneidunterlage**. Gerade bei vielfältigen Schneidarbeiten werden Sie feststellen, wie nützlich sie ist. Selbst wenn Sie einmal in die Oberfläche schneiden sollten – und dies kommt häufiger vor, als Sie denken – bleiben nur kaum sichtbare Spuren auf der Unterlage. Gerade wegen dieser speziellen Oberflächenbeschaffenheit ist sie zwar nicht für Schrägschnitte, jedoch für Geradschnitte bestens geeignet. Praktisch unverwüstlich, lassen sich auf diesen Unterlagen unzählige Zuschnitte ausführen. Zur Unterstützung der Schnitte sind im Raster von 5 × 5 cm angelegte Muster recht hilfreich. Erleichtert werden Arbeiten wie Kleben oder Schneiden dadurch, daß die Unterlage rutschfest ist. Angeboten werden Größen von 45 × 60, 60 × 90 und 80 × 120 cm.

Anzeichnen

Hilfreich für das Anzeichnen von Kreisen, Bögen, Dreiecken, Sechsecken und gestutzten Ecken sind unterschiedliche **Schablonen** und ein **Kurvenlineal**. Gerade für die Dekoration des Passepartouts mit Linien und Lasuren werden Sie auf diese Werkzeuge gerne zurückgreifen; um die Anschaffungskosten etwas zu senken, ein kleiner Tip: Stellen Sie sich doch die unterschiedlichsten Schablonen aus einem festen Karton selbst her. Damit die Linien und Lasuren auch sichtbar werden, brauchen Sie **Tuschen** und **Tinte** in den Farben Ihrer Wahl. Zum Auftragen der Tusche eignet sich besonders eine **Reißfeder**; wie Sie damit arbeiten, steht auf Seite 59. Damit das Anzeichnen der Maße leichter geht, sollten Sie sich ein **Rollmaßband** kaufen. Achten Sie beim Kauf darauf, daß das Maßband eine Ablesevorrichtung hat, um Innenmaße ablesen zu können, und daß es einen Feststellhebel für das Band hat. Mit einigen dieser Maßbänder lassen sich sogar Kreise zeichnen.
Abschließend sei noch auf **Filz-** oder **Folienstifte** hingewiesen; diese Stifte brauchen Sie, wenn Sie Ihr Deckglas selbst zuschneiden wollen, da nur sie auf dem Glas haften bleiben. Wichtig ist vor allem eine feine Spitze.

Schneiden

Manch einer bekommt vielleicht einmal Lust, sich die notwendigen Gläser selbst zuzuschneiden. In diesem Falle ist ein **Glasschneider** unabdingbar. Sparen Sie hier keinesfalls! Kaufen Sie einen guten Glasschneider mit einem Diamanträdchen und einem stabilen Holzgriff. Wichtig ist auch ein kleiner Schwamm, der mit Petroleum oder Öl getränkt sein sollte. Tauchen Sie immer wieder einmal das Rädchen des Glasschneiders ein, bevor Sie zu schneiden beginnen; Sie verhindern so ein Blockieren des Rädchens. Wie Sie Glas selbst zuschneiden können, steht auf Seite 43 f.
Gerade für feine Schneidarbeiten an einem Passepartout ist ein

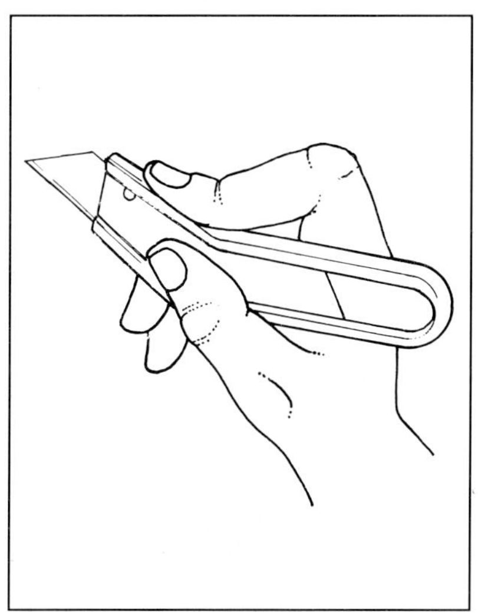

13 Messer eignen sich gut zum Schneiden mit einer handgerechten Form.

Skalpellmesser sehr nützlich. Diese Messer sind sehr scharf; gehen Sie damit besonders vorsichtig um. Gerne werden auch Abbrechmesser in einer handgerechten Form benützt. Durch ihre Form besitzen diese Messer einen guten Auflagepunkt, was für eine exakte Klingenführung und so für einen sicheren Schnitt sorgt.

Fixieren, Befestigen

Zur Verstärkung der Gehrungen Ihrer Rahmen können Sie **Holz-Dreikantecken** oder **Gehrungswinkel** verwenden, die angeschraubt oder angenagelt werden.
Gebrauchsfertige Bildaufhängungen gibt es in großer Vielfalt. Recht bekannt sind die verschiedenst geformten **Klappösen**, auch Aufhängeösen genannt; gerne verwendet werden des weiteren **Klebeösen**, die Sie jedoch nur für leichte Rahmungen verwenden sollten. Für schwerere Rahmungen eignen sich glanzverzinkte **Ringschrauben**, die Sie mit einem Bilderdraht verbinden; wie das geht, steht auf Seite 37f.

Kleber und Klebefolien

Um Bilder, Fotos oder Zeichnungen problemlos aufziehen zu können, gibt es sogenannte **Aufziehfolien**. Dabei handelt es sich um ein doppelseitig klebendes, reißfestes Papiervlies, mit dem sich sogar geringe Unebenheiten des Trägermaterials ausgleichen lassen. Achten Sie beim Kauf darauf, daß Sie nur Aufziehfolien nehmen, die alterungsbeständige Kleber aufweisen; die handelsüblichen Breiten reichen von 40 bis 103 cm.
Häufig verwendet werden auch Sprühkleber; gehen Sie damit jedoch sparsam um und beachten Sie unbedingt einige grundlegende Dinge: FCKW-freie Sprühkleber gibt es bereits von zahlreichen Herstellern auf dem Markt. Kaufen Sie am besten Sprühkleber, die sich wieder lösen lassen und nicht »durchschlagen«. Gerade diese nicht aushärtenden Kleber haben den Vorteil, daß Sie so befestigte Bilder immer wieder vom Trägerkarton entfernen können!
Einen ähnlichen Effekt erzielen Sie mit Montageklebern. Dieser transparente Kleber, der mit dem Pinsel auf die Rückseite des Bildes aufgetragen wird, schlägt nicht durch und löst vor allem keine Druckfarbe auf. So befestigte Bilder lassen sich selbst nach einigen Wochen problemlos lösen und ohne neues Einstreichen versetzen.

Als letztes möchte ich Ihnen noch gerne ein selbstklebendes, hauchdünnes Spezialpapier vorstellen; **Filmoplast** ist beispielsweise ein Markenname. Dieses säurefreie und alterungsbeständige Klebepapier ist wasserlöslich und eignet sich sehr gut zum Befestigen von Bildern direkt hinter einem Passepartout, aber auch zum Ausbessern eingerissener Seiten.

Dekoration und Ausbesserung

Wenn Sie Ihr Passepartout dekorieren oder verzieren möchten, können Sie dies auf unterschiedliche Art tun; sehr dekorativ sind **Passepartoutzierlinien**. Im Fachhandel gibt es diese Linien als selbstklebende **Passepartoutzierfolien**, die mit einem handlichen Abrollspender leicht aufzutragen sind. Diese in Gold, Silber, Schwarz und Weiß erhältlichen Folien gibt es in Breiten von 0,4 bis 2,37 cm. Zum Bemalen der Schrägen oder Malen der Lasuren sollten Sie sich noch Pinsel von guter Qualität in unterschiedlichen Größen kaufen. Nicht zu vergessen Farben, Aquarellfarben und Gouachen.
Für Ausbesserungsarbeiten am Rahmen brauchen Sie zwei Dinge: »**Goldpaste**« und **Rahmenwachs**. Mit der Goldfarbe, die Sie einfach mit dem Finger oder einem weichen Tuch auftragen, können Sie Ihre Bilderrahmenleiste leicht ausbessern, aber auch veredeln. Lassen Sie sich von dem Namen bitte nicht täuschen: Es gibt diese Farbe in unterschiedlichen Farbtönen, von Gold über Kupfer und Messing bis hin zu Silber. Erweitert wird diese Farbpalette noch durch die Tatsache, daß alle Farben untereinander mischbar sind.
Um Beschädigungen am Rahmen selbst auszubessern, gibt es Rahmenwachs in verschiedensten Farbnuancen. Die Verarbeitung des Wachses ist einfach: Schneiden Sie ein Stück ab, kneten Sie es weich und drücken es mit einem Falzbein in die schadhafte Stelle. Das Wachs ist lichtecht und kann mit Holzlack oder Mattierung überzogen werden.
Als letztes noch ein kleiner Hinweis auf **Farbretuschierstifte**. Diese in zahlreichen Farben angebotenen Stifte eignen sich gut zum Ausbessern von leichten Beschädigungen wie Kratzern am Rahmen und zum Retuschieren der Gehrungsschnitte. Interessant an diesen Stiften ist vor allem, daß Sie mit Wasser wie Aquarellfarben voll vermalbar und untereinander mischbar sind.

Karton, Pappe, Bezüge, Rahmen

Ganz entscheidend für den Schutz Ihrer Bilder ist die Wahl der richtigen Materialien. Achten Sie beim Kauf des Kartons oder der Pappe genau auf die Bezeichnung der Materialien. Vorab gilt es einmal zu klären, was »Pappe« oder »Karton« ist. Dabei spielt es zunächst keine Rolle, ob der Karton bereits bezogen ist (kaschiert) oder nicht (unkaschiert). Zur Begriffserklärung wichtig ist die DIN-Norm 6730 »Papier und Pappe, Begriffe«.

Pappe

Pappe ist ein aus »Papierstoff bestehender flächiger Werkstoff von besonderer Steifigkeit, dessen Flächengewicht im allgemeinen über 260 g/m² liegt«. Am häufigsten und gebräuchlichsten sind wohl braune Mischpappe, Graupappe und weiße Holzpappe.
Verwenden Sie Pappe bevorzugt als Rückwand oder für Seitenwände bei Kastenrahmen (siehe Seite 137f.). Da Pappen in der Regel billiger als Kartons sind, verleitet dies oft dazu, sie für Passepartouts zu verwenden. Davon ist aber abzuraten. Gerade der Bestandteil »Holzschliff« hat oftmals schädigende Auswirkungen auf die zu rahmenden Bilder, da Holzschliff natürlich die Komponenten des Holzes, nämlich Lignin und Zellulose, enthält. Durch das Lignin kommt es zu einer Übersäuerung und damit zur raschen Alterung der Pappe. Sie wird brüchig und zerfällt schließlich. Gerade der richtige Säuregrad ist aber für eine schützende und dauerhafte Rahmung besonders wichtig!

Karton

Es gibt Kartons von den unterschiedlichsten Herstellern mit den verschiedensten Bezeichnungen. Sie können über einen weißen oder einen schwarzen Kern verfügen; gerade ein schwarzer Kern ist bei Schrägschnittpassepartouts ein hübscher Effekt, da dabei die Schrägen als schwarze Flächen erscheinen. Damit Sie den für Ihre Rahmung richtigen Karton kaufen, sollten Sie die folgenden Hinweise aufmerksam lesen.
Karton ist nach obengenannter Norm »ein flächiger, im wesentlichen aus Fasern meist pflanzlicher Herkunft bestehender Werkstoff«, der hinsichtlich der flächenbezogenen Masse (150 bis 600 g/m²) sowohl in das Gebiet der Papiere als auch in das der Pappe hineinreicht. Er ist steifer als Papier und wird im allgemeinen aus

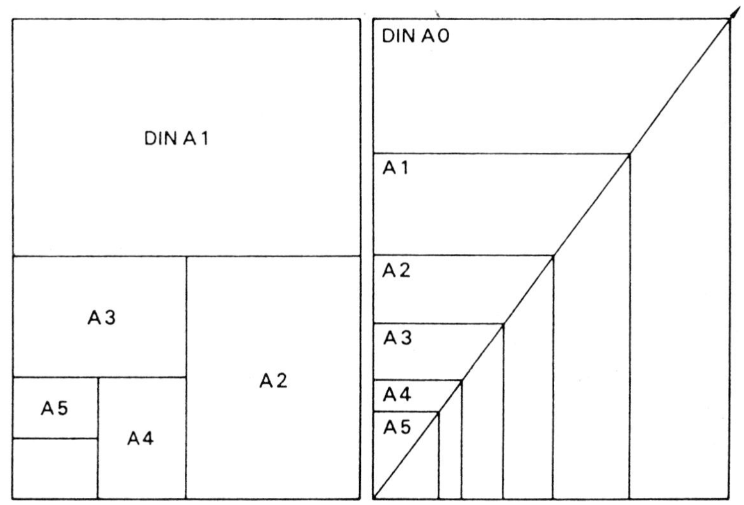

Klasse	Reihe A	Reihe B	Reihe C
0	841 × 1189	1000 × 1414	917 × 1297
1	594 × 841	707 × 1000	648 × 917
2	420 × 594	500 × 707	458 × 648
3	297 × 420	353 × 500	324 × 458
4	210 × 297	250 × 353	229 × 324
5	148 × 210	176 × 250	162 × 229
6	105 × 148	125 × 176	114 × 162
7	74 × 105	88 × 125	81 × 114
8	52 × 74	62 × 88	57 × 81

(Maße in mm)

14, 15 Papiere werden nach der DIN-NORM 476 »Papierformate« innerhalb der Reihen A, B und C in Formate eingeteilt. Diese DIN-NORM geht bei A 0 von der Fläche eines Quadratmeters aus. Die früher üblichen Bezeichnungen Quart, Folio u. a. werden heute nur noch im Antiquariatsbereich verwendet. Die A-Reihe gilt für Drucksachen und Schreibpapiere, die B- und C-Reihen gelten für Umschläge und Verpackungen. – Außer in DIN-Formaten werden Papiere auch nach den Maßen der Druckmaschinen angefertigt.

hochwertigeren Stoffen als Pappe hergestellt; der Begriff Karton ist nur im deutschen Sprachraum üblich.
Ganz entscheidend für die Qualität eines Kartons ist die Alterungsbeständigkeit, die wiederum von den zur Herstellung verwendeten Stoffen abhängt. Sie sehen also, daß die Wahl des Kartons für eine schützende Rahmung von ganz entscheidender Bedeutung ist! Welche Punkte gilt es vor allem zu beachten?

Alterungsbeständigkeit

Es gibt zwei Normen, die sich mit der Alterungsbeständigkeit von Papieren und Kartons beschäftigen; eine österreichische und eine amerikanische. In beiden heißt es, daß der **pH-Wert** mindestens 7,5 betragen soll und 9,5 nicht überschreiten darf. Dies bedeutet, daß der Säuregehalt des Kartons ein ganz wichtiger Punkt ist, der darüber entscheidet, wie lange Bilder erhalten werden können. Wie die Abbildung 16 zeigt, steigen die pH-Werte logarithmisch um 10 pro Einheit in beiden Richtungen. Beachten Sie doch einmal, um wieviel höher der relative Säure- oder Laugengrad ist, wenn der pH-Wert um eine Einheit steigt oder fällt. Da die Papierarten Säuren enthalten, haben die verschiedenen Hersteller Verfahren entwickelt, um den Säuregehalt möglichst neutral zu halten.

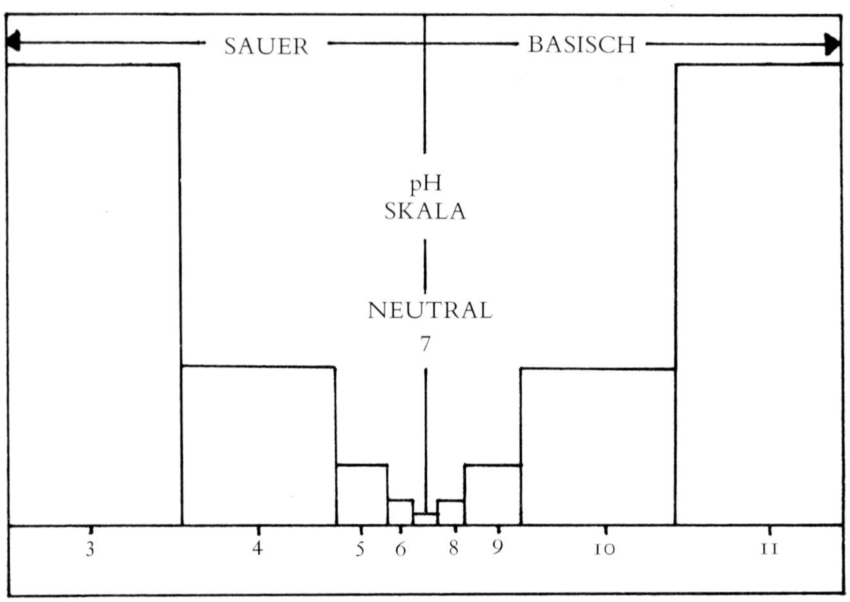

16 Der Säure- oder Laugengrad eines Materials wird auf einer pH-Skala gemessen, auf der pH 7 den neutralen Wert bezeichnet. pH-Werte steigen logarithmisch um 10 pro Einheit in beiden Richtungen.

Einige Hersteller verwenden anstelle des heute üblichen Zellstoffs wieder das bis in das 19. Jahrhundert übliche **Hadern**; hier ist der Grundstoff Lumpen, also Leinenabfall. Dies bedeutet, daß der Karton aus fast reiner Zellulose hergestellt wird. Diese nahezu »säurefreien« Kartons sind natürlich sehr teuer, bieten aber gerade für wertvolle Bilder einen optimalen Schutz.
Andere Hersteller entziehen dem Papier oder Karton das **Lignin**. Lignin hat vor allem die Aufgabe, die Holzfasern zu verbinden. Durch Licht und Wärme reagiert das Lignin chemisch und sondert eine saure Substanz ab, die das Papier vergilbt und das Bild sozusagen »verbrennt«.
Die meisten Passepartoutkartons bestehen aus Schichten unterschiedlicher Materialien. Da oftmals holzstoffhaltige Papiere verwendet werden, versucht man ein Neutralisieren des Säuregehalts durch **Calciumcarbonat**. Dies ist natürlich nur so lange ein guter Schutz, wie die Calciumcarbonat-Schicht in der Lage ist, die entstehende Säure zu »puffern«, sie also vom Bild fernzuhalten.

Feuchtigkeitsschutz

Gute Kartons besitzen Deckblätter, die feuchtigkeitsabweisend sind. Dies ist nur möglich, wenn die Farben des Deckblatts nicht aus Farbstoffen, sondern aus Pigmenten aufgebaut werden. Die Pigmentmoleküle gehen mit den Papiermolekülen eine sehr feste Verbindung ein, so daß das Eindringen von Luftfeuchtigkeit beispielsweise nahezu ausgeschlossen ist. So werden das Verlaufen der Farben und Beschädigungen der Bilder durch Feuchtigkeit vermieden.

Lichtechtheit

Die Auswirkungen von natürlichem wie künstlichem Licht können leicht festgestellt werden; legen Sie beispielsweise eine Zeitung einen Tag in die Sonne. Gerade bei Holzstoffpapieren, die nicht durch Calciumcarbonat »gepuffert« wurden, kommt es zu Verfärbungen, wenn sie dem Licht ausgesetzt sind. Dieser Prozeß wird im allgemeinen als »Säurebrand« bezeichnet.
Durch Licht kann es aber auch zu Farbveränderungen kommen – meist erkennbar am Ausbleichen der Farbe. Achten Sie beim Kauf des Kartons oder des Bezugs darauf, daß Pigmente verwendet wurden und keine Farbstoffe.

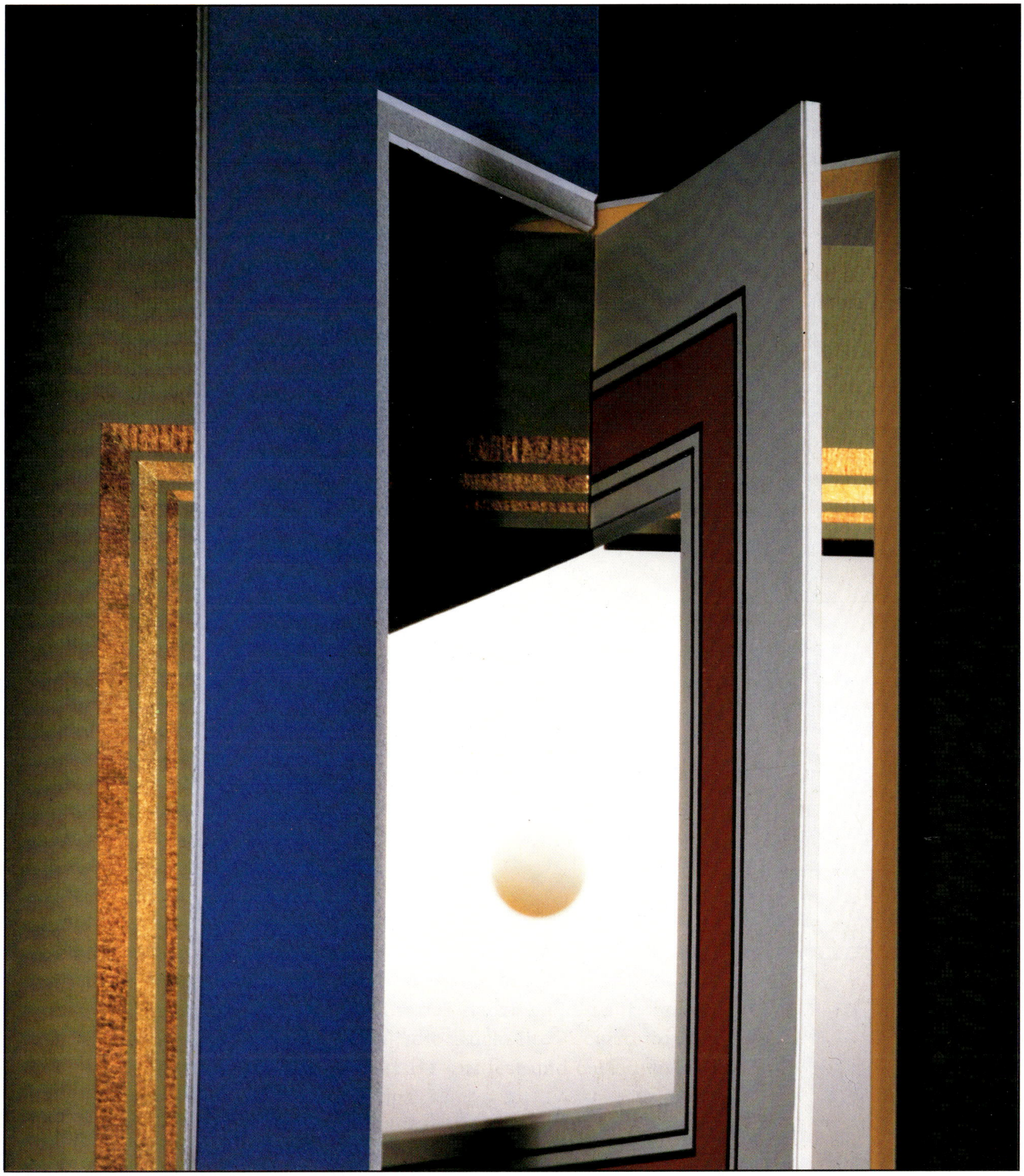

17 **Bereits gestaltete Passepartouts in nahezu allen Farben mit unterschiedlichsten Lasuren und Linien gibt es in bemerkenswerter Vielfalt.**

Als Faustregel kann für die Lichtintensität gelten: Je weniger Licht, desto besser.

Museumskarton

Wenn Sie für Ihre Bilder einen optimalen Schutz möchten, sollten Sie sogenannten Museumskarton verwenden, da diese Kartons die vorher beschriebenen Bedingungen erfüllen. Derartig bezeichnete Kartons müssen alterungsbeständig sein; das heißt, hier wurde reiner Zellstoff verwendet, dem das säurebildende Lignin entzogen und der gegen Säureeinflüsse von außen mit Calciumcarbonat gepuffert wurde. Darüber hinaus werden diese Kartons durch neutrale Leime geleimt, die ohne Alaunzusatz sind. Zusätzlich dazu sind sie lichtecht und feuchtigkeitsabweisend. Achten Sie bitte unbedingt beim Kauf darauf, daß der Karton säurefrei ist. Allein das Puffern mit Calciumcarbonat bedeutet nicht, daß der Karton säurefrei ist, auch wenn manche Hersteller dies glauben machen. Lassen Sie sich im Zweifelsfall die genaue Materialzusammensetzung schriftlich bestätigen, denn nur so haben Sie die Möglichkeit, bei Beschädigungen wertvoller Bilder zu Ihrem Recht zu kommen.
Sicherlich braucht nicht jedes Bild ein Passepartout aus Museumskarton. Schutz bieten auch gewöhnliche Passepartoutkartons. In der Regel erfüllen sie eine Qualitätsforderung des Museumskartons nicht: sie sind eingeschränkt alterungsbeständig, da ihnen das säurebildende Lignin nicht entzogen wurde, sie jedoch mit Calciumcarbonat gepuffert wurden. Ist das Calciumcarbonat, das vom Papierstoff nur in begrenzter Menge aufgenommen werden kann, einmal verbraucht, kann die Säure ihre zerstörende Wirkung entfalten. Sichtbarer Indikator für diese ligninhaltigen Papiere ist ein Vergilben der Kartons nach einer gewissen Zeit.

Bezüge aus Stoff und Papier

Oftmals ist es besser, die Passepartouts nachträglich zu beziehen. Dafür gibt es die unterschiedlichsten Möglichkeiten, wie Sie im Laufe des Buches noch sehen werden.

Papier über alles

Einfache Papiere oder phantasievolle, marmorierte, schattierte, gemusterte, naturfarbene oder gefärbte... Büttenpapier, Japanpapier oder von Hand verzierte, herrliche Vorsatzpapiere für Bücher... All diese Papiere geben Ihrem Passepartout eine mehr als persönliche Note. Auch wenn Sie schon verschiedene Papiere besitzen sollten, werden Sie doch immer wieder neue Muster und Formen entdecken.
Spielen Sie mit den Farbnuancen der Hersteller und mit den Farbmustern. Fragen Sie bei Ihrem Papierhändler nach seinen Musterkatalogen; in der Regel werden sie jedes Jahr erneuert. Einige davon sind selbst kleine Kunstwerke. Muster und Farbvielfalt helfen Ihnen bei der Herstellung von Passepartouts und Rahmen, an denen sich auch noch Ihre Kinder erfreuen werden.

Goldpapier

Dieses sehr feine Papier gibt es auch in Kupfer und Silber. Damit lassen sich Schrägschnitte einfassen, die Linien um einen Fensterausschnitt hervorheben, kurz, Ihr Passepartout erstrahlt in einem neuen Licht.

Mit Stoffen beschichtete Kartons

Verschiedene Hersteller bieten Passepartoutkartons fertig beschichtet an, andere liefern Karton und Stoff getrennt. Gebräuchlich sind Leinen, Linson und Seide, sowohl echte als auch Kunstseide. Darüber hinaus können Sie sich natürlich in Stoffhandlungen den Stoff Ihrer Wahl besorgen. Achten Sie auf Farbechtheit und Musterung. Sie können damit Ihre Passepartouts, Leisten und Schrägschnitte dekorativ verkleiden.

Rahmen und Leisten

Geschichte und Mode

Lassen Sie mich vorab einige Worte zur Geschichte des Rahmens sagen. Solange man nur auf Holz malte, ließ der Maler auf seiner Holzfläche einen Rand, den ein Vergolder dann entsprechend dem Motiv gestaltete. So waren Rahmen und Bild eine Einheit. Häufig findet man die Signatur sowohl des Malers als auch des Rahmenkünstlers auf dem Bild. Als jedoch das Malen auf Leinwänden, zudem Gravurtechniken, Aquarelle auf Papier in Mode kamen, mußte man sich etwas Neues einfallen lassen: die Herstellung von Rahmenleisten begann in Belgien um 1850, in Frankreich um 1860. War dieses Handwerk zu Beginn ein sehr individualistischer

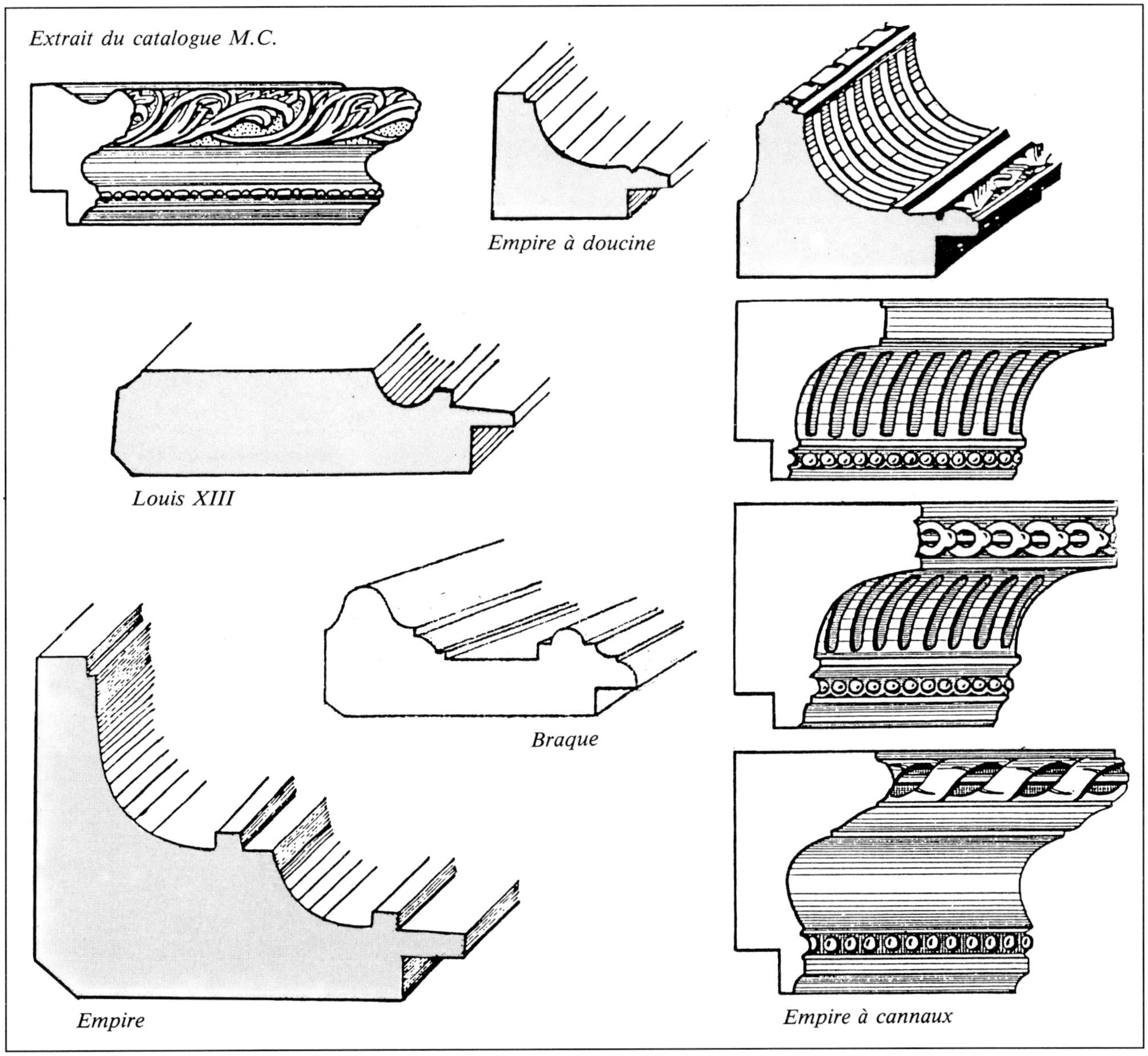

18 Historische Rahmenleisten gibt es heute noch in großer Vielfalt.

Zweig, entwickelte es sich äußerst rasch bis hin zur Industrialisierung um 1900 bis 1920. Für das Einrahmen gibt es weder Gesetze noch Regeln, aber genaue Grundlagenkenntnisse und Moden. Kaiserin Joséphine selbst regte jene berühmten Linien an, die auch heute noch zahlreiche Bilder und Gravuren zieren. Bis in unsere Tage ist der Stil des Rahmens abhängig von der Umgebung, in der das Bild aufgehängt werden soll. Vergessen Sie unabhängig davon niemals, daß Bild und Rahmen auch zueinander passen sollten. Der Rahmen ist eine Art Schmuckkästchen und sollte die Bedeutung des Bildes wie des Künstlers unterstreichen. Die Kunst, Bilder zu rahmen, besteht darin, aus Bild und Rahmen ein Gesamtkunstwerk zu schaffen, auch wenn der Rahmen, gerade weil er voll sichtbar ist, seinen Beitrag dazu diskret beitragen sollte.

Ein Bild, das für eine bestimmte Epoche typisch war, sollte mit einem Rahmen versehen werden, der in diese Zeit paßt. Welch eine Vorstellung, daß ein Bild aus der Zeit Ludwigs XV. in einem Rahmen des Empire stecken könnte. Die Werke der Impressionisten aber könnte man durchaus in einen Renaissancerahmen wie

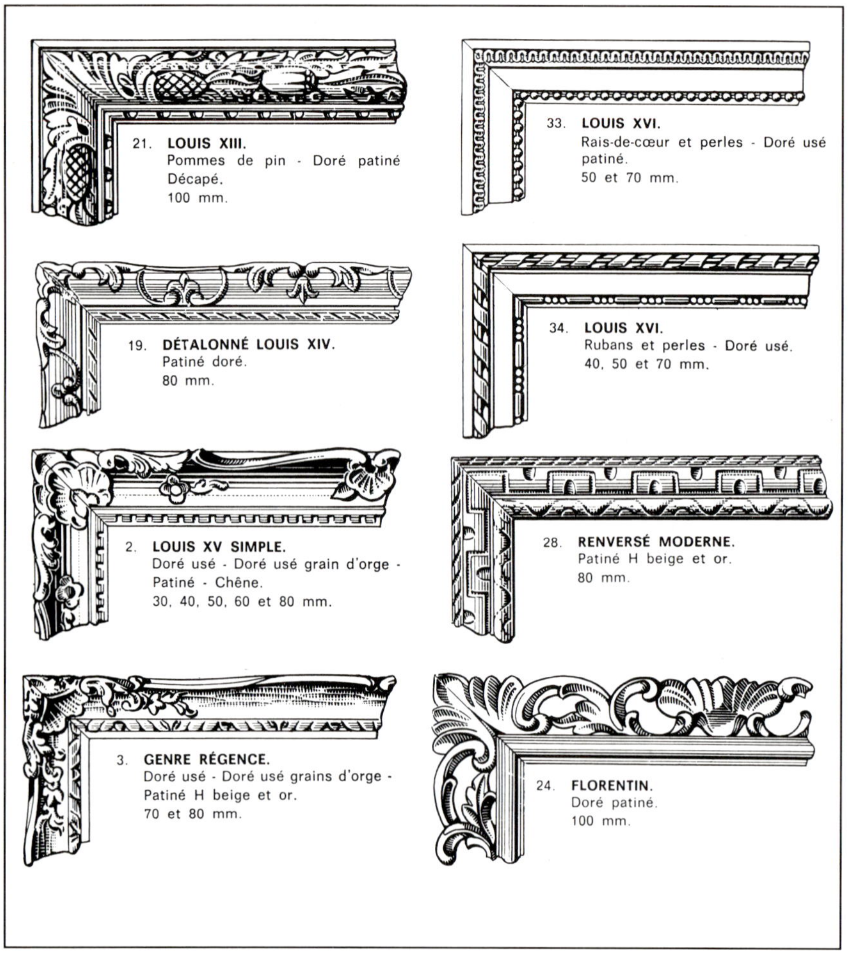

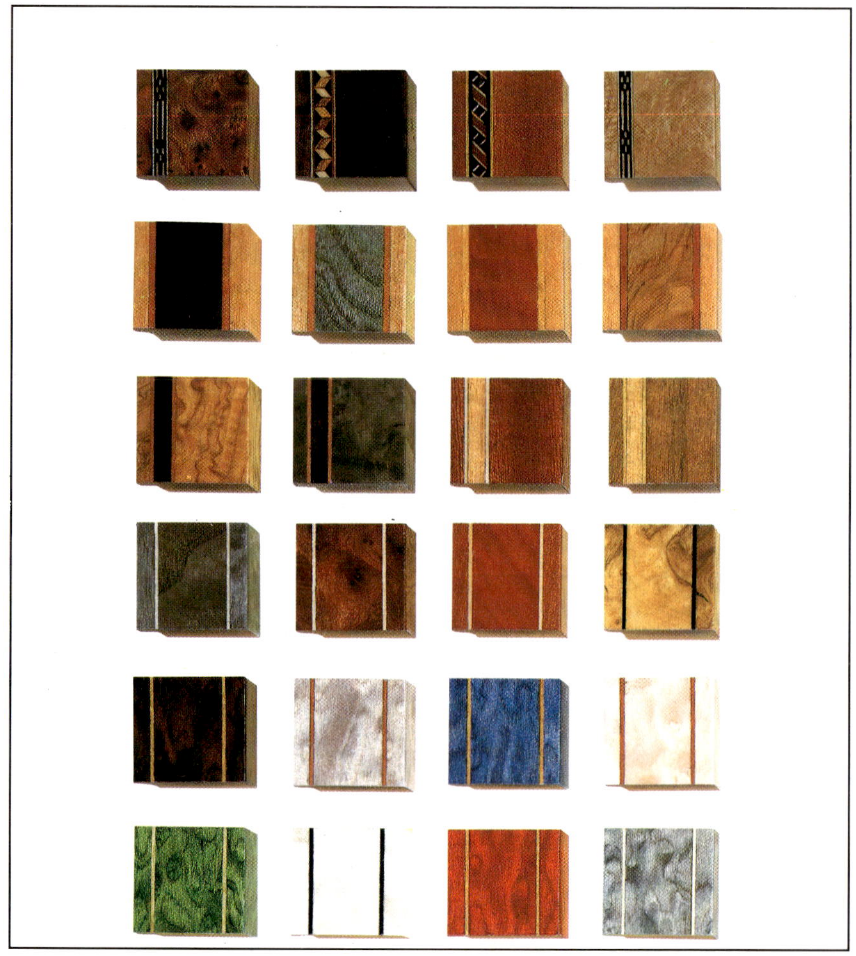

19 **Dies ist nur ein kleiner Ausschnitt aus einem Musterkatalog für Holzleisten.**

20 **Musterstücke bereits gestalteter Leisten mit Furnieren verschiedener Hölzer.**

21 **Rahmenecke eines besonders schönen Rahmens; ungewöhnlich ist die sich nach außen neigende Schrägung.**

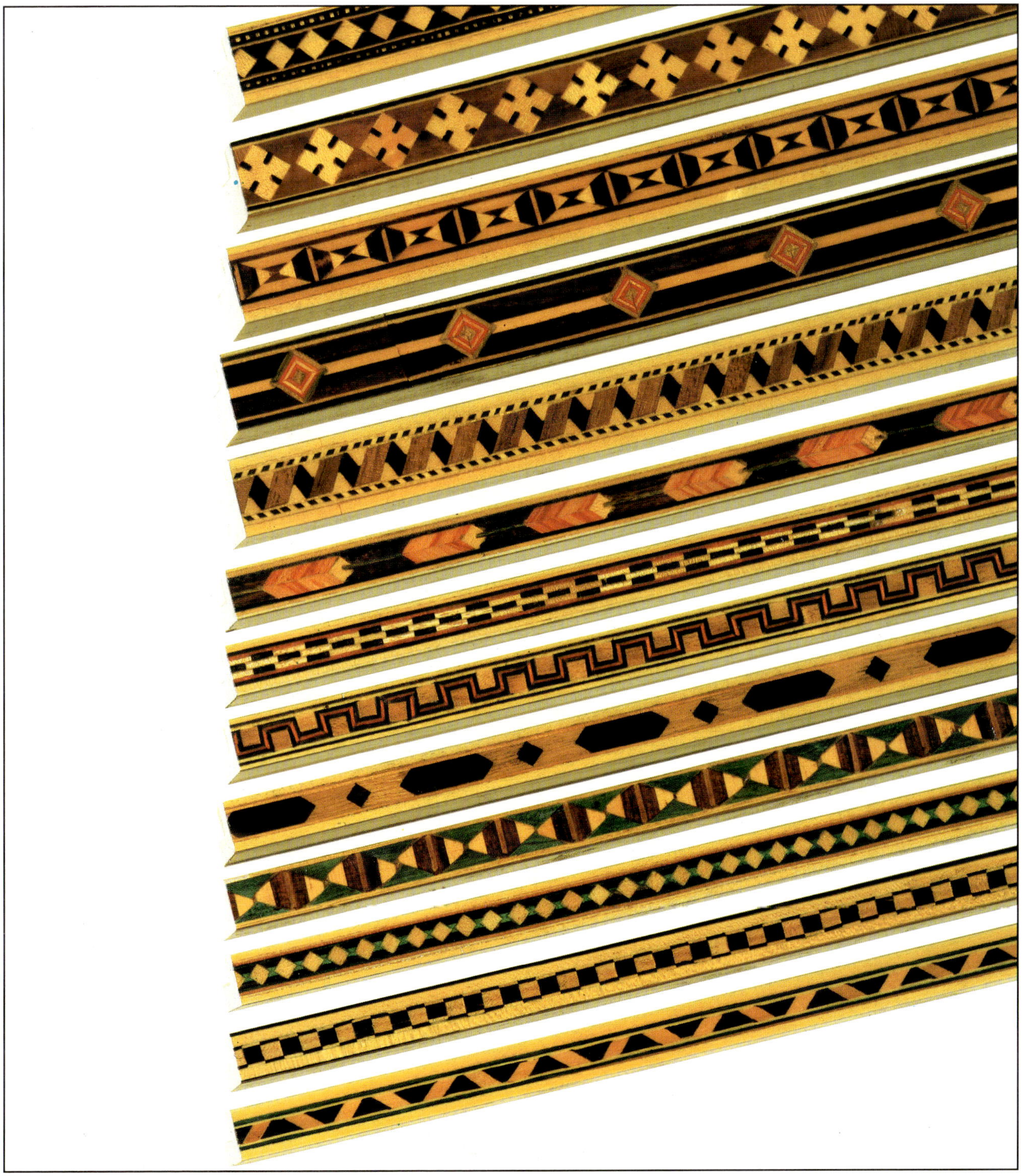

22 Beispielhafte Stücke handwerklicher Kunst sind Leisten mit Einlegearbeiten.

auch einen Empire-, Louis XV- oder Louis XIV-Rahmen einpassen, abhängig von der Einrichtung des Raums.

Hölzer für Rahmenleisten

Leisten für Bilderrahmen gibt es aus den unterschiedlichsten Hölzern: Eiche, Nußbaum, Linde, Birne, Palisander...
Das Holz wird entweder naturbelassen, beschichtet oder lackiert verwendet. Einige Rahmenleisten sehen aus wie Marmor, andere wie Schildpatt oder wirken durch die Maserung des Holzes. Aus der ungeheuren Vielfalt der Hölzer, die im Fachhandel erhältlich sind, ist besonders Ulmenholz zu empfehlen. Es läßt sich mit allem kombinieren: Drucke, Aquarelle, Zeichnungen, Fotos, Spiegel...

Die Rahmenleisten gibt es in unterschiedlichen Längen und einer großen Formenvielfalt.

Formenvielfalt

Nicht nur, daß Sie heute nahezu jede Form, die Sie sich vorstellen, bekommen, Sie erhalten auch nach wie vor richtige Kunstwerke, gestaltet von Schnitzern oder Stuckateuren: Blätter, verschlungene Bänder, Blumengirlanden, Perlen...
Wichtig ist, daß Sie aus der Formenvielfalt den zu Ihrem Bild passenden Rahmen herstellen. So eignen sich Rahmenleisten mit einer Schrägung nach innen besonders für Landschaftsbilder oder Raumansichten.

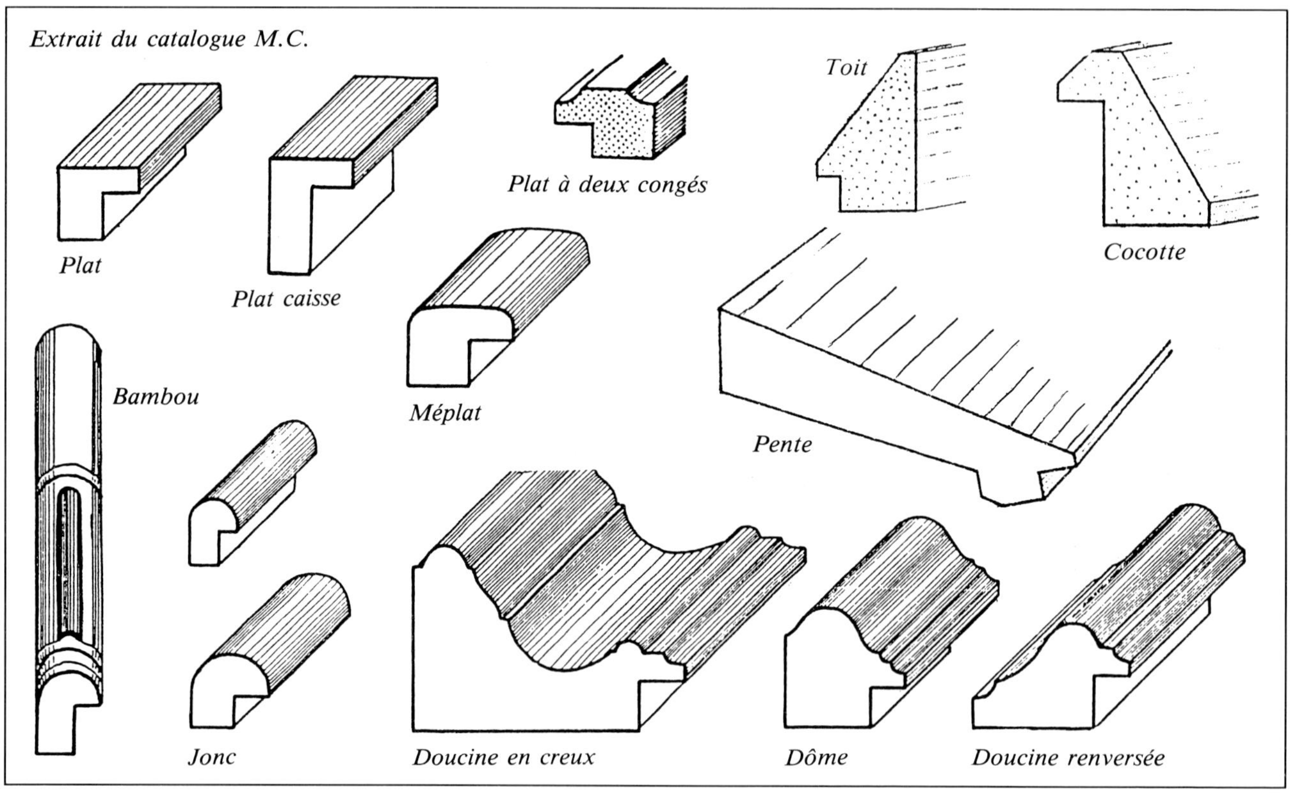

23 Profilleisten in zahlreichen Variationen.

Passepartout: Was gilt es, vorab zu beachten?

Schutz für Kunstwerke

Alles kann gerahmt werden, damit das Auge sich daran erfreut: Lithos, Briefmarken, Radierungen, Drucke, Reproduktionen, Plakate, Aquarelle, Gouachen, kleinere dreidimensionale Objekte wie Insekten, Fächer, Medaillen oder Uhren. All diese Dinge sind so gegen schädliche Umwelteinflüsse, Staub und Erschütterungen geschützt. Und richtig behandelt, werden diese Dinge auch Ihren Kindern und Enkeln noch Freude bereiten.
Bilder oder Objekte zu rahmen, ist sicherlich eine Frage des Geschmacks und unterliegt keinen formellen Regeln. Es ist an Ihnen, die Proportionen, Materialien und Farbtöne in Abhängigkeit zum Gegenstand und der Umgebung zu bestimmen.
Davon abgesehen sollten Sie einige grundsätzliche Fehler vermeiden. Kehren wir deshalb zu dem zu rahmenden Kunstwerk zurück.
Schneiden Sie niemals die Ränder eines Drucks ab!
Die Drucke verlieren dadurch bis zu 30 Prozent ihres Wertes. Gleiches gilt für das Umknicken der Ränder. Die Ränder von Reproduktionen können sicherlich abgeschnitten werden, sofern sie größer als die Ränder des Passepartouts sind.
Verkleben Sie niemals Drucke oder Lithographien vollflächig!
Nicht nur, daß durch diese Maßnahme das Bild seinen Wert stark verliert; in der Regel schlagen die Kleber auch durch und sorgen so für unschöne Flecken auf den wertvollen Bildern. Greifen Sie zu dieser Maßnahme auch nicht, wenn die Drucke wellig sein sollten. Versuchen Sie in diesem Fall lieber, den Druck zu glätten, sofern das Papier dies zuläßt.
Zuviel Farbe kann schaden!
Zu bunte Passepartouts oder Rahmen tragen in der Regel nicht dazu bei, die Wirkung eines Bildes zu verbessern. Erlesene Dinge sollten einfach gerahmt werden; Rahmen mit einem schönen Profil und dezente Farben beim Passepartout genügen.
Bei wertvollen Kunstwerken sollten Sie nie sparen!
Verwenden Sie für Rahmungen wertvoller Kunstwerke ausschließlich säurefreie Materialien und Museumskartons; nähere Ausführungen dazu finden Sie auf den Seiten 16–18.
Lagern Sie Kunstwerke immer sorgfältig!
Falls Sie mehrere Originalzeichnungen (Kreide oder Kohle) aufeinanderlegen wollen, um sie zu lagern, so legen Sie zwischen die einzelnen Blätter immer eine Lage säurefreies Papier; so vermeiden Sie unnötige Beschädigungen der Bilder.
Brüchig gewordene Graphiken oder Zeichnungen können Sie mit Aufzieh- und Schutzfolien schützen und bewahren; achten Sie dabei besonders auf alterungsbeständige Kleber.
Luftdicht ist nicht immer gut!
Schließen Sie niemals ein Paket mit einem wertvollen Bild absolut dicht ab. Lassen Sie die Ecken frei, wenn Sie die Naßklebestreifen aufbringen. Perforieren Sie dann mit einer kleinen Nadel die Streifen an verschiedenen Stellen, so daß das Kunstwerk »Luft zum Atmen« bekommt.
Achtung vor Glas!
Bei Bildern, die mit Pastell, Kohle, Kreide oder Bleistift gezeichnet wurden, muß zwischen dem Bild und dem Deckglas immer ein Abstand sein; vermeiden Sie jede Berührung der beiden Teile. Bei Ölbildern wird in der Regel kein Deckglas verwendet.

Restaurieren von wertvollen Drucken und Bildern

Falls Sie nicht nach einigen Jahren eine böse Überraschung in Form von Flecken auf Ihrem Bild erleben wollen, sollten Sie einige Vorsichtsmaßnahmen treffen. Ein Juwel bewahrt man in einem Schmuckkasten. Ein wertvoller Druck sollte ebenso behandelt werden; verwenden Sie darum säurefreie Kartons. Meiner Meinung nach ist es das Wichtigste, daß Ihr Bild – sei es nun billig oder

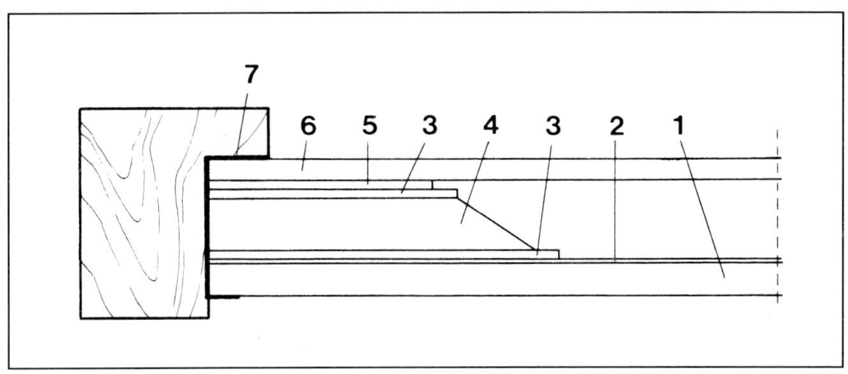

24 Querschnitt durch das Paket aus säurefreien Kartons:
1. Rückwand
2. Trägerkarton für das Bild. Befestigt wird das Bild darauf mit zwei Klebfalzstreifen; verwenden Sie Kleister aus Stärke und starkes Japanpapier; siehe dazu Seite 42.
3. Innen- und außenliegendes zweites Passepartout
4. Schrägschnittpassepartout
5. Bezug; Kleben des Kartons mit säurefreiem Stärkekleber
6. Deckglas
7. Naßklebestreifen sorgen für die notwendige Dichtigkeit

25 Kupferstich in einem schlichten, aber formschönen Passepartout mit passendem Rahmen.

26 Schrägschnittpassepartout mit außenliegendem zweiten Passepartout; siehe Seite 76. Das Passepartout und die Kanten wurden mit einem rostbraunen Stoff bezogen. Das außenliegende zweite Passepartout ist schwarz; so entsteht eine feine Linie, die mit dem Rahmen gut harmoniert.

teuer gewesen oder von sentimentalem Wert – perfekt geschützt werden muß. Scheuen Sie daher zur Erhaltung Ihrer Kunstwerke keine Kosten.
Alte Drucke müssen oftmals getrocknet und entstaubt werden. Erledigen Sie konservierende und restauratorische Arbeiten nur an Drucken oder Bildern selbst, die keinen reellen Wert besitzen. Wertvolle Drucke oder Bilder sollten Sie unbedingt zu einem Fachmann bringen.

Entstauben

Bestreuen Sie den Druck mit Gummipulver. Mit der Hand verreiben Sie vorsichtig das Pulver über dem Druck. Mit kreisförmigen Bewegungen bearbeiten Sie so die ganze Oberfläche.
Verwenden Sie das Pulver ruhig mehrmals; derartige Pulver, die es im Künstlerbedarf zu kaufen gibt, sind lange haltbar. Erhältlich ist dieses Gummipulver auch in kleinen Leinensäckchen. Reiben Sie den Druck oder das Bild mit dem Säckchen vollflächig ab. Sollte es mit der Zeit grau werden, so tauschen Sie es aus.

Gewusst wie

Mit Hilfe des Gummipulvers läßt sich problemlos Staub entfernen. Kleinere Flächen lassen sich auch mit einem guten Radiergummi aus dem Künstlerbedarf entfernen. Was tut man aber bei Fettflekken? In manchen Fachgeschäften gibt es besondere Reinigungssteine, mit denen sich derartige Flecken in der Regel gut entfernen lassen.

Glätten

Papiere leiden unter Klimaschwankungen – extremer Trockenheit wie Feuchtigkeit. Gerade feuchte Luft kann ein Wellen des Papiers zur Folge haben. Insofern ist es manchmal notwendig, ein Bild zu glätten. Doch Vorsicht: Sie dürfen niemals einen Druck bügeln, in der Hoffnung, so die Wellen zu entfernen.
Feuchten Sie den Druck an und legen ihn dann unter eine Presse. Wie dies im einzelnen geht? Ich zeige Ihnen für diese Maßnahme mehrere Möglichkeiten.

1. Mit einem feuchten Pinsel benetzen Sie vorsichtig die Rückseite des Papiers. Achten Sie darauf, daß Sie das Blatt nur leicht tamponieren und es nicht vollflächig bestreichen. Geben Sie dann das Blatt zwischen zwei Löschblätter und abschließend das Ganze unter eine Presse.

2. Feuchten Sie mit einem Pinsel die Rückseite des Papiers an. Verwenden Sie nun einen neutralen Kleber. Dies sind pastöse Stärkekleber mit einem pH-Wert 8. Bestreichen Sie die Rückseite mit einem 1 bis 2 mm breiten Rand. Ziehen Sie dann den Druck auf einen festen Karton auf. Warten Sie, bis der Kleber angezogen hat und legen Sie abschließend das Werk unter eine Presse; nicht vergessen, daß das Papier zwischen zwei Löschblättern liegen sollte.

3. Feuchten Sie die Rückseite des Papiers an und geben Sie es auf einen etwas größeren festen Karton. Entfernen Sie sorgfältig alle Luftblasen.

Bestreichen Sie kleinere Streifen Papier mit einem säurefreien Kleber und bringen Sie diese an den vier Ecken des Drucks an; die einzelnen Streifen sollten etwa 2 mm in den Druck hineinreichen. Befestigen Sie nun einen Papierstreifen an der Oberkante und daraufhin an der Unterkante des Drucks. Entfernen Sie jetzt noch einmal jegliche Luft von der Mitte ausgehend zu den Rändern hin. Nun geben Sie auf die linke und rechte Seite des Drucks ebenfalls Papierstreifen.
Legen Sie abschließend den so fixierten Druck zwischen zwei besonders saugfähige Löschblätter und dann alles unter eine Presse. Sie werden sehen: Wenn Sie den Druck wieder herausnehmen, sind die Wellen verschwunden.

Bleichen

Bleichen ist ein besonders heikles Thema. Ich rate allen ab, dies selbst zu versuchen, denn dafür gibt es Fachleute, denen auch die geeigneten Anlagen und Entsorgungsvorrichtungen zur Verfügung stehen. Bleichen hat nur dann einen Sinn, wenn Sie die Ursachen der Verschmutzung genau erforscht haben. Jeder Druck stellt Sie vor neue Probleme, ein Fehler kann nicht mehr rückgängig gemacht werden, und aus einem gutgemeinten Versuch kann ganz schnell eine Katastrophe werden. Handkolorierte Drucke, Pastell- oder Kohlezeichnungen dürfen niemals in ein Tauchbad gegeben werden, um sie zu bleichen. Es besteht die Gefahr, daß sich das Papier auflöst, daß die Farben verschwinden.
Wie dem auch sei, sollte es sich um keinen wertvollen Druck handeln, und sind Sie partout nicht davon abzubringen, so befolgen Sie bitte die nachstehenden Ratschläge.
Beginnen Sie mit einer ersten Reinigung, indem Sie den Druck entstauben. Mit einem Bad in gewöhnlichem Leitungswasser lassen sich manchmal sogar Feuchtigkeitsflecken entfernen. Um den Druck einzuweichen, verwenden Sie am besten eine Fotowanne, deren Ränder etwa 10 cm hoch sein sollten. Kaufen Sie die Fotowanne so groß, daß das zu bleichende Papier ausreichend Platz hat. Stellen Sie die Fotowanne in der Nähe des Wasserhahns auf, so daß Sie die Spülung leichter durchführen können. Basteln Sie sich ein Sieb zum Spülen. Es genügt in der Regel ein entsprechend großes Plastikbrettchen, in das Sie eine Anzahl Löcher bohren, so daß das Wasser durchfließen kann.
Erstes Chlorbad. Verwenden Sie 12%iges Fleckenwasser aus der Flasche; auf keinen Fall von minderer Qualität.
Dosierung: 2 bis 4% Chlor oder 0,2 bis 0,4 g oder ein Teelöffel Chlor auf einen Liter Wasser. Rühren Sie das Gemisch gut durch.
Geben Sie nun den Druck und das Sieb in die Fotowanne. Kontrollieren Sie den Bleichvorgang sehr genau, keinesfalls länger als 15 Minuten bleichen.
Erste Spülung. Falls das Ergebnis zufriedenstellend ist, gießen Sie Wasser hinzu, das mit einem Antichlor-Mittel angereichert wurde. Diese Natronlauge bekommen Sie in Apotheken, guten Fachgeschäften und in Fotolabors. Dieses Bad neutralisiert das Chlorbad.
Dosierung: 100 g Natronlauge auf einen Liter kaltes Wasser. Lassen Sie den Druck 10 Minuten weichen.
Spülung mit kaltem Wasser. Neigen Sie nun die Wanne etwas und lassen Sie über das Ganze etwa 2 bis 3 Stunden Wasser laufen. Legen Sie den Druck anschließend unter eine Presse – die zwei Löschblätter nicht vergessen. Die Pressung soll sehr gleichmäßig erfolgen. Lassen Sie den Druck ruhig mehrere Tage unter der Presse. Wechseln Sie zwei- bis dreimal täglich die Löschblätter aus. Der Druck muß vollkommen trocken werden.

Festigen

Mit einem neutralen Kleber lassen sich Papiere, die durch einen Reinigungsvorgang oder aufgrund ihres Alters spröde geworden sind, festigen und so noch lange erhalten. Bestreichen Sie die Rückseite des Papiers mit dem Kleber. Geben Sie das Blatt auf einen säurefreien Karton und dann unter eine Presse.
Auch die Vorderseite kann auf ähnliche Weise gefestigt werden. Hier verwenden Sie eine Schutzfolie, die Sie in Fachgeschäften erhalten. Diese glasklare, selbstklebende Schutzfolie zeichnet sich durch eine reduzierte Anfangshaftung aus, so daß Korrekturen möglich sind.

Zuschneiden der Kartons

Das Schneiden von Kartons ist die erste wichtige Arbeit für eine gelungene Rahmung. Achten Sie darauf, daß das Lineal eng an der Schnittlinie anliegt: Es ist nicht leicht, ein großes Lineal sauber anzulegen, wenn das Lineal nicht über den ganzen Karton reicht. Nehmen Sie in diesem Fall zwei Reststücke eines Kartons und legen Sie diese an den Enden des Lineals an, so daß die Verbindung zwischen den Hilfsmarkierungen hergestellt wird. Halten Sie das Lineal mit einer Hand (links oder rechts) auf den Karton gedrückt. Spreizen Sie dabei den Daumen und Zeigefinger auseinander (s. Abb. 27), so daß der Auflagedruck verteilt wird.
Ideal ist es, das Lineal mit einer oder zwei Schraubzwingen an der Arbeitsfläche zu befestigen. Sie sparen so Ihre Kräfte und erhalten einen perfekten Schnitt. Sollten Sie gerade keine Schraubzwingen zur Hand haben, können Sie dennoch verhindern, daß das Lineal wegrutscht. Befestigen Sie unter dem Lineal ein Kreppband oder entsprechende Korkstreifen.
Versuchen Sie nicht, festere Kartons gleich auf einmal zu durchschneiden. Der Schnitt wird viel sauberer, wenn Sie das Schneidmesser mehrmals mit gleichmäßigem Druck an dem Lineal entlangziehen. Man schneidet wesentlich leichter, wenn man leicht schräg schneidet (das Messer nicht so steil anstellt) und das Schneidmesser möglichst ohne abzusetzen durchzieht.
Damit Sie sich nicht verschneiden, sollten Sie den ersten Schnitt vorsichtig ausführen. Halten Sie das Schneidmesser locker und nicht verkrampft in der Hand. Ziehen Sie das Messer zu sich, indem Sie entlang der Markierung schneiden.

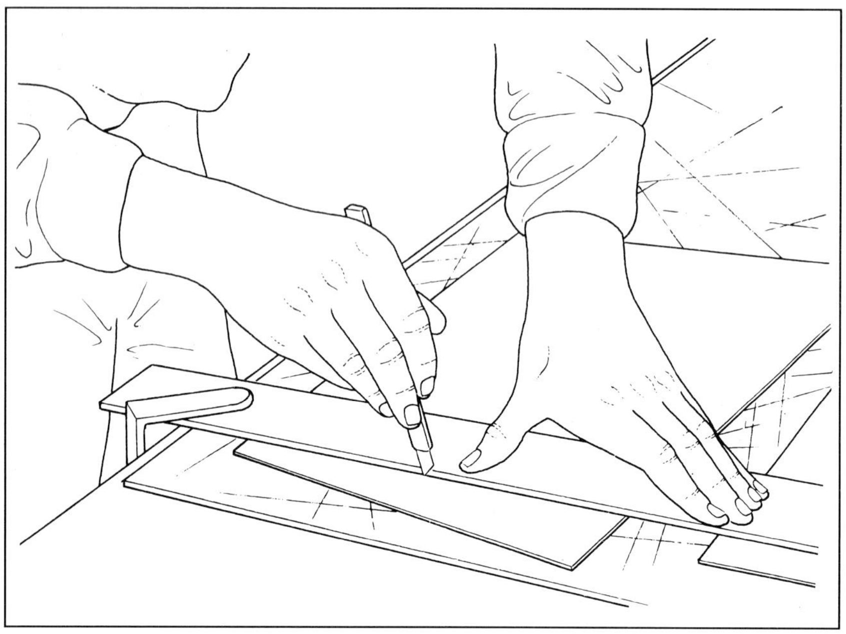

27 Wichtig für das Zuschneiden des Kartons sind ein scharfes Messer, ein Lineal, eine Schraubzwinge zum Befestigen des Lineals und eine gute Schneidunterlage.

Rechte Winkel

Grundlage einer soliden Rahmung ist, daß alle Kartons absolut rechtwinklig zugeschnitten wurden; davon hängt der ganze Erfolg einer Rahmung ab. Üben Sie mehrmals an verschiedenen Papier- und Kartonstärken und unterschiedlichen Qualitäten.
Falls Sie mehrere Kartons rechtwinklig schneiden möchten, beginnen Sie mit einem einfachen unkaschierten Karton, der leicht zu schneiden ist. Verwenden Sie diesen als Vorlage (Schablone) für die anderen Kartons.
Sie benötigen für diese Arbeit ein scharfes Schneidmesser und ein schweres Lineal. Darüber hinaus ist ein Winkelmaß ganz hilfreich.
Ist der Karton, den Sie zuschneiden wollen, bereits an einer Ecke rechtwinklig, so markieren Sie diesen rechten Winkel mit einem »X«.
Da beim Zuschneiden weder das Lineal noch das Winkelmaß die Seite wechseln, ist es logischerweise der zu schneidende Karton, der gedreht wird; und zwar im Uhrzeigersinn!
Alle Abfälle des Kartons befinden sich rechts vom Lineal. Für Linkshänder ist dies natürlich genau umgekehrt.

Wichtige Markierungshilfen

Sobald Sie die einzelnen Kartons in den gewünschten Maßen für das »Paket« (Erklärung siehe Seite 41) zugeschnitten haben, sollten Sie, entsprechend der richtigen Reihenfolge, die einzelnen Kartons markieren: 1. Rückwand, 2. Trägerkarton, 3. Passepartout. Zeich-

nen Sie sowohl die Vorder- als auch die Rückseite eines jeden Kartons an.
Zeichnen Sie sich beispielsweise Markierungen in Form eines »X« in die linke obere Ecke der Vorderseite des Kartons, außer auf dem ersten Teil des Pakets: ein Kreuz auf dem ersten Karton, zwei Kreuze auf dem zweiten . . . (s. Abb. 28 unten).
Zeichnen Sie sich die gleichen Markierungen rechts oben auf die Rückseite des entsprechenden Kartons, wobei auf der Rückseite immer diejenige Anzahl von Kreuzen gezeichnet wird, die auf der Vorderseite des vorhergehenden Kartons zu sehen ist: ein Kreuz auf die Rückseite des zweiten Kartons, zwei auf die Rückseite des dritten . . . (s. Abb. 28 oben). So haben Rückseite und Vorderseite immer korrespondierende Markierungen; gleiche Anzahl bedeutet richtige Reihenfolge.

Markieren Sie darüber hinaus all jene Kartons, die einen Fensterausschnitt besitzen: A 1 in die Mitte und A 2 rechts oben auf die Rückseite des jeweiligen Kartons, für weitere Kartons nehmen Sie andere Buchstaben.
Diese Art der Markierung mag Ihnen höchst langweilig und überflüssig vorkommen: Sie hilft Ihnen aber bestimmt, unnötige Fehler zu vermeiden.

Muster, Maquette

Bevor Sie anfangen, ein Bild wirklich zu rahmen, sollten Sie sich eine Mustervorlage herstellen, auf der Sie alle Markierungen eintragen, von denen wir noch sprechen werden oder bereits sprachen. In

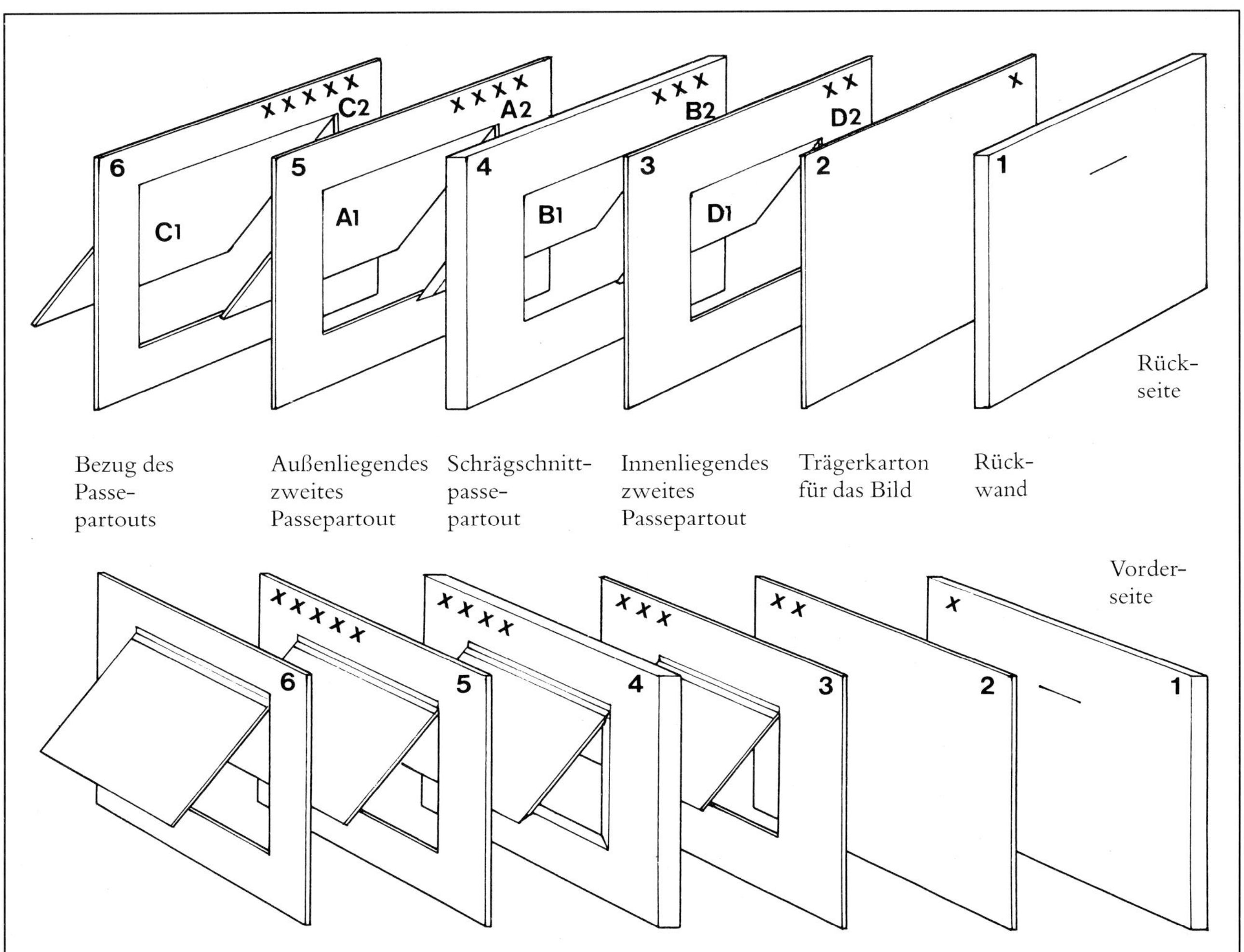

28 Markieren Sie alle notwendigen Kartons eines Pakets an den Vorder- und Rückseiten mit den entsprechenden Hilfsmarkierungen. (Hier handelt es sich um eine Vorlage für Schrägschnittpassepartout mit innen- und außenliegenden zweiten Passepartouts, siehe Seite 76.)

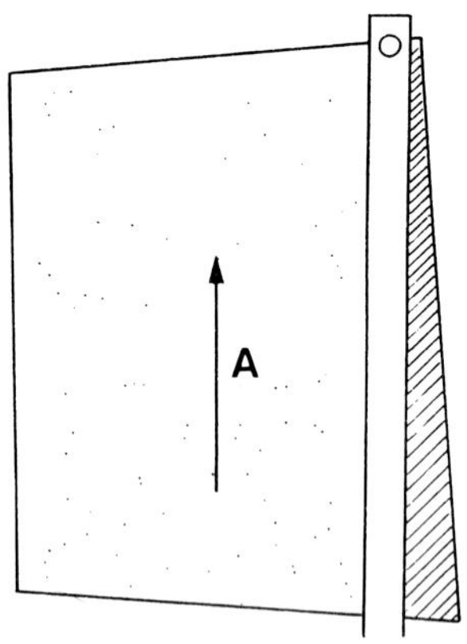

1. Legen Sie den Karton auf Ihre Arbeitsfläche; Schneidunterlage nicht vergessen. Zeichnen sie mit einem Bleistift in der Mitte des Kartons einen Pfeil, der wie der Zeiger einer Uhr auf 12 Uhr zeigt.
Legen Sie an die rechte Kante – möglichst weit außen – parallel zu dem Pfeil das Lineal an. Daumen und Zeigefinger der linken Hand drücken das Lineal gut an, so daß der Karton nicht mehr verrutschen kann. Mit dem Schneidemesser, das Sie in der rechten Hand halten, schneiden Sie entlang der Linealkante den Karton ein. Achten Sie dabei darauf, daß Sie immer entlang der Linealkante schneiden und nicht abrutschen. Je nachdem, wie dick der Karton ist, schneiden Sie mehrere Male mit dem Messer die Linie entlang. All diese Angaben gelten für Rechtshänder; bei Linkshändern vertauschen sich lediglich die Seitenangaben. Nennen wir diesen ersten Schnitt »A«.

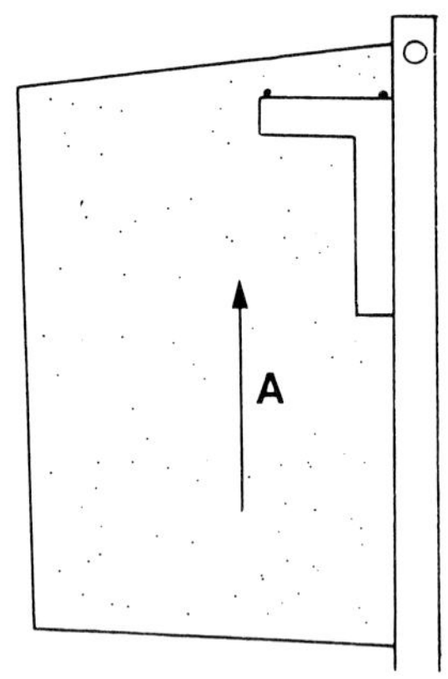

2. Legen Sie nun das Lineal genau auf die Schnittlinie »A« und das Winkelmaß auf den Karton. Das Winkelmaß stößt mit einem Schenkel bündig an das Lineal an und zwar so, daß der zweite Schenkel des Winkelmaßes sich möglichst weit oben auf dem Karton befindet. Mit Hilfe einer Zirkelspitze oder der Spitze des Schneidemessers machen Sie zwei Markierungen möglichst an den Endpunkten des Schenkels.

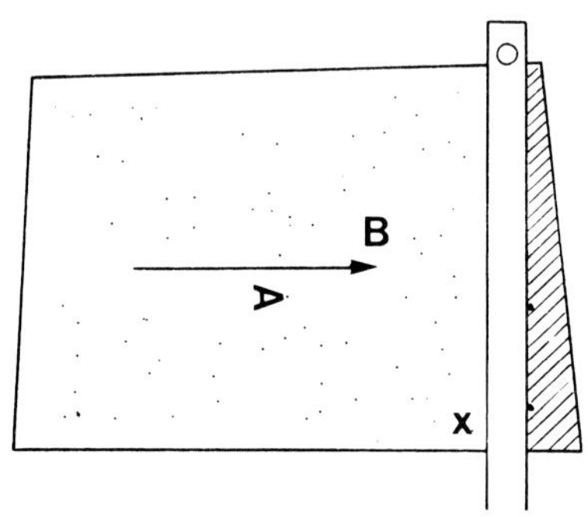

3. Entfernen Sie Winkelmaß und Lineal und drehen Sie den Karton um eine Vierteldrehung im Uhrzeigersinn: unser »Zeiger« zeigt nun auf 3 Uhr. Legen Sie das Lineal genau entlang der beiden Punkte an und schneiden Sie den Karton. Nennen wir diese Linie »B«.
Beschriften Sie nun diesen ersten rechten Winkel mit dem Buchstaben »X«.

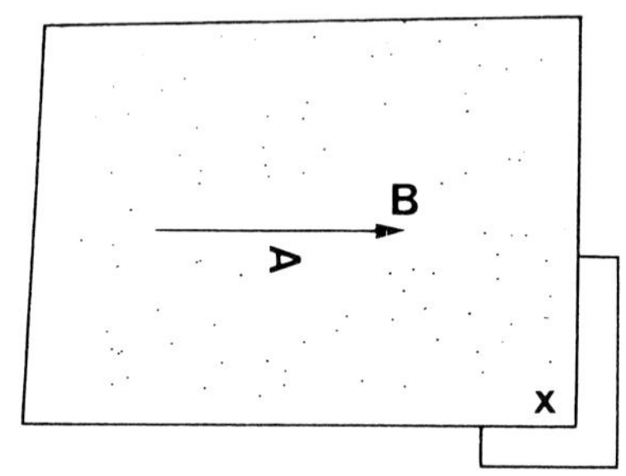

4. Um sicherzugehen, daß die mit dem Buchstaben »X« markierte Ecke auch exakt rechtwinklig ist, legen Sie genau auf die Ecke Ihr Winkelmaß. Wenn Sie sauber geschnitten haben, sind Ecke und Winkelmaß deckungsgleich. Das heißt, die Schenkel des Winkelmaßes liegen bündig an den Kanten des Kartons an; es bleibt kein Überstand. Sollte dem nicht so sein, verzweifeln Sie nicht, fangen Sie in aller Ruhe noch einmal an.
Der rechte Winkel sollte wirklich perfekt gelungen sein.

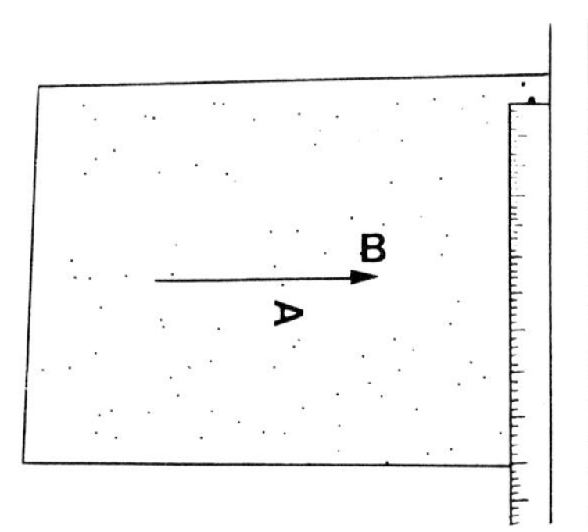

5. Legen Sie das Schneidlineal bündig an die Kante »B« des Kartons. Sollte Ihr Schneidlineal keine Maßeinheiten besitzen, so legen Sie daran ein Maßlineal an und übertragen das entsprechende Maß; in unserem Fall sind dies 30 cm. An der gewünschten Maßeinheit machen Sie sich wieder eine Markierung mit dem Zirkel.

29 Schritt für Schritt zu einem rechtwinkligen Karton.

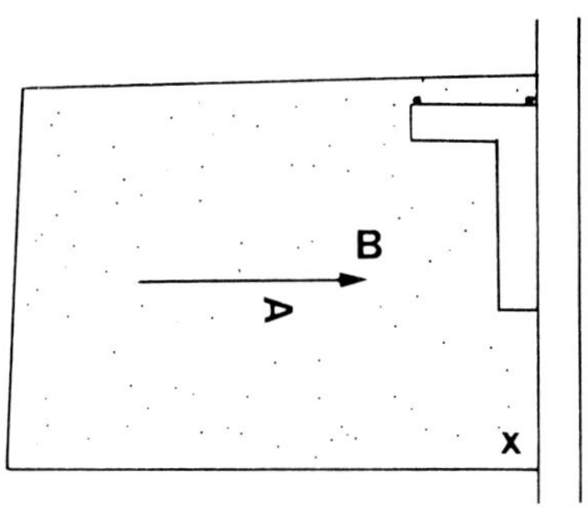

6. Entfernen Sie das Maßlineal und legen Sie das Winkelmaß bündig an das Lineal, so daß der zweite Schenkel genau an der Markierung anliegt. Machen sie mit dem Zirkel am Ende des Schenkels eine zweite Markierung; genau in der Flucht der ersten.

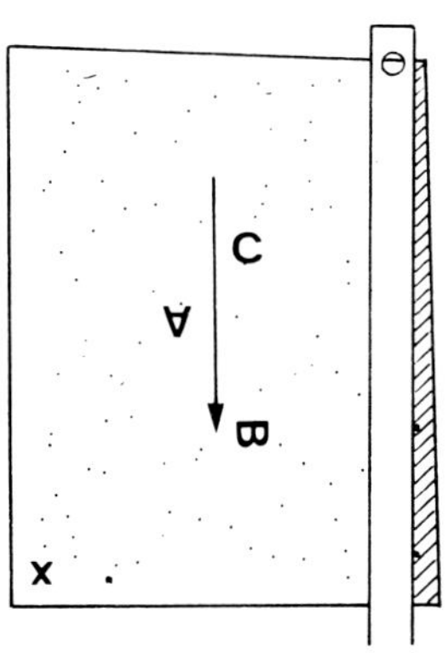

7. Entfernen Sie Schneidlineal und Winkelmaß. Drehen Sie den Karton wieder im Uhrzeigersinn eine Vierteldrehung weiter: Der Pfeil zeigt nun auf 6 Uhr. Legen Sie daraufhin das Schneidlineal sauber an die beiden Markierungen an und schneiden Sie die dritte Kante, die wir mit dem Buchstaben »C« kennzeichnen. Vergewissern Sie sich, daß diese zweite Ecke ebenfalls rechtwinklig ist.

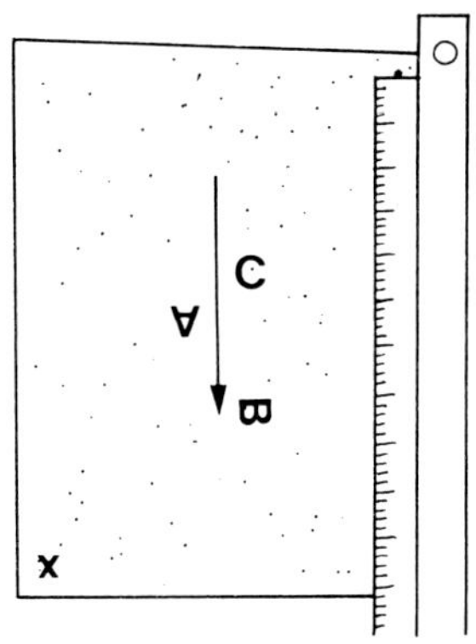

8. Nun legen Sie das Schneidlineal an die eben geschnittene Kante »C« bündig an. Wie bereits beschrieben, legen Sie ein Maßlineal an und übertragen das gewünschte Maß; sagen wir, es sind nun 40 cm. Sie machen also wieder an der entsprechenden Stelle mit dem Zirkel eine Markierung.

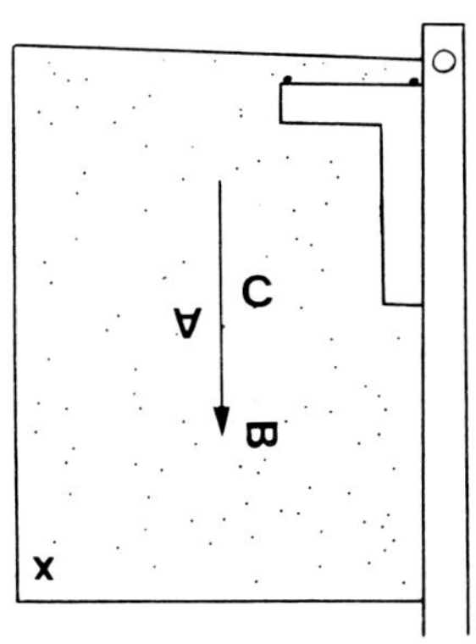

9. Entfernen Sie das Maßlineal und legen Sie das Winkelmaß sauber an; der zweite Schenkel liegt wieder genau an der Markierung an. Am Ende des Schenkels machen Sie eine zweite Markierung in der Flucht der ersten.

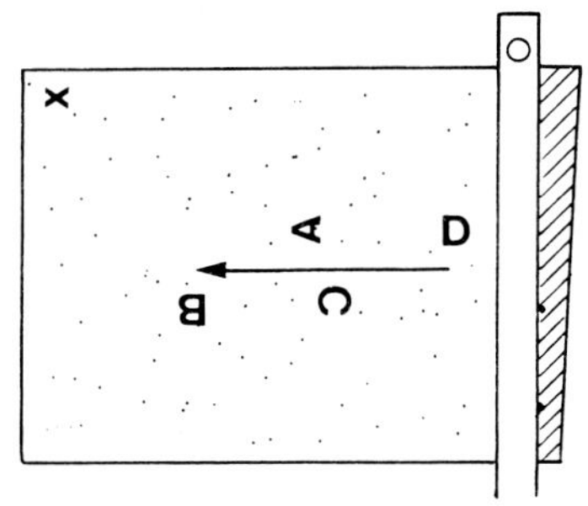

10. Entfernen Sie Lineal und Winkelmaß und drehen Sie den Karton noch einmal um eine Vierteldrehung im Uhrzeigersinn: der Pfeil zeigt nun auf 9 Uhr. Legen Sie das Lineal sauber an und schneiden Sie den Karton; diese Kante nennen wir nun »D«.
Vergewissern Sie sich, daß die letzten beiden Ecken wie die vorhergehenden absolut rechtwinklig sind.

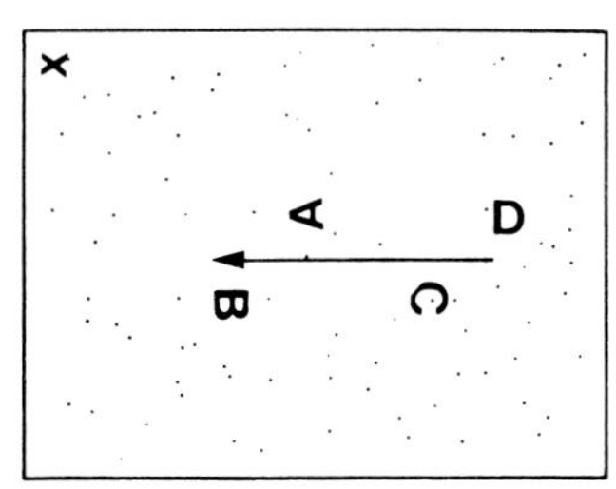

11. So, fertig. Sie haben nun einen absolut rechtwinkligen Karton mit den Maßen 40 × 30 cm.

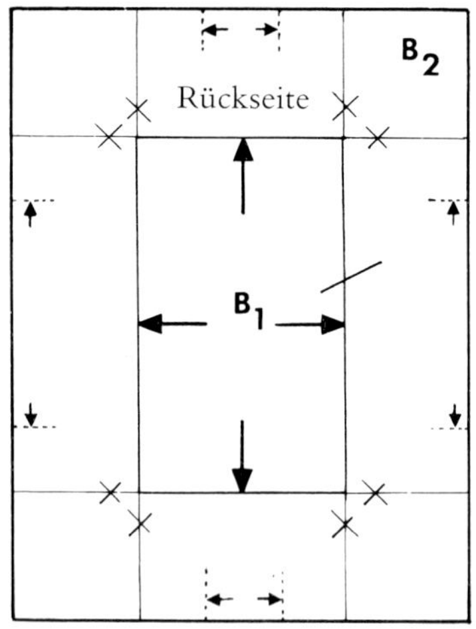

30 Muster für ein Passepartout; B 2 steht für die Passepartoutmaske und B 1 für den Fensterausschnitt. Alle wichtigen Markierungen befinden sich auf der Rückseite.

31 Muster eines vollständigen Pakets mit den dazugehörigen Fensterausschnitten.

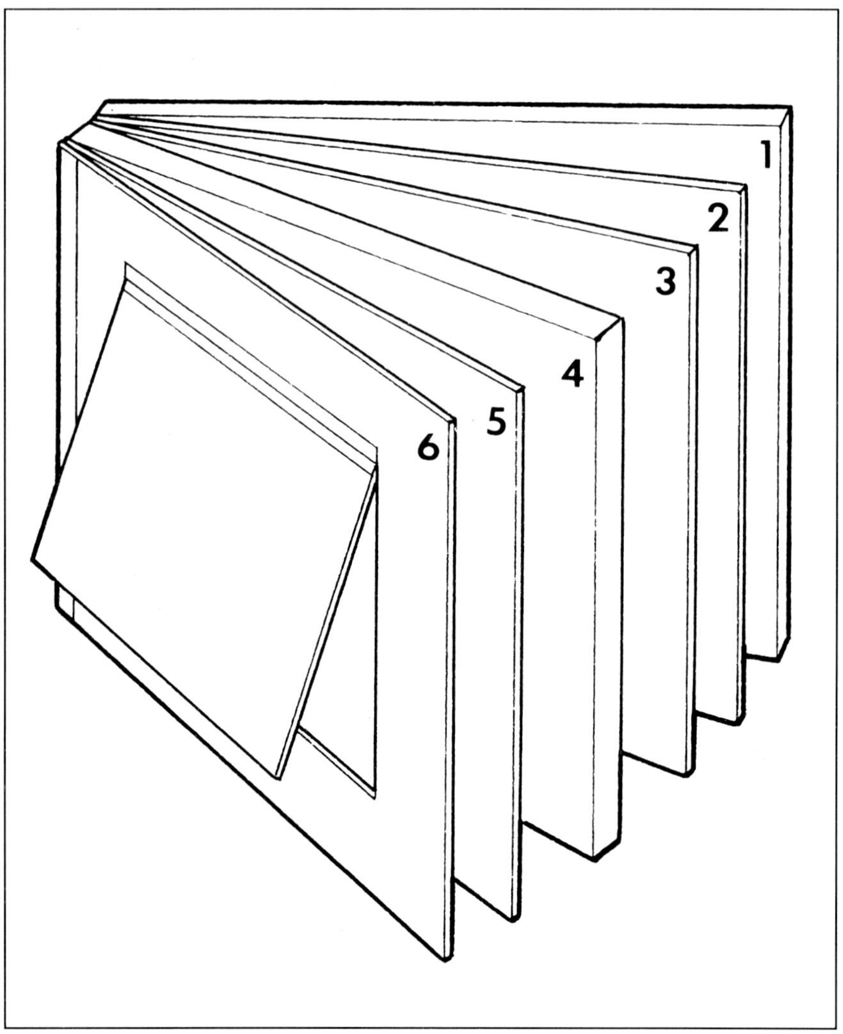

den verschiedenen Kapiteln werde ich Ihnen die einzelnen Schritte zeigen, um diese Mustervorlagen herzustellen. Notieren Sie auf jedem Karton die wesentlichen Details (Schnittform, Bedeutung der Schrägschnittkante ...).
Für die meisten in diesem Buch vorgestellten Techniken zeige ich Ihnen eine Querschnittskizze durch das Paket, so daß Sie die einzelnen Teile und ihre Reihenfolge gut nachvollziehen können. Verwenden Sie für Mustervorlagen die bereits erwähnten Markierungen.
Das komplette Passepartout (Beispiel: B 1 / **B 2**) wird mit einer gewöhnlichen und einer fett geschriebenen Markierung definiert, wobei der Teil B 1 sich auf den Fensterausschnitt bezieht, der entfernt wird (B 2 steht für die Passepartoutmaske). Vergessen Sie niemals, Rück- und Vorderseite eines jeden Kartons zu kennzeichnen; die Markierungen in Form des »X« erlauben, die richtige Reihenfolge zu finden.
Wenn Sie ein Schrägschnittpassepartout herstellen (siehe dazu Seite 66), sind andere Markierungen noch ganz hilfreich:
Zeichnen Sie auf die Fläche B 1 vier Pfeile, deren Spitzen zu den Umrißlinien zeigen; so kennzeichnen Sie sich die Richtung des Schrägschnitts.
Wenn Sie ein Handschneidesystem verwenden (siehe dazu Seite 10 f.), sollten Sie folgende Markierungen auf Ihre Vorlage (Maquette) zeichnen:
In der Verlängerung der Ecken des Fensterausschnitts je zwei Kreuze, um so festzulegen, wie weit Sie den Handschneider beim Schneiden ziehen müssen.
An den Rändern entsprechende gepunktete Linien, um das Führungslineal des Schneidesystems sauber anlegen zu können. Die jeweiligen kleinen Pfeile werden von dem Lineal gerade abgedeckt.
Dann verbinden Sie die einzelnen Mustervorlagen mit Hilfe eines Naßklebestreifens zu einem »Bilderbuch«. Auf die gleiche Art und Weise befestigen Sie den jeweiligen Fensterausschnitt in der passenden Passepartoutmaske. So haben Sie eine genaue Erinnerungsstütze, die Ihnen noch lange Zeit eine wertvolle Hilfe sein wird.

Kleben, Aufziehen, Verkleiden

Kleben

Um ein Passepartout oder einzelne Schrägschnittkanten mit Papier oder einem Stoff zu beziehen und sie damit zu verschönern, müssen Sie die gewünschten Materialien selbst aufkleben; außer Sie verwenden bereits kaschierte Passepartouts.
Im folgenden möchte ich Ihnen die wichtigsten Arten des Klebens vorstellen.

Direktes Kleben

Arbeitsunterlage: Packpapier oder eine Zeitung.
Arbeitsmittel: Stärkekleber oder Weißleim, Pinsel, Lappen.
Bei dieser Technik wird der Bezug, den Sie auf das Passepartout kleben möchten, direkt mit Kleber bestrichen.
Legen Sie den zu klebenden Bezug auf eine ausreichend große Unterlage aus Papier. Verziehen Sie mit dem Pinsel den Kleber möglichst gleichmäßig, so daß eine dünne Kleberschicht aufgetragen wird. Es ist wichtig, daß diese Schicht dünn ist, denn so dehnt sich der Bezug nicht aus.
Halten Sie mit dem Daumen der linken Hand den Bezug an einer Ecke gut fest und verziehen Sie mit der anderen Hand den Kleber. Beginnen Sie in der Mitte und verziehen Sie den Kleber zu den Rändern hin; ziehen Sie den Kleber ruhig etwas über die Kanten des Bezugs hinaus. Abschließend wird noch die freie Stelle, wo der Daumen der linken Hand sich befand, mit Kleber bestrichen. Falls der Bezug sich zu wellen beginnt, so liegt das daran, daß er nicht genügend durchtränkt wurde. Legen Sie nun den mit Kleber bestrichenen Bezug auf den Karton und geben Sie das Ganze unter eine Presse.

Indirektes Kleben

Bei dieser Technik handelt es sich um die umgekehrte Technik zum vorher beschriebenen direkten Kleben.
Arbeitsunterlage: Ideal ist eine Glasplatte oder, falls Sie so etwas gerade nicht zur Hand haben, ein fester Karton oder eine Metallplatte.
Arbeitsmittel: Stärkekleber oder Weißleim, Pinsel.
Tragen Sie mit dem Pinsel den Kleber in einer dünnen Schicht auf die Glasplatte auf. Streichen Sie dabei ruhig eine größere Fläche ein als der Bezug groß ist. Legen Sie dann den Bezug vorsichtig auf die Kleberschicht und drücken ihn mit der flachen Hand blasenfrei an, damit die ganze Oberfläche mit dem Kleber bedeckt wird.
Heben Sie nun den Bezug an einer Ecke an. Kontrollieren Sie, ob seine Rückseite mit einer Kleberschicht vollständig bedeckt ist. Falls nicht, drücken Sie den Bezug noch einmal an, damit der Kleber besser haften bleibt.
Nun wird der Karton bezogen. Drücken Sie den Bezug leicht an, so daß er überall haftet. Abschließend wird der so bezogene Karton gepreßt.

Montagekleber

Arbeitsunterlage: Zeitung oder Packpapier.
Arbeitsmittel: Montagekleber, Pinsel.
Montagekleber werden wie Stärkekleber auf die Rückseite des Bezugs mit einem Pinsel aufgebracht. Wichtig ist auch hier ein vollflächiges Verstreichen des Klebers.

32 Direktes Auftragen des Klebers auf die Rückseite des Bildes. Verstreichen Sie den Kleber von der Mitte zu den Rändern hin.

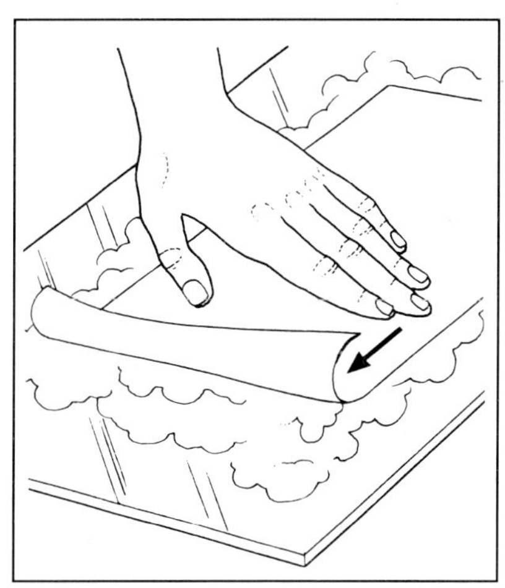

33 Indirektes Auftragen des Klebers. Bewegen Sie das Bild in dem Kleberbett hin und her, so daß die Rückseite vollständig mit Kleber versehen wird.

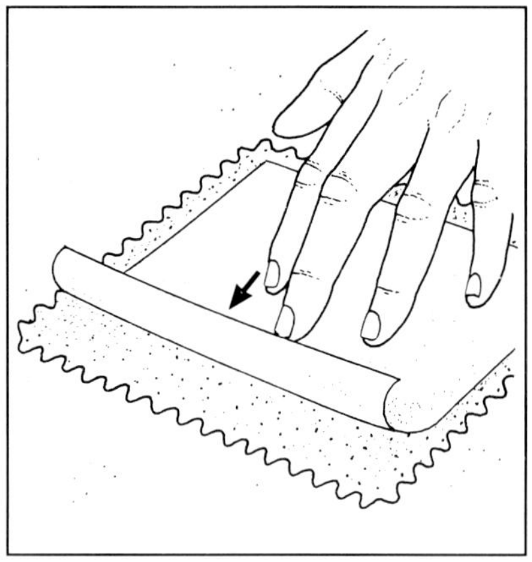

34 Montagekleber haben den Vorteil, daß so befestigte Bilder selbst nach Wochen noch problemlos wieder abgelöst werden können.

Montagekleber haben den Vorteil, daß sie weder durchschlagen noch Farben anlösen, und daß sich mit Montagekleber verklebte Flächen selbst nach Wochen noch problemlos lösen und ohne neues Einstreichen versetzen lassen.

Aufziehfolie

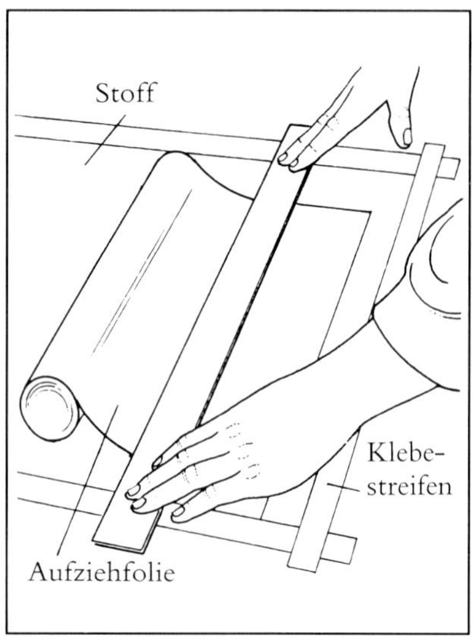

35 Abrollen einer Aufziehfolie mit Hilfe eines Lineals. Befestigen Sie den Bezug mit einem Klebeband auf der Arbeitsunterlage.

Dieses doppelseitig klebende, reißfeste Papiervlies eignet sich ausgezeichnet für das Kleben von allen möglichen Bezügen. Gerade weil es sich hier um ein Papiervlies handelt, werden geringe Unebenheiten ausgeglichen. Aufgrund eines alterungsbeständigen Klebers verlieren Aufziehfolien ihre Klebeleistung nicht.
Arbeitsunterlage: Schneidunterlage oder ein entsprechend großes Plastikteil.
Arbeitsmittel: Aufziehfolie, Klebeband, Lineal, Lappen.
Befestigen Sie mit dem Klebeband den Bezug auf der Arbeitsunterlage so, daß die Rückseite zu Ihnen zeigt. Lassen Sie die einzelnen Streifen des Klebebandes wenige Millimeter überstehen; das genügt vollkommen. Entfernen Sie nun das erste Abdeckpapier der Aufziehfolie und beziehen Sie den Bezug damit. Als Hilfe eignet sich hier das Lineal, mit dem Sie die Aufziehfolie langsam entrollen, so daß sie blasenfrei aufgebracht wird. Jetzt entfernen Sie die Klebebänder vorsichtig und drücken die Aufziehfolie vollständig an – fertig. Möchten Sie nun den Bezug auf den Karton Ihrer Wahl aufziehen, entfernen Sie das zweite Abdeckpapier; das Ganze fest aufdrücken und darauf achten, daß keine Luftblasen stehenbleiben. Mit dieser Aufziehfolie können Sie selbstverständlich auch die Streifen für die Schrägschnittkanten aufbringen: In welcher Reihenfolge Sie hier vorgehen, bleibt Ihnen überlassen. Sie können also entweder die Schrägschnittkanten oder den Bezug mit der Aufziehfolie bekleben.

Laufrichtung von Stoffen

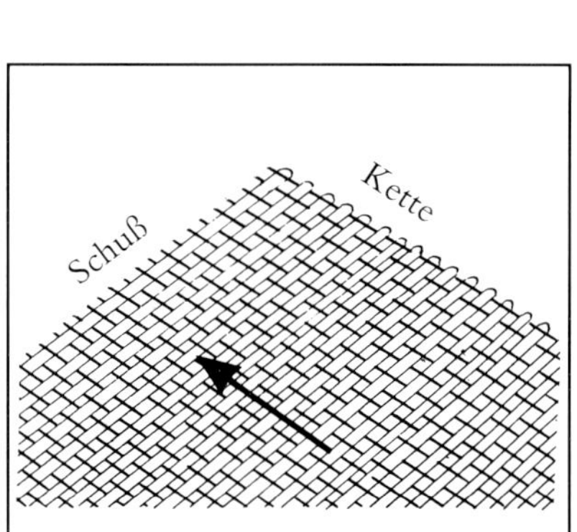

36 Stoffe bestehen aus waagrecht und senkrecht laufenden Fäden; man spricht von Schuß und Kette.

Stoffe oder Gewebe verfügen über zwei Laufrichtungen: Kette und Schuß. Kette bezeichnet die senkrechten Fäden und Schuß die waagrechten; Kettfäden verlaufen also parallel zum Saum. Der Stoff dehnt sich in Richtung der Schußfäden aus. Grundsätzlich gilt, daß der Stoff so zu verarbeiten ist, daß seine Länge in Richtung der Kettfäden verläuft. Die Säume sollten Sie vor jedem weiteren Gebrauch auftrennen.
Für das Beziehen von Passepartouts werden häufig Stoffe oder

Gewebe verwendet, die bereits auf Papierträger aufgezogen wurden; zumeist sind sie einen Meter breit. Die Verarbeitung dieser Stoffe bereitet keinerlei Probleme.

Laufrichtung von Papier

Papier hat zwei Laufrichtungen; seine Fasern dehnen sich lediglich in einer Richtung aus. Diese Ausdehnung kann zwischen 1 bis 2 mm auf 10 cm betragen und ist von Feuchtigkeit und Temperaturschwankungen abhängig. Falls Sie auf diese Punkte nicht achten, kann es passieren, daß das zum Aufziehen vorgesehene Papier sich verzieht, schrumpft oder wellig wird.
Ohne weiter auf die Herstellung von Papier eingehen zu wollen, läßt sich sagen, daß Papier sich in Querrichtung ausdehnt; in der Längsrichtung ist die Ausdehnung minimal.
Falls Sie Papier zum Verkleiden von Passepartouts verwenden möchten, spielt die Laufrichtung des Papiers eigentlich keine größere Rolle, außer beim Beziehen der Schrägschnittkanten und sofern Sie das Papier direkt verkleben wollen. Der Kleber dehnt das Papier in Querrichtung aus.
Wie läßt sich nun die Laufrichtung eines Papiers bestimmen?

Anfeuchten

Feuchten Sie mit einem nassen Schwamm ein 5 bis 6 cm großes Eckstück des Papiers an. Achten Sie auf die entstehende Wellung des Papiers; die Richtung der Wellen gibt die Querrichtung an. Schneiden Sie sich die Papierstreifen entlang der Längsrichtung zu (s. Abb. 37–39).

Zerreissen

Papier läßt sich in Längsrichtung wesentlich leichter und sauberer reißen als in der Querrichtung; probieren Sie es einmal aus.

Falten

Falten Sie ein Stück Papier in beide Richtungen. Sie werden sicherlich merken, daß sich das Papier in einer Richtung leichter falten läßt; Längsrichtung. In der Querrichtung bietet das Papier einen stärkeren Widerstand.

Beugen, Wölben

Beugen oder wölben Sie das Papier in beide Richtungen. Diejenige

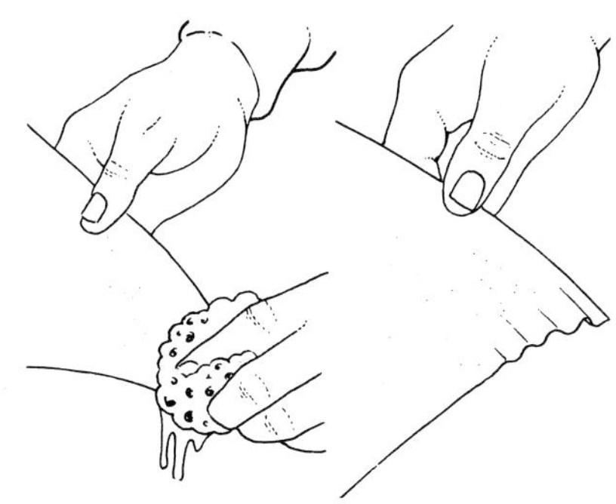

37 Feuchten Sie das Papier mit einem nassen Schwamm an.

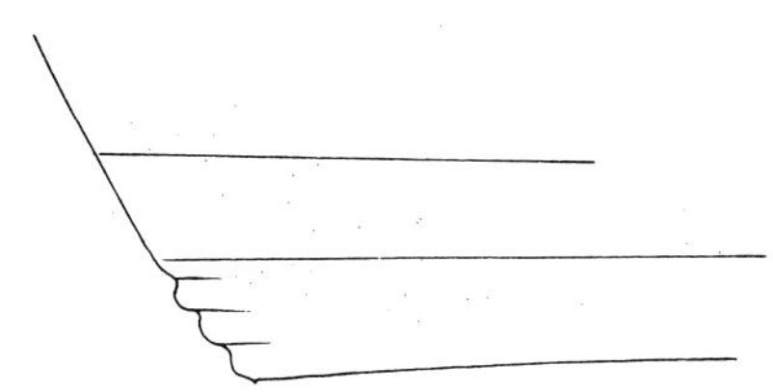

38 Die daraufhin im Papier entstehenden Wellen zeigen seine Laufrichtung an.

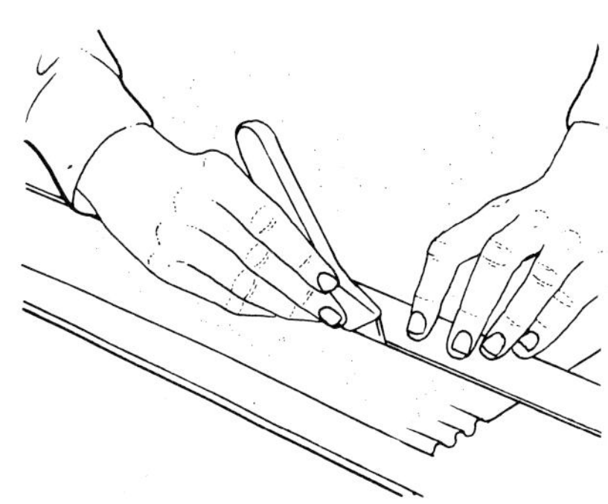

39 Schneiden Sie Papier immer in der Laufrichtung; Sie vermeiden so ein »Ausfransen« der Kanten.

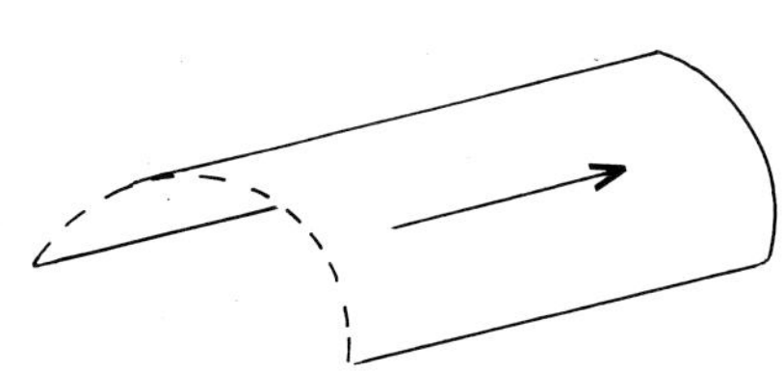

40 Beim Wölben ist diejenige Richtung, die den größeren Widerstand leistet, die Längsrichtung.

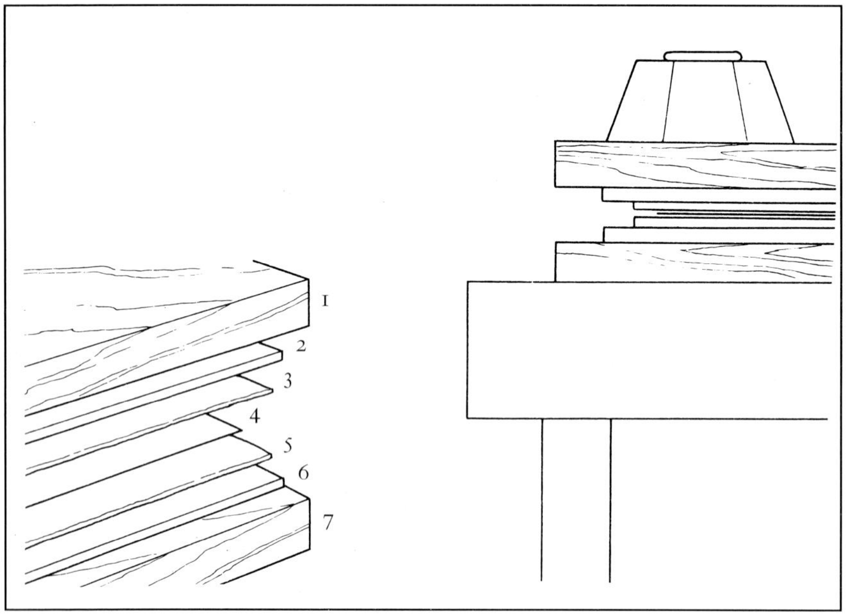

41 Wellige Drucke lassen sich durch Anfeuchten und Pressen glätten. Zum Schutz des Drucks legen Sie je eine Lage Löschpapier und Karton zwischen die Presse.
1. Holzbrett
2. Karton
3. Löschpapier
4. Druck
5. Löschpapier
6. Karton
7. Holzbrett

Richtung, die den größeren Widerstand bietet, ist die Längsrichtung.

Pressen

Mit Hilfe einer Presse können Sie wellig gewordene Papiere glätten und bei den Klebungen für den nötigen, aber nicht zu starken Anhaftedruck sorgen.
Sollte ein Papierbezug wellig geworden sein, feuchten Sie die Rückseite des Papiers mit einem nassen Schwamm vorsichtig an. Daraufhin geben Sie das Papier zwischen zwei Löschblätter und dann unter eine Presse. Zum Schutz können Sie das Ganze noch zwischen zwei feste Kartons oder Holzbretter legen. Lassen Sie die Arbeit etwa zwölf Stunden unter der Presse.
Damit Kleber ihre Klebewirkung erreichen, ist Druck notwendig. Darum sollten Sie mit Papier bezogene Kartons ruhig einige Stunden lang pressen.
Kaufen Sie sich eine Anzahl verschieden großer Holzbretter, so daß Sie gleich mehrere Kartons pressen können. Achten Sie vor jedem neuen Pressen darauf, daß auf den Brettern keine Klebereste verbleiben. Nicht daß Sie jetzt denken, Sie müßten sich eine Presse kaufen; nein, in der Regel genügt ein ausreichend großes und schweres Gewicht, mit dem sich ein gleichmäßiger Druck erzeugen läßt. Lassen Sie Ihre zu pressenden Gegenstände lieber länger unter der Presse, als sie nur kurze Zeit hohem Druck auszusetzen.

Beziehen eines Kartons

42 Zuschneiden des Bezugs entlang dem vorab zugeschnittenen Passepartout.

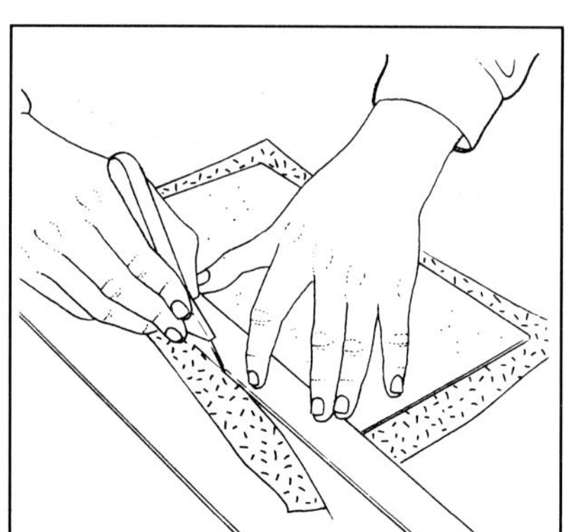

Auch hier handelt es sich um das Aufziehen von Stoff oder Papier auf einen Karton; wichtigster Unterschied ist jedoch, daß nun die Verkleidung um den Karton erfolgt, so daß auch seine Kanten mit dem Papier oder dem Stoff bezogen sind.
Die Fläche des Papiers ist darum größer als die Fläche des zu verkleidenden Kartons. Lassen Sie an den Seiten jeweils einen überstehenden Rand von 1 bis 2 cm.
Legen Sie den Karton auf das mit Kleber bestrichene Papier. Drehen Sie das Ganze um, um das Papier blasenfrei anzudrücken: Drücken Sie von der Mitte aus sternförmig zu den Rändern hin das Papier an. Drehen Sie nun den Karton wieder um. Legen Sie das Lineal bündig auf die Kante des Kartons und schneiden das Papier

mit einem scharfen Messer sauber ab; es bleibt kein Überstand. Geben Sie abschließend den bezogenen Karton unter eine Presse.

Gewusst wie

Sie können natürlich auch umgekehrt vorgehen: Bestreichen Sie den Karton mit dem Kleber. Befeuchten Sie ganz leicht mit einem feuchten Schwamm die Papieroberfläche, bringen Sie das Papier auf den Karton auf und zwar so, daß an allen Kanten ein ausreichender Überstand bleibt. Nun drücken Sie das Papier sauber an und schneiden die Überstände bündig ab.

Verkleiden von Ecken

Arbeitsmittel: Papier oder ein Gewebe Ihrer Wahl, Weißleim oder Aufziehfolie, Lappen, Papiermesser, Schneidmesser, Schere, Karton.

Das Verkleiden von rechtwinkeligen Ecken ist eine einfache Technik, die jedoch Sorgfalt erfordert. Bestreichen Sie das Papier mit Kleber und legen Sie den Karton so auf das Papier, daß an allen Seiten ein ausreichender Überstand bleibt.

Schneiden Sie nun das überstehende Papier an den vier Ecken schräg ab. Lassen Sie dabei zur Ecke des Kartons einen Abstand, der ein- bis zweimal der Kartonstärke entspricht. Schneiden Sie nicht näher an die jeweilige Ecke heran, da sonst die Schnittkante an der Ecke des Kartons sichtbar bleiben würde.

Schlagen Sie nun die Ränder des Papiers um und drücken Sie das Papier sauber an; nehmen Sie dazu das Papiermesser. Achten Sie darauf, daß das Papier sich plan und blasenfrei um den Karton »schmiegt«. Die an den Ecken etwas abstehenden Papierkanten drücken Sie mit dem Papiermesser gut an. Ebenso verfahren Sie mit den verbleibenden drei Ecken. Pressen Sie den bezogenen Karton, wobei Sie zum Schutz des Papiers eine feste Pappe darüber anbringen.

Das Verkleiden von »gestutzten« (angeschnittenen) Ecken hört sich komplexer an, ist aber bei genauer Arbeit nicht schwer auszuführen. Schneiden Sie an den Ecken parallel zu den angeschnittenen Ecken das Papier ab und als nächstes kleine Ecken heraus. Lassen Sie dabei zu den Ecken des Kartons einen Abstand, der in etwa ein- bis zweimal der Stärke des Kartons entspricht; nicht näher schneiden! Abschließend wird das Papier sauber umgeschlagen und fest angedrückt. Achten Sie darauf, daß an den Kanten keine Luftblasen bleiben.

Das Verkleidungen von Rundungen ist schon etwas schwieri-

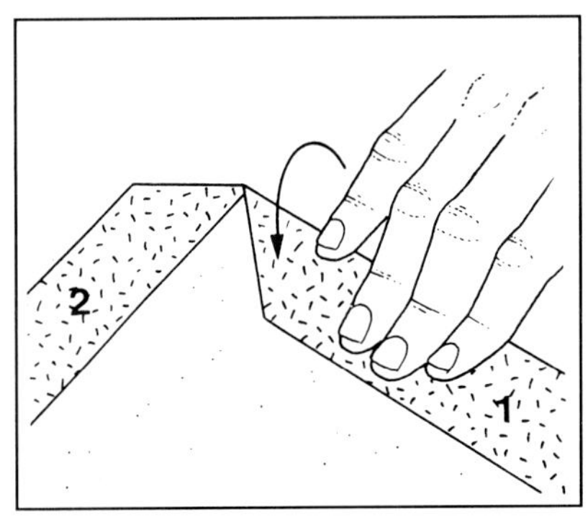

43 Schlagen Sie die Ränder sauber um. Schneiden Sie an den Ecken den Bezug diagonal ab.

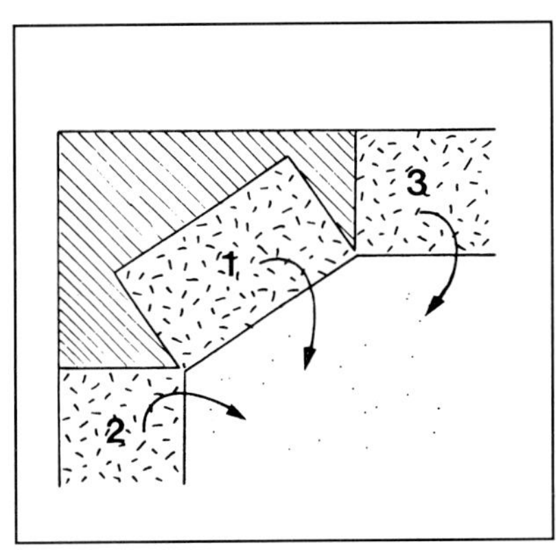

44 So lassen sich »gestutzte« (angeschrägte) Passepartoutecken sauber beziehen. Schneiden Sie den Bezug nie bis zur Passepartoutkante ein; lassen Sie immer 1 bis 2 mm Abstand.

45 Strahlenförmiges Einschneiden bei gerundeten Kanten.

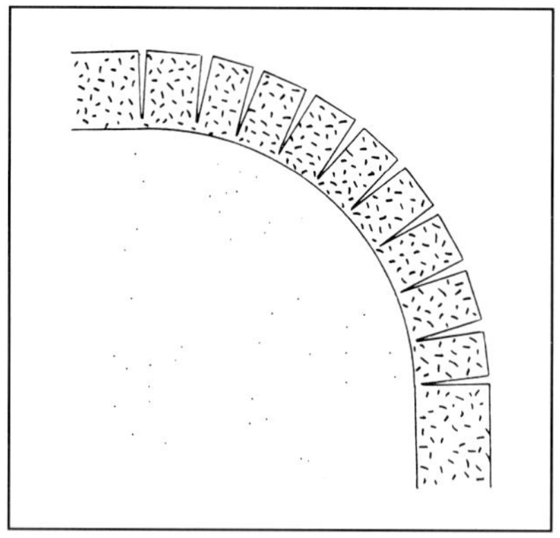

46 So schneiden Sie den Bezug ein, wenn Sie leicht abgerundete Ecken beziehen wollen.

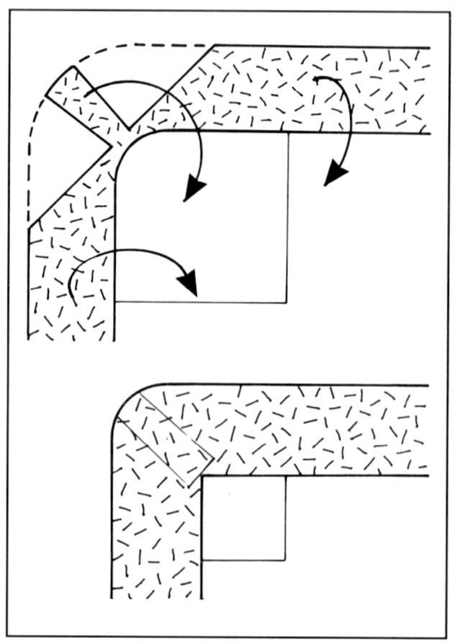

ger auszuführen, aber wenn Sie mit der gleichen Sorgfalt arbeiten, werden Sie damit keine Probleme haben. Nach dem Aufkleben des Papiers schneiden Sie den Überstand so zu, daß die Kante der Rundung und die Papierkante parallel verlaufen. Schneiden Sie das Papier sternförmig in kleinen Abständen ein; den notwendigen Abstand zur Kante des Kartons nicht vergessen! Abschließend das Papier Stück für Stück umschlagen und blasenfrei andrücken!

Das Verkleiden von abgerundeten Ecken ist nun sozusagen die »Gesellenprüfung« dieser Arbeiten. Nach dem Aufkleben des Papiers schneiden Sie den überstehenden Rand des Papiers parallel zu der abgerundeten Ecke ab. Daraufhin wird das Papier so eingeschnitten, daß in der Mitte eine Art Lasche stehenbleibt. Sie sollte in der Breite etwa zwei- bis dreimal der Stärke des Kartons entsprechen. Die Länge ergibt sich aus dem Überstand. Falten Sie das Papier vor und bestreichen Sie an dieser Stelle den Karton mit Kleber. Abschließend schlagen Sie das Papier sauber um und drücken es blasenfrei an.

Bildaufhängungen

Klappösen, befestigt an der Rückseite der Rückwand, für kleinere Rahmungen, Ringschrauben, geschraubt in die Rahmenleiste für schwere Rahmungen; gleich, für welche Bildaufhängung Sie sich entscheiden, wichtig ist letztlich nur eines: Passend zur Rahmung wird die Bildaufhängung optimal angebracht. Wie es sich für einen wahren Künstler gehört, bevorzugen Sie sicherlich auch selbsthergestellte Bildaufhängungen; Sie brauchen dazu lediglich eine Messinghalterung und ein Leinenband. Vorteile dieser Halterungen: sie verrutschen nicht, beschädigen die Rückwand nicht und rosten nicht.

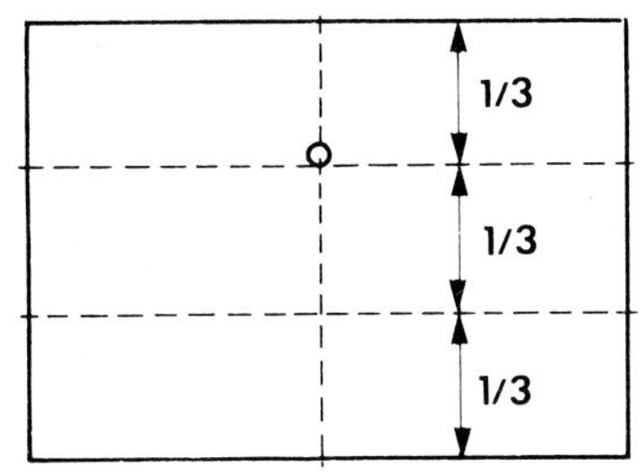

47 Anbringen einer Halterung; mittige Senkrechte und Drittelung in der Waagrechten.

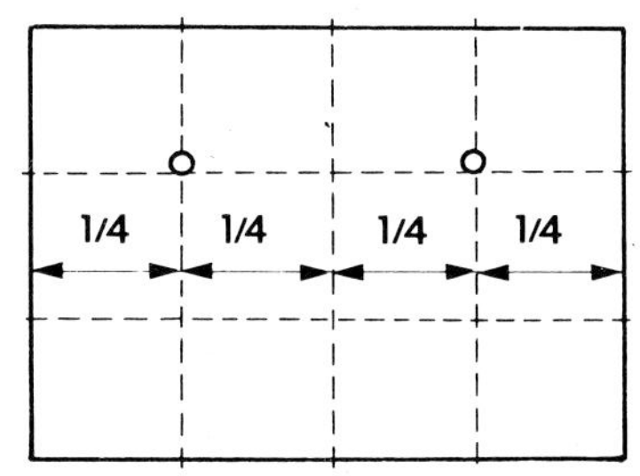

48 Anbringen von zwei Halterungen; Drittelung in der Waagrechten und Viertelung in der Senkrechten.

Die richtige Halterung an der richtigen Stelle

Anbringen einer Aufhängung

Für kleinere und gängige Formate genügt eine Halterung, die auf einer 2 mm festen Rückwand befestigt wird. Halbieren Sie dafür die Rückwand in der Senkrechten und teilen Sie die Waagrechte in drei gleich breite Teile. Am Schnittpunkt der Senkrechten und der oberen Drittelungslinie bringen Sie die Halterung an.

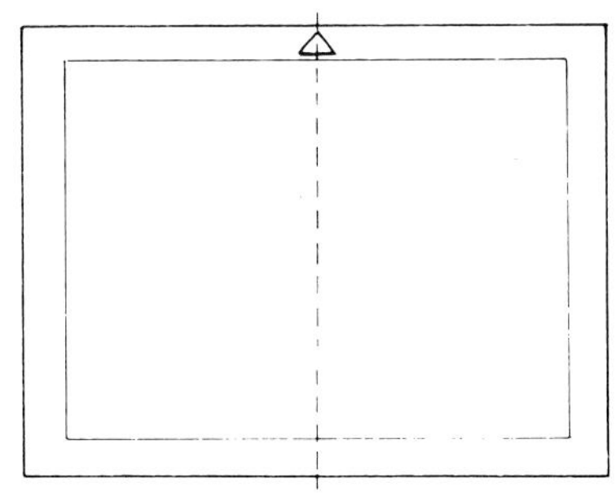

49 Anbringen einer Klappöse mit spitzer umlegbarer Metallasche.

Anbringen von zwei Halterungen

Bei Rahmungen in Abmessungen von 30 × 40 cm bis 60 × 70 cm empfiehlt es sich, zwei Halterungen zu verwenden, die an einer etwa 3 mm festen Rückwand befestigt werden. Teilen Sie dazu die Rückwand in der Senkrechten in vier gleiche Teile und in der Waagrechten in drei gleich breite Teile. An den Schnittpunkten der linken und der rechten Senkrechten mit der oberen waagrechten Linie bringen Sie die beiden Halterungen an. Um nun die Rahmung aufzuhängen, verbinden Sie die beiden Halterungen mit einem Bilderdraht, den es in Stärken von 1 bis 2 mm gibt.

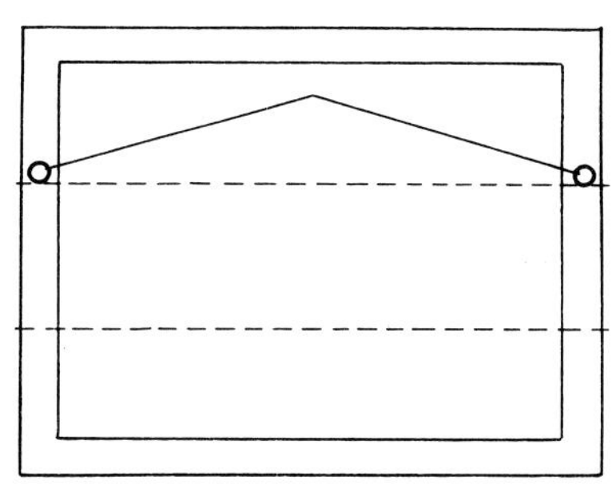

50 Halterung mit zwei Ringschrauben und Bilderdraht.

Anbringen einer Klappöse

Verwenden Sie am besten Klappösen aus vermessingtem Eisen mit Nagellöchern. Befestigt werden sie mittig an den Rahmenleisten mit passenden Nägeln (Rund- oder Flachkopf).

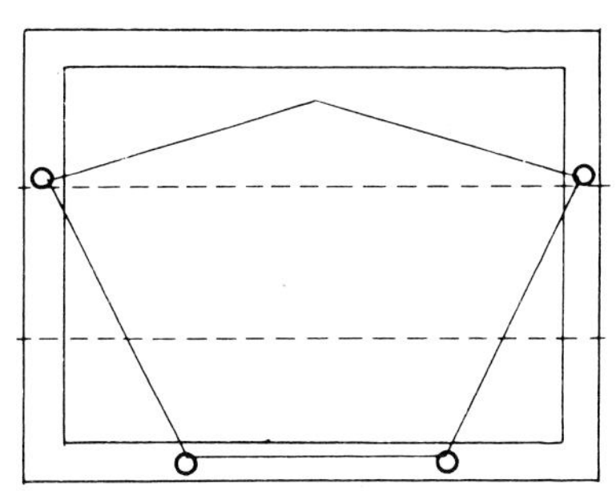

51 Halterung mit vier Ringschrauben und Bilderdraht; die ideale Halterung für schwere Bilder.

Anbringen von zwei Ringschrauben

Um schwere Rahmungen sicher anzubringen, verwenden Sie zwei Ringschrauben, die an den Rahmenleisten befestigt werden. Ringschrauben haben wie Schrauben ein Schraubgewinde, aber anstelle eines Kopfes eine ringförmige Öse. Teilen Sie die Rückseite der Höhe nach in drei gleiche Teile. Mittig auf den Rahmenleisten werden dann die beiden Ringschrauben am Schnittpunkt mit der oberen waagrechten Linie angebracht. Abschließend verbinden Sie die beiden Ringschrauben mit Bilderdraht, so daß Sie in die Wand nur ein Loch bohren müssen.

Anbringen von vier Ringschrauben

Für sehr schwere Rahmungen verwenden Sie am besten eine Bildaufhängung, die aus vier Ringschrauben besteht. Teilen Sie dazu die Rückseite in der Senkrechten in vier und in der Waagrechten in drei gleich große Teile (s. Abb. 51). Die ersten beiden Ringschrauben bringen Sie am Schnittpunkt mit der oberen waagrechten Linie an; die verbleibenden zwei am Schnittpunkt der linken und rechten senkrechten Linie – immer auf die Rückseite der Rahmenleiste geschraubt. Abschließend werden die vier Ringschrauben mit einem Bilderdraht verbunden.

52–57 Bildaufhängung: selbstgemacht aus einer Öse und einem Leinenstreifen.

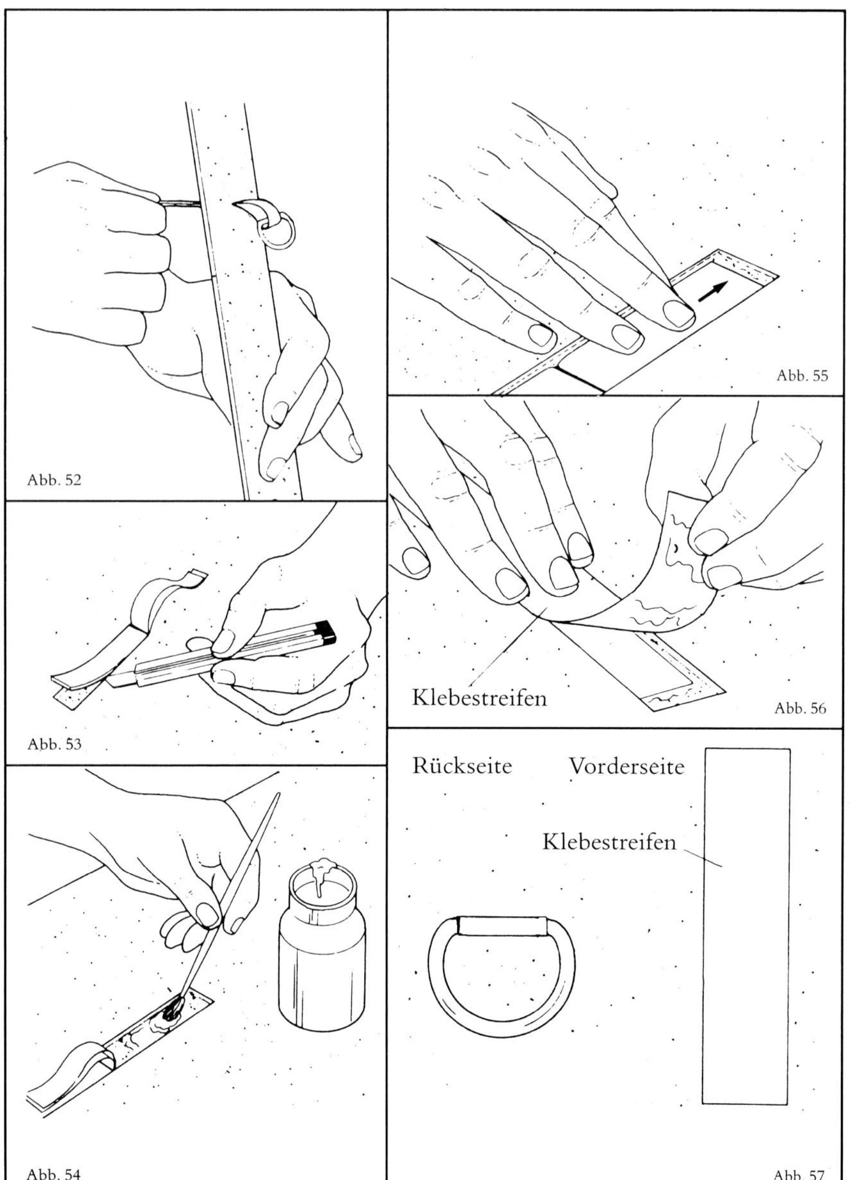

Bildaufhängung, selbstgemacht

Öse und Leinenband

Was Sie dazu brauchen bekommen Sie in jedem Baumarkt oder gehört zu Ihrer Grundausstattung: Winkelmaß, Bleistift, ein etwa 10 cm langes und 1,5 cm breites Leinenband, Ringöse (Durchmesser 1,8 cm), Schere, Kleber, Lappen, Hammer, Klebeband (Breite etwa 3,6 cm), Schwamm, Karton für die Rückwand.
Damit Sie auch später immer wissen, wie Sie sich problemlos eine Bildaufhängung selbst herstellen können, befestigen Sie auf einem kleinen Stück Karton Ihre Halterung; so erhalten Sie eine wunderbare Vorlage für alle späteren Bildaufhängungen.
Vorderseite. Zeichnen Sie eine Senkrechte, die den Karton in zwei gleich große Hälften teilt. Diese Senkrechte wird in drei gleich große Teile geteilt. Am Schnittpunkt der Senkrechten und der oberen waagrechten Linie zeichnen Sie sich zwei Hilfsmarkierungen, die genau der Breite des Leinenstreifens entsprechen. In dieser Breite schneiden Sie den Karton an der Stelle durch.
Rückseite. Da durch diesen Schnitt das Leinenband nicht durchgezogen werden kann, vergrößern Sie den Schnitt um 2 bis 3 mm. Ziehen Sie nun das Leinenband von der Rückseite etwa bis zur Hälfte durch den Schlitz. Nach dem Aufnehmen der Ringöse auf

der Rückseite wird nun das zweite Ende des Leinenbandes durch die Öffnung des Kartons gezogen, bis die Ringöse leicht gegen die Rückseite der Rückwand anstößt.

Vorderseite. Nun gilt es, die beiden Enden des Leinenbandes in dem Karton zu »versenken«, damit die Vorderseite der Rückwand auch nach dem Anbringen der Halterung plan bleibt. Legen Sie dazu die beiden Leinenbänder links und rechts auf die Rückwand. Mit einem Bleistift markieren Sie die Umrisse; zeichnen Sie die Bänder ruhig etwas größer auf. Entlang dieser Linien schneiden Sie dann den Karton trapezförmig ein (0,5 bis 1 mm tief). Dies geht am besten, wenn Sie das Schneidmesser schräg halten. Mit der Spitze Ihres Messers fahren Sie anschließend von der Seite her in den Schnitt hinein und heben die obere Schicht des Kartons ab. So entstehen zwei Vertiefungen, in denen die Enden des Bandes gut eingepaßt werden können. Bestreichen Sie die Vertiefungen mit Kleber, lassen Sie diesen einige Sekunden anziehen und geben Sie nun die Enden des Bandes in die jeweilige Vertiefung. Mit einem Hammer schlagen Sie, falls notwendig, die Enden vorsichtig in die Vertiefung, so daß eine vollkommen plane Oberfläche entsteht. Überstehenden Kleber entfernen Sie bitte sorgfältig mit einem Lappen. Das Ganze soll nun einige Minuten anziehen; abschließend geben Sie als Abdeckung über die beiden Vertiefungen einen Naßklebestreifen.

Öse und Metallasche

Was Sie dazu brauchen entspricht dem, was Sie für die vorherige Bildaufhängung auch benötigten. Hinzu kommen eine Metallasche (Eisen vermessingt) und ein Stichel.

Auch hier ermitteln Sie durch das Teilen des Kartons wie oben beschrieben den Schnittpunkt, wo sich die Halterung befinden soll. Von der **Rückseite** stechen Sie mit dem Stichel genau an der markierten Stelle durch den Karton, schlagen die Metallasche um die Ringöse und drücken die beiden »Schenkel« der Lasche fest zusammen; dann schieben Sie die Enden der Lasche durch die Öffnung. Auf der **Vorderseite** öffnen Sie die Enden der Lasche wieder. Zeichnen Sie mit einem Bleistift die Umrisse der beiden Ecken nach und schneiden Sie den Karton trapezförmig ein. Durch die so eingeschnittenen Umrisse läßt sich wiederum die obere Schicht des Kartons entfernen, so daß die gewünschten Vertiefungen entstehen. Abschließend werden die Enden der Metallasche in die jeweilige Vertiefung gut hineingedrückt und mit einem Naßklebestreifen abgedeckt.

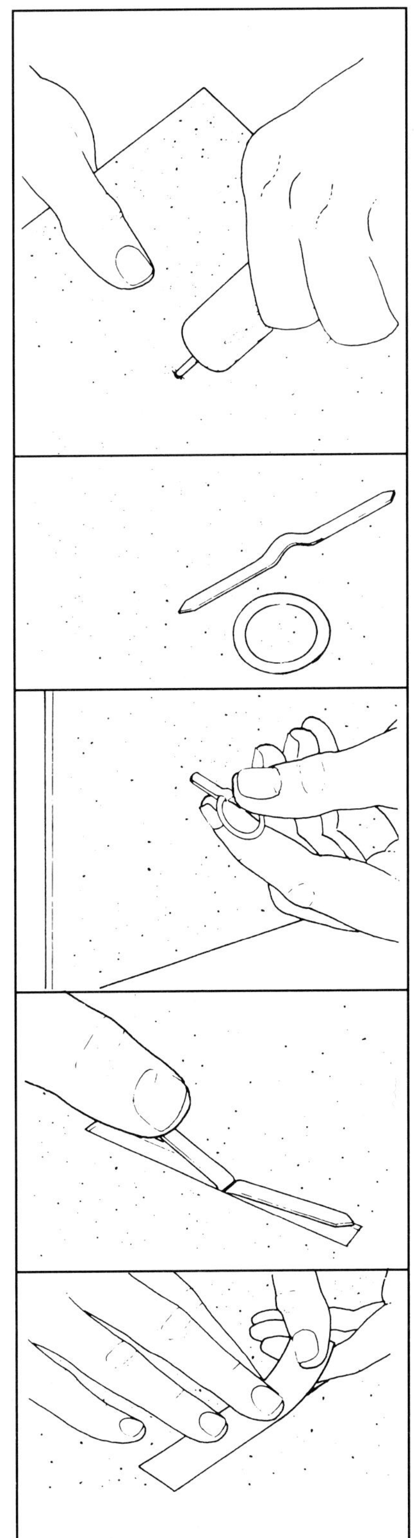

58–62 Herstellen einer Bildaufhängung aus einer Öse und einer Metallasche.

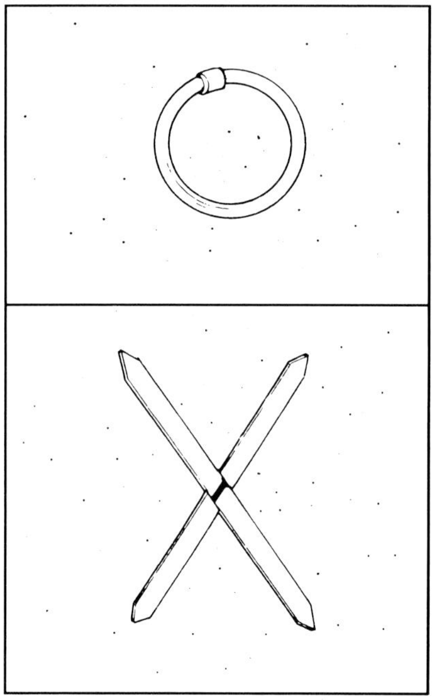

63 **Für noch besseren Halt sorgen zwei Metallaschen: Rückseite (oben), Vorderseite (unten).**

Auf der **Rückseite** der Rückwand läßt sich die Ringöse, wenn Sie sorgfältig gearbeitet haben, leicht hin und her bewegen.

Öse und zwei Metallaschen

Für schwere und wertvolle Rahmungen sollten Sie besser die Halterung verstärken, indem Sie zwei Metallaschen verwenden. Legen Sie die beiden Laschen diagonal übereinander und ziehen Sie darüber die Ringöse. Drücken Sie nun die vier Enden der beiden Metallaschen zusammen, so daß sie durch das vorher entsprechend gebohrte Loch in der Rückwand passen.
Dann werden die vier Enden der Laschen wieder aufgefaltet, so daß durch sie ein »X« entsteht. Nun zeichnen Sie wieder die Umrisse nach und schneiden mit einem Schneidmesser die passenden Vertiefungen aus; auch hier schneiden Sie wieder den Karton trapezförmig ein. Abschließend versenken Sie die Laschen und geben über das Ganze Naßklebestreifen, so daß wieder eine plane Oberfläche entsteht.

Das »Paket«

Das sogenannte Paket – man könnte auch sagen das »Herz einer Rahmung« – ist nichts anderes als die übereinandergelegten und verbundenen einzelnen Elemente, die für die Rahmung eines Bildes notwendig oder wünschenswert sind – außer dem eigentlichen Rahmen.
So besteht beispielsweise das klassische Schrägschnittpassepartout (siehe dazu Seite 66) aus sechs Elementen, die in der Regel immer gleich verwendet werden. Im einzelnen handelt es sich dabei um:

1. Rückwand mit Bildaufhängung
2. Trägerkarton für das Bild
3. Der eigentliche Passepartoutkarton, bestehend aus Passepartoutmaske und Fensterausschnitt
4. Papier oder Stoff Ihrer Wahl zum Beziehen des Passepartouts mit dem entsprechenden Fensterausschnitt
5. Deckglas zumeist 2 mm stark
6. Dichtungsband aus einem 25 mm breiten Naßklebestreifen, der die einzelnen Teile des Pakets zusammenhält. Darüber hinaus schützt dieses Band Ihr Bild und somit Ihr Paket vor Staub und Schmutz.

Das fertige Paket ist dann nur noch in den passend zugeschnittenen Rahmen einzupassen.

Die Rückwand

Der Karton für die Rückwand ist die Grundlage für eine optimale Rahmung. Er ist sozusagen das Fundament der Konstruktion, auf dem das Ganze ruht. Alle anderen Elemente (Kartons, Deckglas, Rahmen) haben die gleichen Abmessungen wie die Rückwand. Die Bildaufhängung wird, wie vorher erklärt, an der Rückseite der Rückwand angebracht.
Verwenden Sie für die Rückwand einen säurefreien Karton, der in der Regel nicht beschichtet sein muß. Die Stärken des Kartons reichen von 2 bis 3 mm, ganz nach den Abmessungen und dem Gewicht der Rahmung. Die Oberfläche der Vorder- und Rückseite sollten gleich sein. Gut geeignet ist für eine Rückwand auch eine mit Polyurethanlack versiegelte Hartfaserplatte oder ein entsprechend beschichteter Karton. Neu und darum noch nicht überall erhältlich sind Hartschaumplatten, die es ebenfalls in einer säurefreien Qualität gibt. Besonderer Vorteil dieser Platten ist ihr geringes Gewicht, was gerade bei großen Formaten eine nicht unwesentliche Rolle spielt.

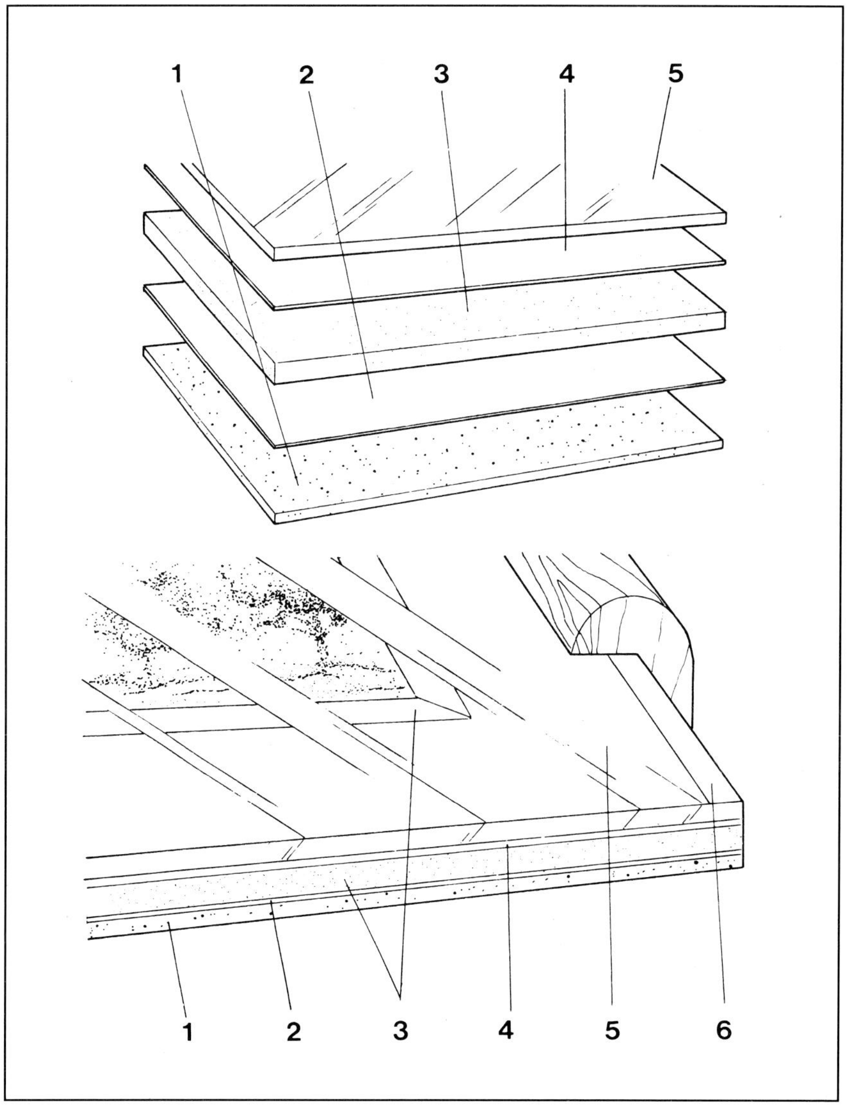

64 Ein Paket besteht aus:
1. Rückwand
2. Trägerkarton
3. Passepartout
4. Bezug
5. Deckglas
6. Naßklebestreifen

Wenn Sie einen einfachen rahmenlosen Bilderhalter mit einem Deckglas anfertigen möchten, ist die Rückwand zugleich der Trägerkarton für das Bild. In diesem Fall empfiehlt sich ein mit dem Bild farblich abgestimmter Karton.

Trägerkarton und Bild

Der Trägerkarton besitzt die gleichen Abmessungen wie die Rückwand. Falls Sie ein Bild mit einem Passepartout verschönern wollen, müssen Sie vorher auf dem Trägerkarton das zu rahmende Bild ausmitteln. Zeichnen sie sich mit einem Bleistift entsprechende Hilfsmarkierungen in Form von kleinen Ecken dafür an. Wie Sie nun das Bild auf dem Trägerkarton befestigen, zeigen die folgenden Beispiele.

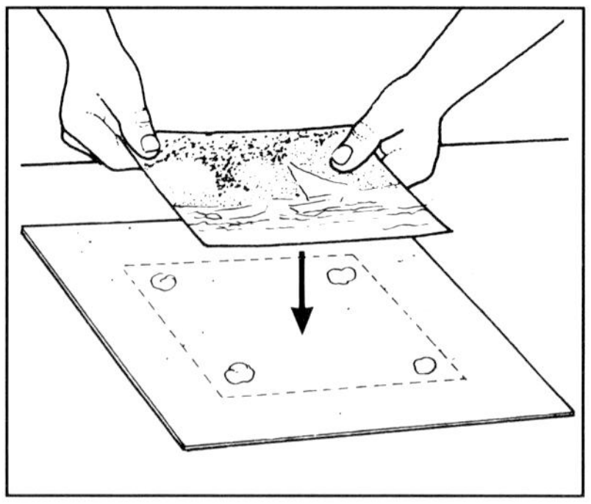

65 Befestigen eines Bildes mit Kleber.

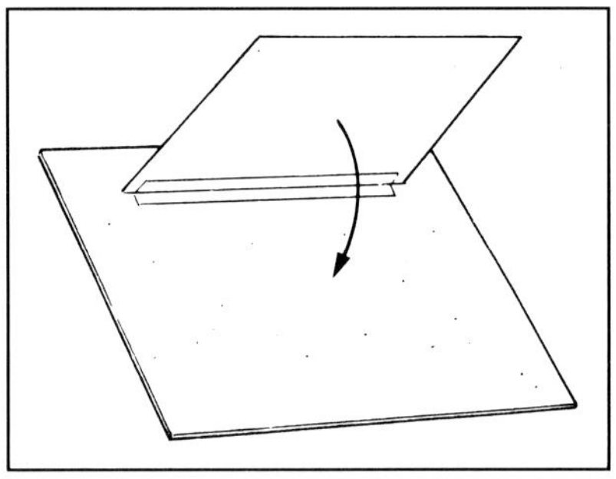

66 Befestigen eines Bildes auf dem Trägerkarton mit Klebefalzstreifen.

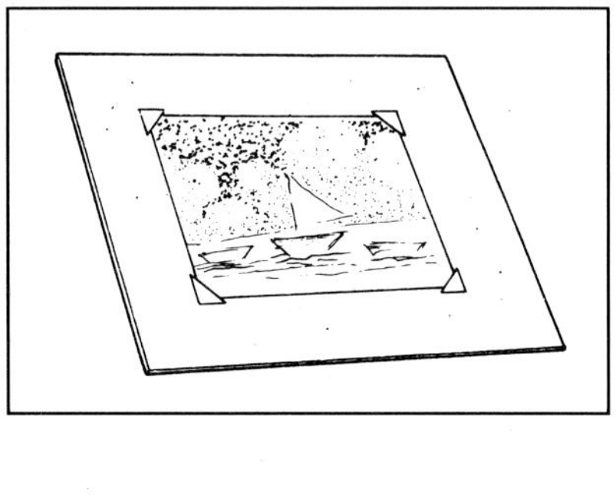

67 Befestigen eines Bildes auf dem Trägerkarton mit vier Befestigungsecken (Fotoecken).

Befestigen mit Kleber

Verwenden Sie zum Befestigen von wertvollen Bildern einen tierischen Leim, Stärkekleber oder Weißleim mit einem neutralen pH-Wert. Geben Sie auf die vorher angezeichneten Hilfsmarkierungen jeweils eine kleine Menge Kleber oder etwa 2 bis 3 mm lange Kleberstreifen. Drücken Sie das Bild von der Mitte ausgehend zu den Rändern hin an, damit es plan auf dem Trägerkarton zu liegen kommt. Geben Sie das Ganze abschließend unter eine Presse. Wird ein wasserlöslicher Kleber verwendet, so ist es möglich, das Bild vorsichtig wieder zu entfernen, indem Sie es über Wasserdampf halten.

Befestigen mit Aufziehfolie

Bringen Sie an den bereits angezeichneten Hilfsmarkierungen jeweils ein 1 cm großes Stück der doppelseitig klebenden Aufziehfolie an. Entfernen Sie dann das Abdeckpapier und drücken das Bild sauber an.

Befestigen mit Klebefalz

Da die Schwerkraft das hängende Bild nach unten zieht, sollten Sie es an der oberen Kante mit Papierfalzen auf dem Trägerkarton befestigen. Dazu dienen zwei Klebefalzstreifen an den vorher angezeichneten Ecken des Bildes, die auch groß genug sein sollten, um das Bild sicher zu halten. Es gibt verschiedene Möglichkeiten, diese Papierfalze anzubringen.

Für leichtere Bilder verwenden Sie am besten Stärkekleister und starkes Japanpapier, welches Sie am besten naß schneiden, damit Sie weiche Kanten erhalten. Schwerere Bilder erfordern ein stärkeres europäisches Papier mit konservierenden Qualitäten. Verwenden Sie möglichst nicht die im Handel angebotenen Klebebänder für diese Arbeit, da es dadurch oft zu Problemen kommt. Ganz wichtig ist bei dieser Technik, daß an den Enden des Papierfalzes immer ein schmaler Streifen ohne Kleber bleibt. So lassen sich die Papierfalze ohne größere Probleme und ohne Beschädigung des Bildes leicht wieder entfernen, da sie nur eine minimale Abtrennung erfordern. Außerdem ist es mit dieser Technik leicht möglich, die Rückseite eines Bildes zu untersuchen.

Befestigen mit Fotoecken

Eine weitere Möglichkeit, ein Bild ohne Einschränkung seiner Bewegungsfreiheit zu fixieren, sind Befestigungs- oder Fotoecken. Nachdem Sie die Markierungshilfen für die vier Ecken angezeichnet haben, geben Sie über alle vier Ecken des Bildes eine Befestigungsecke und drücken das Bild plan an. Die Befestigungsecken sollten säurefrei sein; achten Sie darauf! Vorteil dieser Technik ist, daß das Bild jederzeit problemlos entfernt werden kann, da es nicht unmittelbar an dem Trägerkarton haftet.

Passepartout und Bezug

Da diesen Kartons das ganze Buch gilt, wäre es vermessen, in aller Kürze etwas darüber zu sagen. Wie vielfältig ein Passepartout eingesetzt werden kann, erfahren Sie in den folgenden Kapiteln.

Deckglas

Sicherlich ist es gut zu wissen, wie Glas richtig geschnitten wird. Aber es ist doch anzuraten, Glas nicht zu Hause zu lagern. Lassen Sie sich lieber das Glas in den gewünschten Abmessungen und der entsprechenden Stärke von einem Glaserfachbetrieb zuschneiden. Wichtiger ist die Wahl des richtigen Deckglases. Es gilt zu unterscheiden zwischen Glas (hier noch reflexfrei oder normal), Deckglas aus Polymethacrylat (z. B. Plexiglas) und aus Polycarbonat. Jedes dieser Gläser hat seine Vor- und Nachteile. Egal für welches Glas Sie sich entscheiden: In jedem Fall ist stets darauf zu achten, daß Bild und Deckglas niemals aufeinanderliegen, sondern immer durch ein Passepartout oder einen Abstandhalter getrennt werden.

Reflexfreies Glas

Auf den ersten Blick erscheint dieses Glas als Deckglas besonders geeignet, denn es gibt in der Bildwirkung keine störenden Spiegeleffekte. Dennoch ist von seiner Verwendung abzusehen, da darauf die Feuchtigkeit kondensiert, und sich so auf der Oberfläche des Bildes Schimmel bilden kann.

Polymethacrylat und Polycarbonat

Dieses Glas ist aufgrund seiner Beschaffenheit statisch geladen und verkratzt sehr leicht, andererseits kann gerade Polycarbonat über einen UV-Schutz verfügen.
Grundsätzlich ist es immer ein wesentliches Anliegen, das zu rahmende Bild vor Licht zu schützen, was für ein Deckglas aus Polycarbonat sprechen würde. Ist allerdings die Umgebung statisch geladen, sollten Sie unbedingt Glas verwenden. Gut ist auch eine Kombination aus Glas und Plexiglas, die jedoch nicht billig und nur bei wenigen Fachgeschäften zu beziehen ist.

Schneiden von Glas

Das Schneiden von Glas ist nicht sehr schwierig zu erlernen; in der Regel genügt ein sauberer Schnitt. Wie für jede neue Arbeit empfiehlt es sich aber, vorher einige Übungsschnitte auszuführen, bevor Sie das erste Mal ein Deckglas für eine Rahmung zuschneiden. Verwenden Sie am besten einen Öl-Glasschneider, der aufgrund des Öltanks im Griff dafür sorgt, daß das Schneidrädchen immer mit der entsprechenden Ölmenge »geschmiert« wird. So wird der Zuschnitt von hartem und dickem Glas wesentlich erleichtert. Wichtig ist auch ein rutschfestes Lineal mit einer geraden Kante.
Legen Sie das Glas zum Schneiden auf eine plane Arbeitsunterlage, die mit rutschfestem Filz bezogen ist. Zum Anzeichnen der Abmessungen verwenden Sie einen wasserlöslichen Folienstift mit einer sehr feinen Spitze.

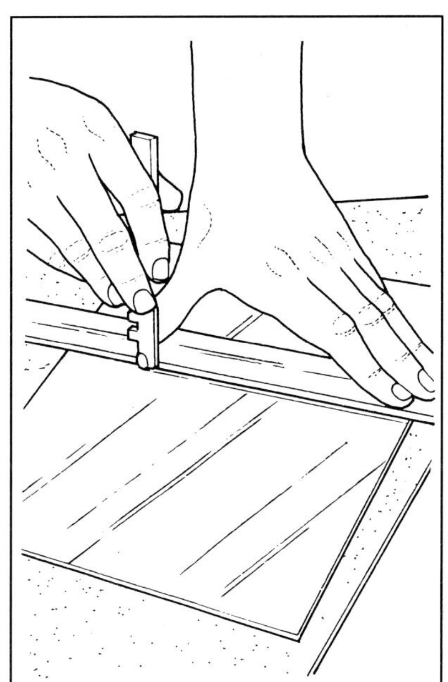

68 Halten Sie beim Schneiden von Glas den Glasschneider möglichst senkrecht.

Nachdem Sie die Abmessungen angezeichnet haben, drehen Sie das Glas um. So sehen Sie die Hilfslinien, können Sie aber nicht mit der Handfläche verwischen. Feuchten Sie nun über der Hilfslinie das Glas mit einem ölgetränkten Lappen an. Falls Sie einen gewöhnlichen Glasschneider verwenden, sollten Sie das Schneidrädchen ebenfalls mit Öl anfeuchten.
Legen Sie nun das Lineal an der Linie an. Bitte nicht bündig anlegen, sondern in einem Abstand von 2,5 mm. Dieser Abstand entspricht der Dicke der Halterung des Glasschneiders für das Schneidrädchen. Halten Sie den Glasschneider senkrecht und kontrollieren Sie, ob das Schneidrädchen auf der Linie steht. Ziehen Sie nun den Glasschneider auf einmal mit einem gewissen Druck über die ganze Linie. Achten Sie dabei darauf, daß das Rädchen nicht blockiert; sonst ist die Schneidlinie unterbrochen, was dazu führt, daß an dieser Stelle die Kante bricht; und dies wäre doch schade.
Haben Sie das Glas an der entsprechenden Stelle angeschnitten, müssen Sie es nur noch brechen. Legen Sie das Glas an die Tischkante und brechen Sie den überstehenden Rest sauber ab. Oder Sie legen den Glasschneider unter die Schneidlinie und drücken die nach oben stehende Restfläche nach unten. Achten Sie dabei darauf, daß das Glas sauber, also mit einer geraden Kante, bricht. Vorsicht, diese Kanten sind besonders scharf; ziehen Sie also Handschuhe an oder schleifen Sie die Kante mit einem Schleifpapier ab.

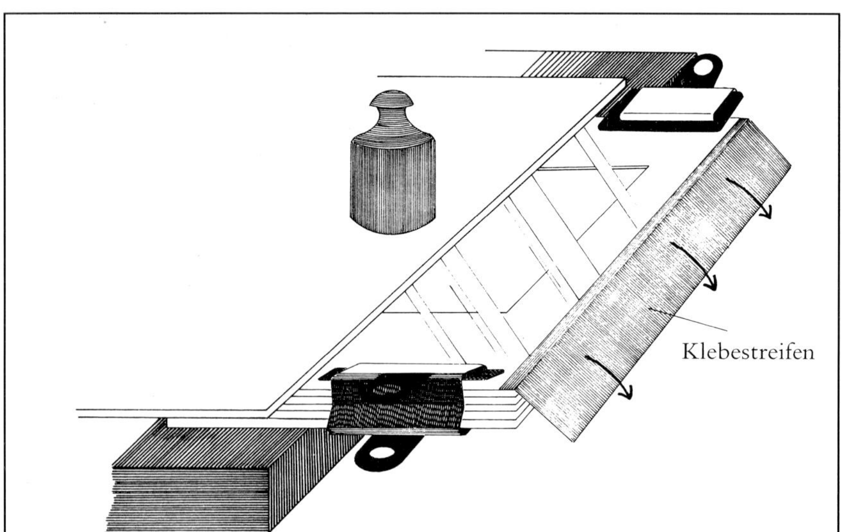

69 Abdichten eines Pakets mit entsprechend breiten Naßklebestreifen.

Zusammenbau des Pakets

Um die einzelnen Teile des Pakets zusammenzubauen, verwenden Sie einen gummierten Papierstreifen (Naßklebestreifen) oder ein Leinenband und Stärkekleber. Legen Sie die Teile in der richtigen Reihenfolge bündig aufeinander. Manchmal ist es ganz hilfreich, wenn Sie zwischen die einzelnen Teile an den äußeren Ecken etwas Kleber geben, so daß diese Teile nicht mehr verrutschen. Wichtig ist, daß die Teile paßgenau übereinander liegen!
Wir wollen nun ein Leinenband in der passenden Länge und Breite auf die längeren Kantenflächen geben. Legen Sie die übereinandergeordneten Teile auf Ihren Arbeitstisch. Sie sollten das Ganze etwa 5 cm über den Rand des Tisches hinausragen lassen und mit einem Gewicht beschweren. Befestigen Sie nun an den kürzeren Kantenflächen die Klammern, die Sie sich vorher bereitgelegt haben. Zum Schutz des Deckglases legen Sie über die Kanten dünne Kartonstreifen und überziehen die Schenkel der Klammern mit Klebebändern, sofern sie nicht mit Gummi überzogen sein sollten.
Bestreichen Sie das Leinenband mit dem Stärkekleber und legen Sie es oben an. Das Band sollte etwa 2 bis 3 mm auf dem Deckglas aufliegen. Drücken Sie mit einem sauberen Lappen das Leinenband blasenfrei an. Daraufhin schlagen sie das Band auf die Kantenflächen um und drücken es auch hier blasenfrei an. Zu guter Letzt schlagen Sie das Band auf die Rückwand um. Nach dem Kleben der längeren Kantenflächen entfernen Sie die Papierklammern und befestigen an diesen die beklebten Kantenflächen. Nun können Sie die noch freien Flächen mit dem Leinenband bekleben.
Achten Sie darauf, daß die einzelnen Leinenbänder nur wenig auf dem Deckglas aufliegen. Sonst könnte es sein, daß trotz des Rahmens die Bänder zu sehen sind. In diesem Fall müßten Sie die Bänderbreite mit einem Schneidmesser entsprechend schmäler schneiden, was nicht gerade leicht ist.

Gewusst wie

Stellen Sie sich vor, Sie haben das Paket sauber zusammengeklebt und sehen dann im Glas Staub, die Faser eines Kartons oder ein Haar. Was tun? Öffnen Sie mit einem Schneidmesser das Leinenband an einer Seite etwa 10 cm, möglichst in der Nähe des störenden Schmutzes. Halten Sie das Paket senkrecht und schlagen Sie vorsichtig darauf, so daß die Schmutzteile in Richtung öffnen rutschen. Fahren Sie dann mit einem dünnen Papier oder Karton hinein und entfernen Sie die Schmutzteile.

Rahmenlose Bilderhalter, einfach oder verziert

Ein rahmenloser Bilderhalter mit einem Deckglas ist leicht herzustellen und dennoch eine hübsche Art, Ihr Bild zu präsentieren. Wie der Name schon sagt, gibt es keinen Rahmen, das Deckglas wird entweder mit Bilderklammern oder mit einem Dichtungsstreifen befestigt. Nichtsdestotrotz sollten Sie bei dieser Arbeit mit der gleichen Sorgfalt arbeiten wie bei komplexeren Rahmungen.

Was brauchen Sie dazu?

Einen entsprechend breiten Streifen, Lappen, Lineal, Stärkekleber, Papierklammern, Papiermesser, Schneidmesser, Glas.
Legen Sie die einzelnen Teile übereinander; sie müssen die gleichen Abmessungen haben und sollten folgendermaßen angeordnet sein:
1. Rückwand mit Bildaufhängung
2. Trägerkarton für das Bild
3. Deckglas
4. Dichtungsband aus einem 25 mm breiten Naßklebestreifen
5. Ein zweiter Rand aus Papier oder einem Gewebe Ihrer Wahl

Schneiden Sie sich die Rückwand und den Trägerkarton rechtwinklig zu; wie das geht, steht auf Seite 28 f.
Befestigen Sie an der Rückwand die Bildaufhängung, die Sie sich selbst herstellen; wie das geht, steht auf Seite 38 f.
Befestigen Sie das Bild auf dem Trägerkarton; wie das geht, steht auf Seite 42 f.
Schneiden Sie sich das Deckglas entsprechend zu; wie das geht, steht auf Seite 43 f.
Bauen Sie sich das Paket sorgfältig zusammen; wie das geht, steht auf Seite 44.
Abschließend kleben Sie noch einen zweiten Rand über den Dichtungsstreifen, so daß Ihre Rahmung auch eine persönliche Note bekommt; wie das geht, zeige ich Ihnen jetzt.

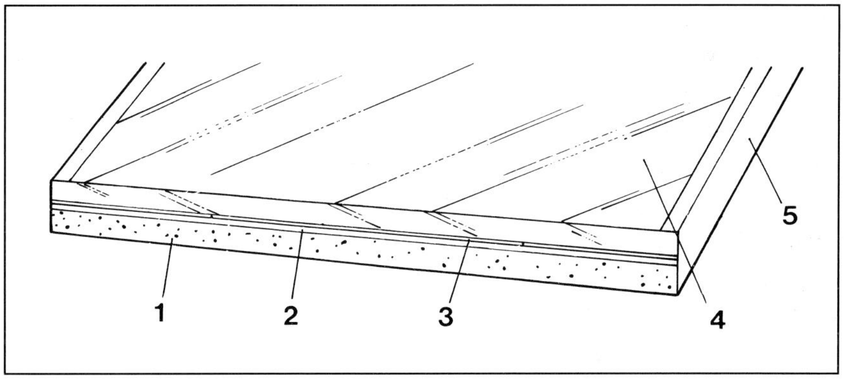

70 Das Paket für einen rahmenlosen Bildträger. Das Paket besteht aus:
1. Rückwand mit Bildaufhängung
2. Trägerkarton mit Bild
3. Deckglas
4. Dichtungsstreifen (Naßklebestreifen)
5. Persönlich gestalteter Rand und Rahmenclips als Abschluß

Der persönlich gestaltete Rand

Da der für den Zusammenbau des Pakets notwendige Streifen Kraftpapier nicht unbedingt schön ist, sollten Sie Ihren Rand selbst gestalten. Sie können dafür Papier oder Stoff verwenden, einfach oder phantasievoll verziert. Recht hübsche Effekte erzielen Sie, wenn Sie eine Seite des Randes in einer anderen Farbe gestalten oder verschiedene Papiere übereinanderkleben. Hier empfiehlt es sich,

die dunkleren Farbtöne zuunterst und dann darüber die helleren anzubringen.
Sie können auch rahmenähnliche Gebilde herstellen, indem Sie verschieden breite Kartonstreifen verwenden, die Sie übereinanderkleben; es entstehen richtige kleine Treppen. Zum Verkleben der Streifen verwenden Sie am besten eine Aufziehfolie; wie Sie damit arbeiten, steht auf Seite 32.
Lassen Sie die Streifen an den Kanten etwa 5 bis 10 mm in das Deckglas hineinreichen: so werden die Dichtungsstreifen sicher abgedeckt. Achten Sie darauf, daß Sie die Ecken sauber verkleiden. Schneiden Sie die Randstreifen an den Enden auf Gehrung und vergessen Sie nicht, die Kantenflächen sauber zu beziehen.

71 Persönlich gestalteter Rand, der auf dem Deckglas 6 mm aufliegt.

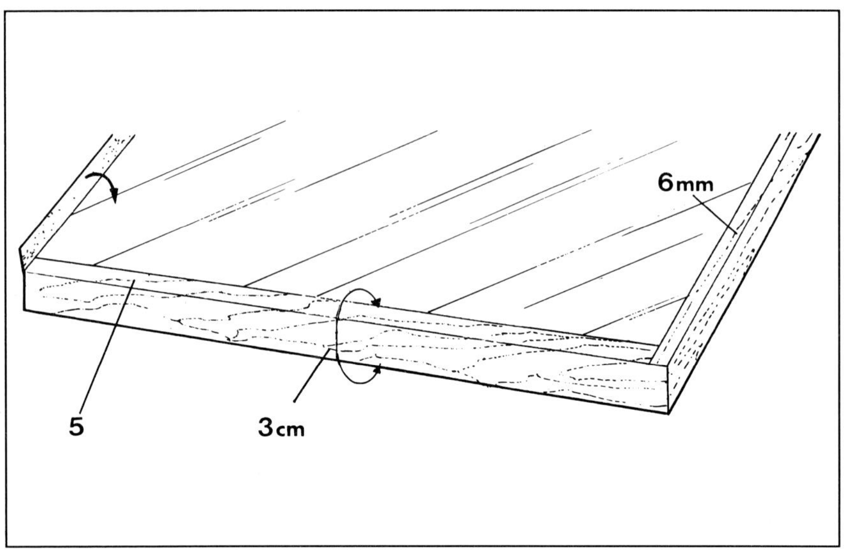

Falten des Randes

In unserem Beispiel (s. Abb. 71) ist der persönlich gestaltete Rand 3 cm breit, wobei ein 6 mm breiter Teilrand direkt auf dem Deckglas befestigt wird. Sorgen Sie dafür, daß diese 6 mm absolut parallel zu den Kanten des Deckglases verlaufen, da dieser Rand sozusagen als »Rahmen« fungiert.
Damit Sie Ihren persönlich gestalteten Rand auch wirklich nach 6 mm auf die Kantenflächen umlegen können, hier ein kleiner Trick: Zeichnen Sie sich auf der Rückseite Ihres Streifens für den Rand in einem Abstand von 6 mm über die gesamte Länge eine Hilfslinie. Legen Sie dann das Lineal genau auf diese Hilfslinie und falten Sie das Papier an seiner Kante. Drücken Sie mit dem Papiermesser die gefaltete Kante gut an. Entfernen Sie das Lineal und falten Sie den Streifen noch einmal. So können Sie sicher sein, daß Sie einen absolut geraden Zierstreifen und eine saubere Kante auf dem Deckglas haben.

Passepartout – Maske und Fensterausschnitt

Wenn man es genau nimmt, besteht ein Passepartout aus der Passepartoutmaske und dem Fensterausschnitt, wobei der Fensterausschnitt derjenige Teil ist, der aus dem Passepartoutkarton ausgeschnitten wird.
Sinn und Zweck eines Passepartouts ist es, das zu rahmende Bild vor dem direkten Kontakt mit dem Deckglas zu schützen, so daß es »Luft zum Atmen« erhält. Papier, und daraus bestehen die meisten Bilder, ist ein Netz pflanzlicher Fasern (in der Regel aus Leinen, Baumwolle, Holz und Maulbeere). All diese Fasern bestehen aus biologisch abbaubarer Zellulose. Bei dem Versuch, diese Stoffe zu konservieren, gehen Sie gegen Naturgesetze an. Die wichtigste Regelung für die Erhaltung von Bildern lautet also, optimale äußere Bedingungen zu schaffen. Dies bedeutet, ein Paket aus reinen Materialien herzustellen, die Ihr Bild in chemischer als auch physikalischer Hinsicht schützen; und dies heißt auch Schutz Ihres Bildes durch ein Passepartout.
Darüber hinaus gibt es einen nicht minder wichtigen Grund: den ästhetischen. Durch ein Passepartout gewinnt Ihr Bild an Aussagekraft; das heißt, es lenkt den Blick des Betrachters auf das Wesentliche Ihrer Rahmung: das Bild.
Mit dem Passepartout öffnet sich ein Fenster – nein nicht zur Welt – aber zu Ihrem Kunstwerk. Das bedeutet natürlich, daß Sie hierbei mit besonderer Sorgfalt vorgehen sollten. Ein Passepartout kann sehr einfach gehalten oder verspielt und phantasievoll sein. Sie können die Kanten des Passepartouts gerade oder schräg schneiden; entsprechend der Stärke des Kartons und den von Ihnen gewünschten Effekten.

Die Maße des Passepartouts

Es gibt keine gültige Regel, um die Maße und Proportionen eines Passepartouts zu berechnen. Wichtig ist jedoch, daß zwischen Bild und Rahmen ein Gleichgewicht herrscht. Grundsätzlich gilt: je kleiner ein Bild, um so mehr sollten Sie versuchen, dem Bild durch ein Passepartout Bedeutung zu verschaffen.
Die Wahl der Farben und Materialien sollte ebenso nach dem Gesichtspunkt des Gleichgewichts funktionieren. Sie können ein Papier bereits farbig gestaltet und bezogen kaufen oder Ihr Passepartout selbst gestalten, sei es durch Farben oder einen Bezug aus Papier oder Gewebe. Die Stärke des Passepartoutkartons ist abhängig von den Schichten unterschiedlicher Materialien, aus denen ein Karton sich zusammensetzt; häufig wird sechslagiger Karton verwendet, der in einer Stärke von 1,25 cm vorliegt.

Passepartoutrand

Da alle Kartons die gleiche Größe haben, entspricht die Größe des Passepartouts der der Rückwand wie des Trägerkartons. Die Längen und Breiten können gleich sein (quadratisch) oder unterschiedlich lang (rechteckig); hier gibt es keine verbindliche Regel. Man kann die Breite eines Bildes dadurch betonen, daß die Ränder der Längsseiten breiter gestaltet werden. Umgekehrt kann man natürlich die Länge eines Bildes betonen, indem man die Ränder der Breitseiten breiter gestaltet.

72–74 Entsprechend der gewählten Größe des Fensterausschnitts wirken die gerahmten Bilder unterschiedlich.

75, 76 Konstruktion eines Sechsecks; Ausgangspunkt ist ein Kreis.

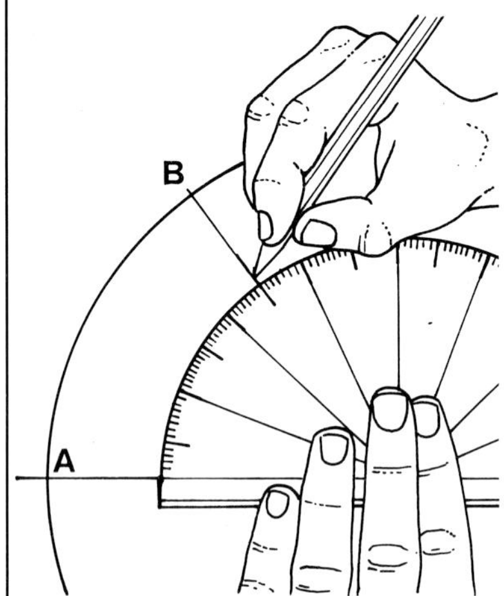

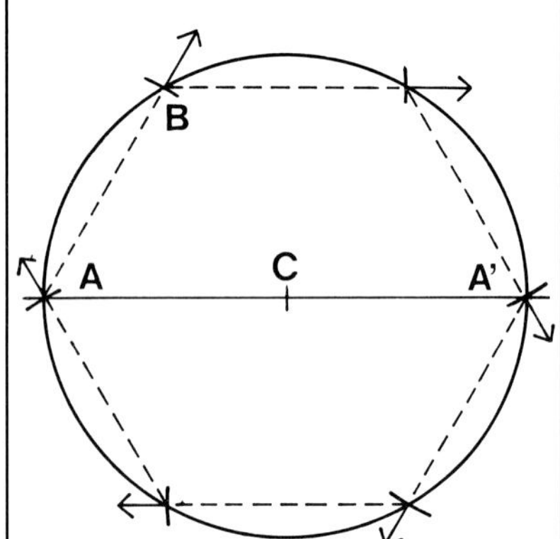

77 Aus zwei Kreisen und den entsprechenden Hilfslinien und -punkten läßt sich problemlos ein Oval konstruieren.

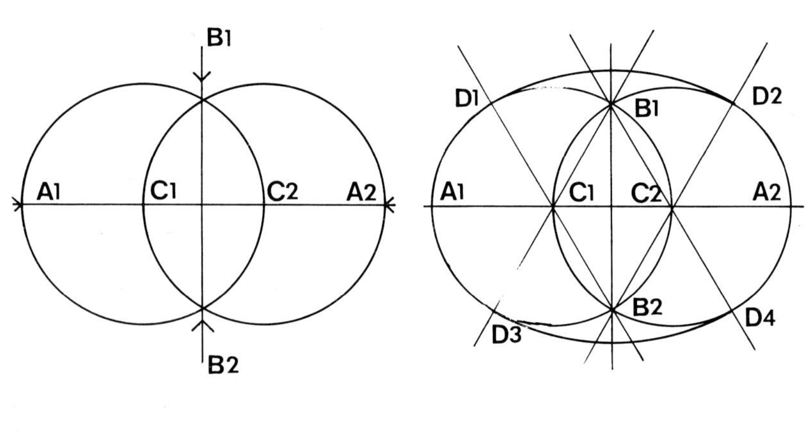

Bei Graphiken und Aquarellen ist es ratsam, ein Passepartout herzustellen, bei dem drei Seitenränder gleich sind und der vierte Seitenrand (unten) um etwa ein Drittel breiter ist; so kommen die Bilder besser zur Geltung.

Der Fensterausschnitt

Die Größe des Fensterausschnitts entspricht ziemlich genau der Größe des Bildmotivs. Sicherlich bleibt es Ihren Vorstellungen überlassen, welcher Teil des Bildes und des Papiers sichtbar sein soll.
Die Abmessungen des Fensterausschnitts sollten minimal kleiner sein als das Bildmotiv. Messen Sie Ihr Bildmotiv genau ab und ziehen Sie von jeder Seite etwa 2 bis 3 mm ab; so erhalten Sie die Abmessungen für den Fensterausschnitt. Dies bedeutet also, daß Ihr Bildmotiv etwa 2 bis 3 mm rundherum von dem Passepartout bedeckt wird.
Nehmen Sie auf keinen Fall ein geringeres Maß, da sonst die Gefahr besteht, daß das Bild aus dem Fensterausschnitt herausgedrückt wird.
Der Fensterausschnitt muß nicht unbedingt in der Mitte ausgeschnitten werden. Er kann quadratisch, rechteckig, sechs- oder achteckig, oval und rund sein. Ein Fensterausschnitt mit ungewöhnlichen Abmessungen verlangt natürlich auch nach einem ungewöhnlichen Bild. Lassen Sie sich bei der Form Ihres Fensterausschnitts von Entstehungszeit und Stil des zu rahmenden Bildes inspirieren. So kann der Fensterausschnitt durchaus die Form eines Herzens haben; auf Seite 101 zeige ich Ihnen, wie Sie diese Form herstellen.

Gewusst wie

Sollte Ihnen der Fensterausschnitt wirklich einmal zu groß geraten sein – es genügen ja schon Millimeter –, so legen Sie einfach ein innenliegendes zweites Passepartout darunter. So verhindern Sie, daß das Bild aus dem Fensterausschnitt rutscht; wie dies geht, steht auf Seite 64 f.

Regelmässige Vielecke

Vorab sollten Sie wissen, daß ein Kreis nichts anderes ist als ein 360°-Winkel. Je nachdem, welches Vieleck Sie herstellen möchten, teilen Sie die 360° in entsprechend viele Teile ein; dafür brauchen Sie

lediglich einen Winkelmesser oder ein Geometrie-Dreieck und einen Zirkel.
Ein **Quadrat** hat vier gleich lange Seiten. Das heißt: 360°:4 = 90°.
Ein **Fünfeck** hat fünf gleich lange Seiten. Das heißt: 360°:5 = 72°.
Ein **Sechseck** hat sechs gleich lange Seiten. Das heißt: 360°:6 = 60°.
Ein **Achteck** hat acht gleich lange Seiten. Das heißt: 360°:8 = 45°.
Wenn wir nun beispielsweise ein Sechseck konstruieren möchten, zeichnen wir zuerst mit dem Zirkel einen Kreis, wobei der doppelte Radius der Größe des Fensterausschnitts entspricht. Markieren Sie sich den Mittelpunkt des Kreises mit dem Buchstaben »C«. Dann zeichnen Sie eine Waagrechte durch den Mittelpunkt und markieren die Kreisschnittpunkte mit den Buchstaben »A« und »A'«. Legen Sie nun das Winkeldreieck auf die Mittellinie; der Nullpunkt liegt auf dem Mittelpunkt »C« und »A« entspricht 0°. Zeichnen Sie bei 60° den zweiten Kreisschnittpunkt an, den wir »B« nennen. Verbinden Sie die Punkte A und B: dies ist die erste Seite des Sechsecks. Stechen Sie nun die Zirkelspitze in den Punkt A und nehmen Sie mit dem Zirkel die Länge bis zum Punkt B auf. Nun stechen Sie die Zirkelspitze in den Punkt B und zeichnen einen weiteren Kreisschnittpunkt an; dort nun wieder den Zirkel einstechen und den nächsten Kreisschnittpunkt anzeichnen. So fahren Sie fort, bis Sie alle sechs Ecken des Sechsecks angezeichnet haben. Abschließend verbinden Sie die einzelnen Punkte. Schneiden Sie zu guter Letzt den Fensterausschnitt in Pfeilrichtung (s. Abb. 76) aus.
Genauso verfahren Sie bei den anderen Vielecken, die Sie in Zukunft noch herstellen möchten.

Ovale

Ovale lassen sich aus vier Kreisbögen konstruieren; dies soll uns genügen. Was Sie für die Konstruktion eines Ovals brauchen, ist ein Zirkel, Winkelmaß, Lineal, Schneidmesser und natürlich ein Karton.
Die **Maße für eine Vorlage (Maquette)** sind unverbindlich und können von Ihnen jederzeit geändert werden. Nehmen wir an, wir möchten ein Oval konstruieren, das eine Länge von 24 cm haben soll; die Breite des Fensterausschnitts ergibt sich aus der Konstruktion. Und wir möchten einen Rand zwischen Außenkante und Kante des Fensterausschnitts von 5 cm. Sie können ruhig einen größeren Karton verwenden. Wir schneiden ihn schon entsprechend zu, nachdem wir das Oval konstruiert haben.
Die **Konstruktion des Ovals** ist halb so schwer, wie es aussieht.

78 Gerahmtes Aquarell von Jean-Claude Bobin.

79 Schrägschnittpassepartout mit außenliegendem zweiten Passepartout; zweifarbiger Rahmen. Die äußere Farbe des Rahmens und des zweiten Passepartouts findet ihre Entsprechung in dem Aquarell. Der silbern gehaltene Teil des Rahmens harmoniert mit den dargestellten Metallteilen (Zäune, Kran) und dem Wasser.

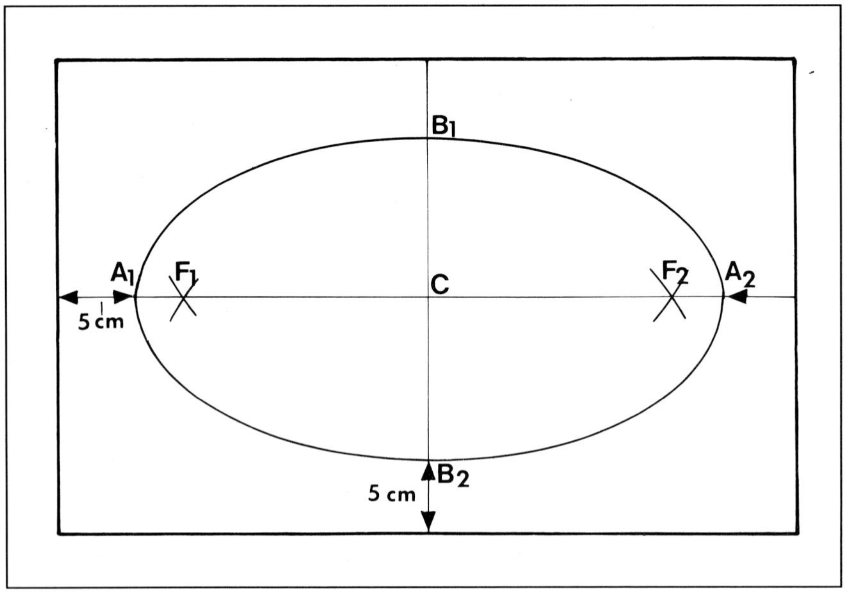

80 Wichtig ist für das Zeichnen der Ellipse die Konstruktion der beiden Brennpunkte F 1 und F 2.

81 Konstruktion einer Ellipse mit Hilfe von zwei Reißzwecken und einem Faden.

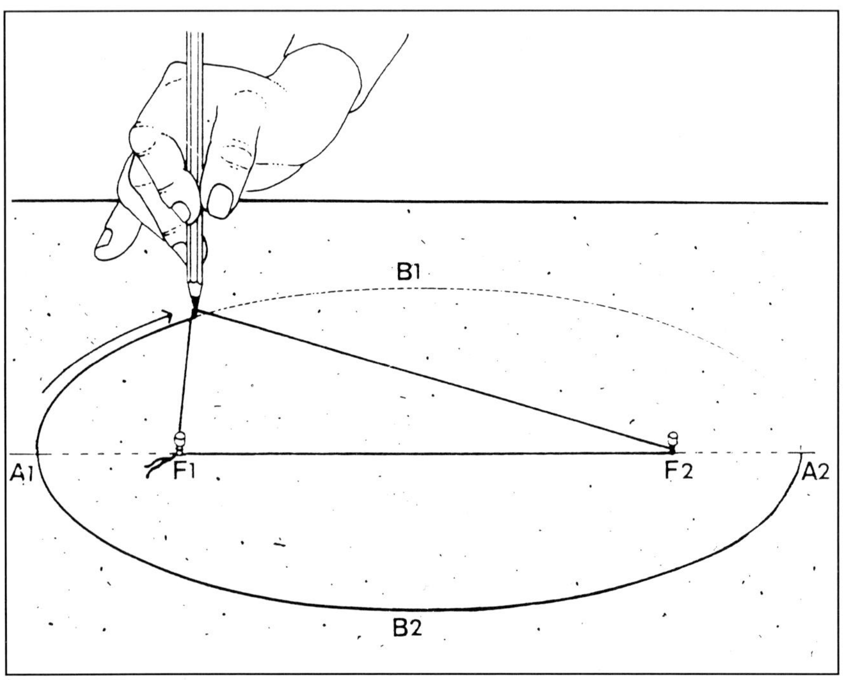

Zeichnen Sie auf dem Karton den Mittelpunkt sowie die Senkrechte und Waagrechte an. Legen Sie nun Ihr Lineal auf die Waagrechte und zeichnen Sie zwei Punkte A 1 und A 2 an, die jeweils 12 cm vom Mittelpunkt entfernt sind; so erhalten Sie die Länge des Ovals (24 cm).
Teilen Sie dann die Gerade A 1 A 2 in vier gleich große Teile zu 6 cm. Die zusätzlich entstehenden beiden Punkte erhalten die Markierungen C 1 und C 2; sie sind die Mittelpunkte für die nun zu zeichnenden Kreise.
Stechen Sie die Zirkelspitze in den Punkt C 1. Zeichnen Sie einen Kreis mit einem Radius, der der Länge zu dem Punkt A 1 entspricht. Sodann stechen Sie den Zirkel in den Punkt C 2 und zeichnen einen Kreis mit der Radiuslänge C 2 A 2.
Die Schnittpunkte der beiden Kreise auf der Senkrechten bezeichnen wir mit B 1 und B 2. Legen Sie das Lineal an die Punkte C 1 und B 2 an und zeichnen Sie eine Linie, die über die Punkte hinausreicht; verlängern Sie die Linie so lange, bis sie den Kreis schneidet. Den so entstehenden Kreisschnittpunkt bezeichnen wir mit D 1. Zeichnen Sie nun die Punkte D 2 (Verlängerung der Linie C 2 und B 2), D 3 (Verlängerung der Linie C 1 und B 1) und D 4 (Verlängerung der Linie B 1 und C 2) an.
Diese vier Hilfspunkte sind die Markierungen für die Kreisbögen, die die Breite des Ovals festlegen.
Um die **Breite des Ovals zu konstruieren**, gehen Sie folgendermaßen vor: Sie stechen den Zirkel in den Punkt B 1 und öffnen den Schenkel bis zu dem Punkt D 3. Nun zeichnen Sie einen Kreisbogen bis zu dem Punkt D 4. Stechen Sie daraufhin den Zirkel in den Punkt B 2 und zeichnen Sie einen Kreisbogen von dem Punkt D 1 nach D 2 – und fertig ist Ihr Oval.
So entsteht aus zwei Kreisbögen und zwei Kreisen ein Oval mit einer Länge von 24 cm und einer Breite von 18 cm.

Ellipsen

Für den Mathematiker ist eine Ellipse nichts anderes als eine geschlossene Kurve, bei der die Summe der Abstände jedes ihrer Punkte von zwei gegebenen Brennpunkten gleich ist.
Für uns heißt dies, daß eine Ellipse zwar einem Oval ähnlich ist, aber einen grundsätzlichen Unterschied bei der Konstruktion aufweist: Hier werden vorher Länge und Breite bestimmt.
Am besten stellen Sie sich eine Schablone her, auf der Sie alle Hilfsmarkierungen eintragen. Für die Konstruktion einer Ellipse brauchen Sie einen Zirkel, Lineal, drei Stoßnadeln mit einer schar-

fen Spitze, einen reißfesten Faden (etwa 80 cm lang) und einen Karton.

Die **Maße für eine Vorlage (Maquette)** sollen in unserem Fall sein: ein 24 × 14 cm großer Fensterausschnitt und ein 5 cm breiter Rand bis zur Außenkante des Passepartouts; dies bedeutet, daß das Passepartout 34 × 24 cm groß sein wird.

Die **Konstruktion der Ellipse** ist relativ einfach auszuführen. Zeichnen Sie sich ein Achsenkreuz, das Länge und Breite des Kartons mittig teilt. Den so entstehenden Mittelpunkt bezeichnen wir mit dem Buchstaben »C«. Markieren Sie nun die entsprechende Länge und Breite der Ellipse. Die Punkte erhalten die Benennungen A 1, A 2, B 1 und B 2.

Nehmen Sie nun mit dem Zirkel den Abstand zwischen den Punkten A 1 und C auf. Sie stechen die Zirkelspitze in den Punkt B 1 und zeichnen die ersten Hilfsmarkierungen auf der Waagrechten an. Dann stechen Sie die Zirkelspitze in den Punkt B 2 und zeichnen die zweiten Hilfsmarkierungen an. Die so entstandenen Kreuze auf der Waagrechten bezeichnen Sie mit F 1 und F 2. So haben Sie sich die beiden Brennpunkte einer Ellipse konstruiert.

Was Sie jetzt noch tun müssen, ist, die **Ellipse zu zeichnen**. Drücken Sie in die Punkte F 1, F 2 und A 2 die Stoßnadeln fest hinein. Wickeln Sie das eine Ende des Fadens um die Stoßnadel bei Punkt F 1. Nun führen Sie den Faden an F 2 vorbei, um A 2 herum und wieder zu F 1 zurück. Verbinden Sie dort die beiden Enden des Fadens, der recht straff gespannt sein sollte.

Entfernen Sie nun die Stoßnadel aus Punkt A 2 und setzen Sie an deren Stelle einen Bleistift in die Schlinge, der zum Punkt B 2 gezogen wird. Nun zeichnen Sie den Umriß der Ellipse, wobei Sie darauf achten müssen, daß die Schlinge immer gut gespannt ist.

Bild und Passepartout

Berechnen der Abmessungen für ein Passepartout

Um die äußeren Abmessungen eines Passepartouts zu berechnen, addieren Sie zu den Maßen des Fensterausschnitts die Breite des Randes. Die so errechneten äußeren Abmessungen des Passepartouts sind identisch mit den Abmessungen der Rückwand, des Trägerkartons und allen anderen Teilen eines Pakets. Zur Erinnerung sei noch einmal gesagt, daß ein Paket aus folgenden Teilen besteht:

1. Rückwand mit Bildaufhängung
2. Trägerkarton für das Bild
3. Passepartout
4. Bezug des Passepartouts
5. Deckglas
6. Dichtungsband aus einem 25 mm breiten Naßklebestreifen

Anzeichnen der Ränder

Öffnen Sie den Zirkel in der gewünschten Breite, die Ihr Rand erhalten soll. Zeichnen Sie nun vier parallele Linien zu den Kanten des Passepartouts, indem Sie die Zirkelspitze an die jeweilige Kante anlegen und entlang dieser den Zirkel ziehen. So erhalten Sie auf recht einfache Art und Weise die Ränder und zugleich die Umrißlinien des Fensterausschnitts.

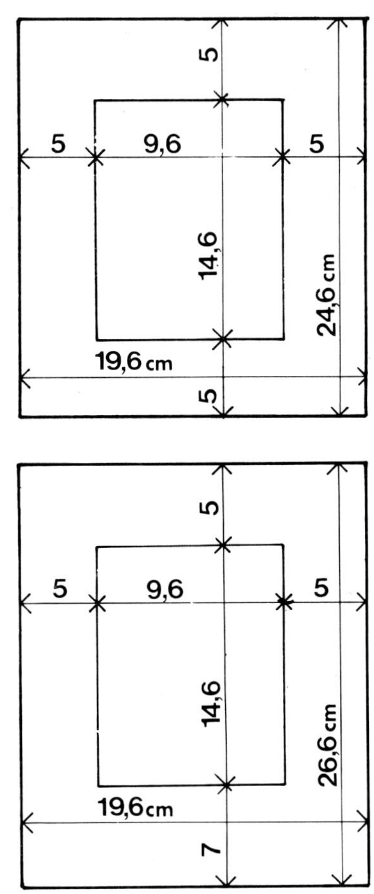

82, 83 Zwei Beispiele für Fensterausschnitte und unterschiedliche Randbreiten.
Abb. 82: Fensterausschnitt: 9,6 × 14,6 cm (Breite × Länge)
Breite des Randes: 5 cm
Abmessungen des Passepartouts:
Breite: 9,6 + 5 + 5 = 19,6 cm,
Länge: 14,6 + 5 + 5 = 24,6 cm
Abb. 83: Fensterausschnitt: 9,6 × 14,6 cm
Breite des Randes: 5 cm
Untere Randbreite: 7 cm
Abmessungen des Passepartouts:
Breite: 9,6 + 5 + 5 = 19,6 cm,
Länge: 14,6 + 5 + 7 = 26,6 cm

84 Aquarell von Caroline Dumuys. Achteckiges Schrägschnittpassepartout mit innen- und außenliegendem zweiten Passepartout; Schrägschnittkanten mit Goldpapier bezogen.

85 Die Farben des innenliegenden zweiten Passepartouts entsprechen denen des Veilchenstraußes. Schlichter, vergoldeter Rahmen mit Längsrillen.

86 Aquarell von Marie Combe. Ovales Passepartout mit geraden Kanten; Bezug im Ton des Aquarells; vergoldeter Louis-XVI-Rahmen.

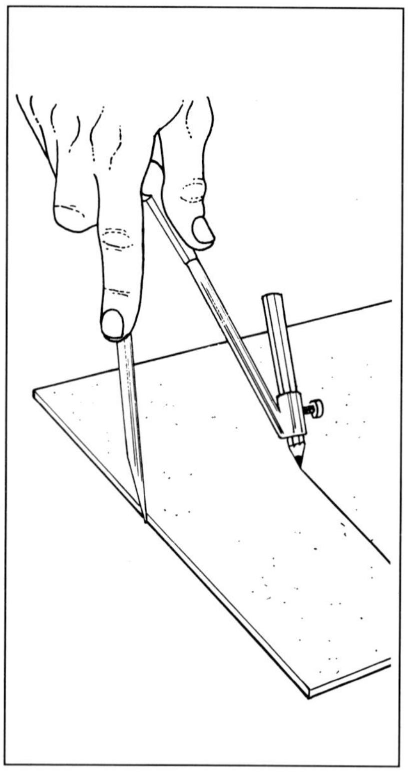

87 Anzeichnen der Randbreite mit einem entsprechend eingestellten Zirkel.

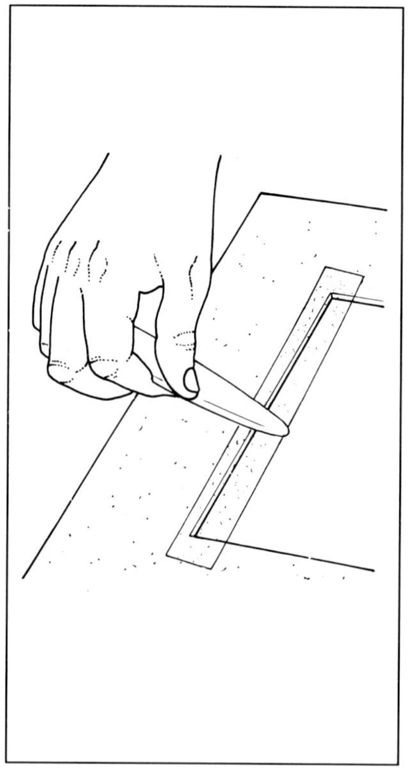

88 Halten Sie den ausgeschnittenen Fensterausschnitt mit einem Klebestreifen fest; sauberes Andrücken des Klebestreifens erfolgt mit einem Papier- oder Falzmesser.

Schneiden des Fensterausschnitts

Schneiden Sie wie die Profis den Fensterausschnitt aus dem Karton auf einer Glasunterlage: die Schnitte werden so sehr sauber.
Legen Sie das Lineal an die angezeichneten Umrißlinien an. Achten Sie dabei auf zweierlei: Einmal, daß das Lineal nicht verrutscht, und daß es immer außerhalb des Fensterausschnitts angelegt wird. Dies hat den Vorteil, daß Sie, wenn Sie abrutschen sollten und sich verschneiden, in den Fensterausschnitt schneiden und nicht in den Rand des Passepartouts. Um die vier Seiten zu schneiden, verändern Sie nicht die Lage des Lineals: Drehen Sie den Karton im Uhrzeigersinn. Falls Sie einen großen Fensterausschnitt herstellen möchten, befestigen Sie das Lineal mit zwei Schraubzwingen an der Tischplatte. So vermeiden Sie ein Verrutschen des Lineals.
Halten Sie das Schneidmesser wie einen Stift in der Hand. Der Zeigefinger drückt auf den Rücken des Messers.
Schneiden Sie beim ersten Mal entlang der Markierung ohne großen Druck, so daß für das Schneidmesser sozusagen eine »Führungsrille« entsteht. Mit jedem weiteren Schnitt über die gesamte Länge verstärken Sie den Druck etwas. Ganz wichtig ist: Schneiden Sie nie über die Ecken hinaus!

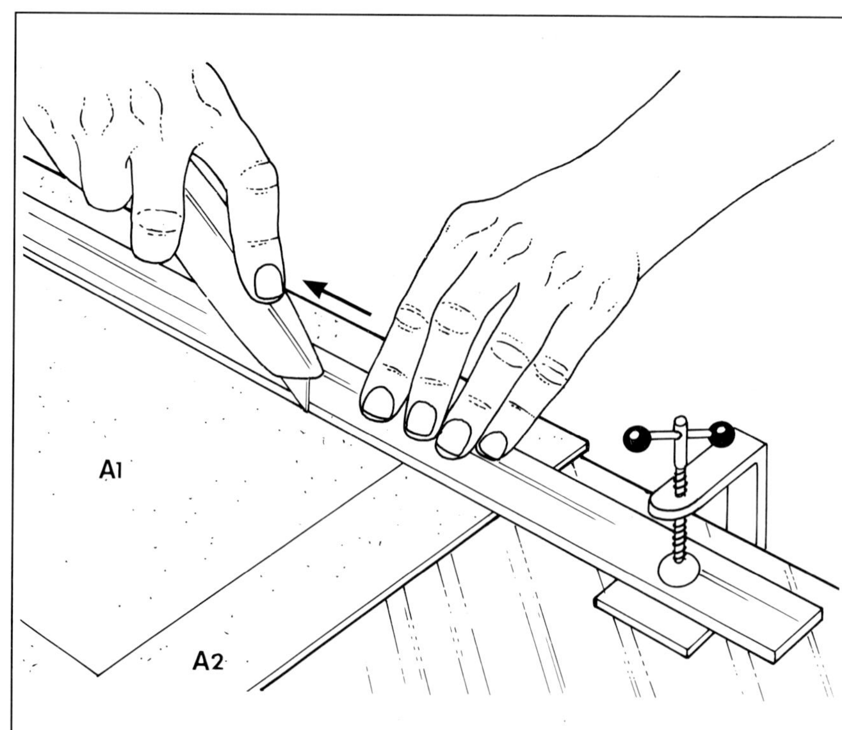

89 Damit das Lineal nicht verrutschen kann, befestigen Sie es mit einer Schraubzwinge an der Arbeitsfläche.

Die vorher für den Fensterausschnitt angezeichneten Bleistiftlinien sollten auf der Fläche, die wir A 1 nennen, bleiben. Eventuelle Bleistiftspuren auf der Passepartoutmaske entfernen Sie mit einem sauberen Radiergummi.

Abschlussarbeiten

Kleinere Unregelmäßigkeiten korrigieren Sie mit einem sehr feinen Schleifpapier. Entfernen Sie kleinere Rauhheiten, besonders in den Ecken.
Um die Kanten des Fensterausschnitts schön glatt zu bekommen, legen Sie auf die Vorderseite des Passepartouts einen Streifen festes Papier und fahren mit einem Papiermesser, das Sie nahezu horizontal anlegen, darüber (s. Abb. 88).

Ausmitteln des Bildes

Um ein Bild sauber auszumitteln, gibt es folgende Techniken:
Bei der **ersten Methode** legen Sie das Bild zwischen Trägerkarton und Passepartout. Schieben Sie es so lange, bis der Bildausschnitt zu sehen ist, den Sie sich vorgestellt hatten. Sie halten das Bild nun fest und entfernen das Passepartout. Abschließend zeichnen sie mit einem Bleistift an den vier Ecken kleine Winkel, die Ihnen als Markierung für später dienen.
Bei der **zweiten Methode** legen Sie auf den Trägerkarton die Passepartoutmaske und den Fensterausschnitt (A 2 und A 1). Sie halten den Fensterausschnitt A 1 gut fest und entfernen die Passepartoutmaske A 2; ziehen Sie sie ruhig über den Arm. Dann zeichnen Sie auf den Trägerkarton die Umrisse der Fläche A 1. So erhalten Sie den genauen Platz für das Bild. Verlängern Sie die Umrißlinien über die Ecken hinaus: Sie erleichtern sich so das Anbringen des Bildes.
Bei der **dritten Methode** feuchten Sie einen Naßklebestreifen an oder Sie verwenden einen Streifen Filmoplast, der mit der Klebefläche nach oben auf die Arbeitsunterlage gelegt wird. Bringen Sie nun das zu rahmende Bild so auf den Klebestreifen, daß die Oberkante des Bildes etwa 2 bis 3 mm auf dem Klebestreifen aufliegt. Nun nehmen Sie die Passepartoutmaske und legen sie genauso auf Ihr Bild, wie Sie dies möchten. Daraufhin drücken Sie die Passepartoutmaske an den Klebestreifen an. Drehen Sie nun das Ganze um und drücken Sie den Klebestreifen noch einmal gut an. So ist das Bild auf der Rückseite des Passepartouts genau mittig befestigt und nicht wie sonst üblich auf dem Trägerkarton.

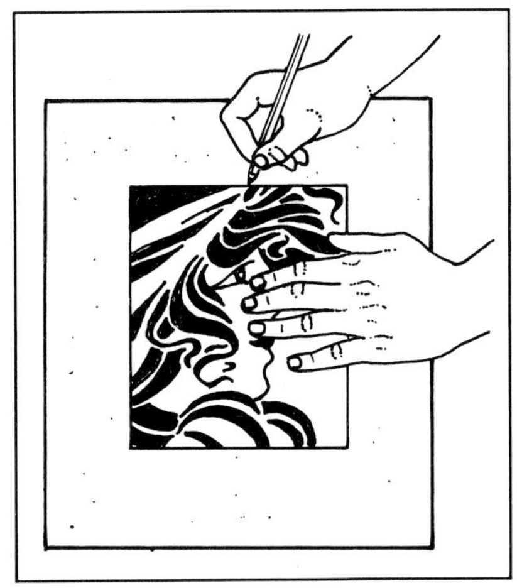

90 Ausmitteln des Bildes. Zeichnen Sie die Umrisse des Bildes auf den Trägerkarton.

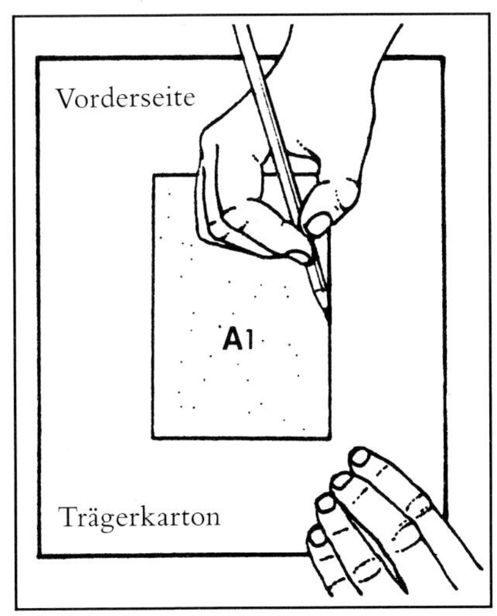

91 Übertragen des Umrisses von Fensterausschnitt A 1 auf die Vorderseite des Trägerkartons.

92 Um ein Bild mittig auf dem Trägerkarton anzubringen, können Sie auch einen Naßklebestreifen verwenden, der auf die Arbeitsunterlage gelegt wird.

93 **Kinderfoto mit rundem Passepartout;** **siehe Seite 59.**

94 **Aus dem blauen Passepartout schneiden Sie die »Strahlen« der Sonne. Dann wird das Passepartout mit Goldfarbe gesprenkelt. Ein unter dem Passepartout liegendes Goldpapier verstärkt das Leuchten der Sonne.**

95 △

96 ▽

95 Sepiazeichnung mit farblich harmonierendem Passepartout und Rahmen.

96 Vergoldeter Louis-XVI-Rahmen mit schwarzen Eckquadraten.

97 Mit schwarzer Tusche gezogene Linien korrespondieren mit der Sepiazeichnung. Die Verbindung zum Rahmen wird durch Lasuren und schwarze Eckquadrate hergestellt.

Verschieden große Passepartouts

Die Idee, die hinter dieser Technik steht, ist, zwei verschiedenfarbige Passepartouts mit einem Bild harmonisch zu verbinden. Nehmen Sie zum Beispiel ein Aquarell; das erste Passepartout B 2 ist beispielsweise dunkelgrün und das zweite Passepartout A 2 ist hellgrün.

Abmessungen für eine Vorlage

Der Abstand zwischen den beiden Passepartouts sollte 1,5 cm betragen. Der erste Fensterausschnitt sollte 14 × 8,5 cm groß sein und der Rand 5 cm. Somit sind der Trägerkarton wie auch die Passepartouts 24 × 18,5 cm groß.

Schneiden der Fensterausschnitte

Zuerst schneiden Sie das Passepartout (B 1 / **B 2**). Zeichnen sie auf die Rückseite des Kartons mit einem Zirkel die Breite des Randes an. Schneiden Sie nun den Fensterausschnitt aus.

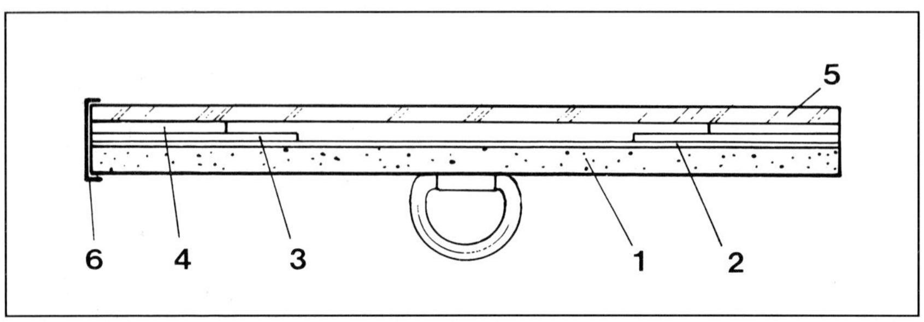

98 Querschnitt eines Pakets für Passepartouts mit unterschiedlich großen Fensterausschnitten. Das Paket besteht aus:
1. Rückwand mit Bildaufhängung
2. Trägerkarton für das Bild
3. Erstes Passepartout (B 1/B 2)
4. Zweites Passepartout (A 1/A 2)
5. Deckglas
6. Naßklebestreifen, 25 mm breit

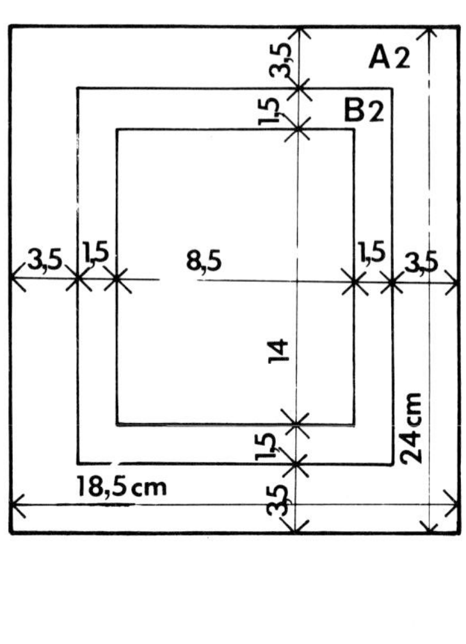

99 Die Maße für Passepartouts mit verschieden großen Fensterausschnitten.

Legen Sie jetzt auf die Rückseite des zweiten Passepartouts (A 1 / **A 2**) die Passepartoutmaske B 2; beide Rückseiten zeigen zu Ihnen. Zeichnen Sie mit einem spitzen Bleistift die Umrisse des Fensterausschnitts auf. Sie entfernen nun die Passepartoutmaske und verlängern die Linien über die Ecken hinaus. Zeichnen Sie dann einen zweiten Fensterausschnitt, dessen Seiten um 1,5 cm länger sind als die des zuerst angezeichneten Fensterausschnitts. Schneiden Sie entlang dieser neuen Linien den Fensterausschnitt A 1 aus. Bestreichen Sie die Kartons mit etwas Kleber, legen die beiden Passepartoutmasken bündig aufeinander und geben das Ganze unter eine Presse.

Ihr persönliches Passepartout

Alles ist möglich: Malereien, feine Linien, Papier oder Stoffe aufziehen in verschiedenen Farben und Mustern ... Sie können auch Tapeten, einfach oder strukturiert, verwenden. Damit dies alles hält, haben Sie zwei Möglichkeiten:
Indirektes Kleben; wie dies geht, steht auf Seite 31, oder Arbeiten mit einer säurefreien Aufziehfolie; wie dies geht, steht auf Seite 32.

Beziehen des Passepartouts mit Stoff

Wir wollen nun die Vorderseite einer Passepartoutmaske mit Stoff beziehen.
Verwenden Sie für das Passepartout einen dünnen Karton, auf dem Sie mit Hilfe einer doppelseitig klebenden Aufziehfolie den Stoff Ihrer Wahl befestigen. Dies bedeutet, daß die Oberfläche des Stoffs wichtiger ist als die des Passepartoutkartons.
Legen Sie den Stoff auf die Arbeitsfläche mit der Rückseite nach oben. Fixieren Sie den Stoff an den vier Ecken mit einem Klebeband. Geben Sie nun auf den Stoff die Aufziehfolie und drücken diese blasenfrei an. Sodann entfernen Sie die Abdeckfolie und geben das Passepartout darauf. Drücken Sie den Karton gut an; achten Sie darauf, daß keine Luftblasen sich bilden.
Schneiden Sie jetzt an den äußeren Kanten des Passepartouts den überstehenden Stoff bündig ab. Daraufhin schneiden Sie in den Stoff einen Fensterausschnitt, der 2 cm kleiner sein sollte als der des Passepartouts. Mit vorsichtigen Schnitten schneiden Sie an den Ecken den Stoff auf Gehrung; diagonal einschneiden (s. Abb. 100 links oben). Schneiden Sie bitte nicht bis genau in die Ecke des

Kartons; lassen Sie einen Abstand, der der Stärke des Kartons entspricht!
Drücken Sie nun mit einem Papiermesser den Stoff fest an die Kanten des Fensterausschnitts. Abschließend klappen Sie den Stoff auf die Rückseite des Kartons um und drücken ihn dort blasenfrei an (s. Abb. 100 rechts oben).

VERZIERUNGEN

Aus der Vielfalt der Möglichkeiten – Ihrer Phantasie sind keine Grenzen gesetzt – möchte ich Ihnen gerne eine recht ungewöhnliche Art der Verzierung vorstellen; verwenden Sie dafür einen beschichteten Karton. Nennen wir diese Art der Verzierung »Die Sonne und das Kind« (s. Abb. 93, 94).
Zeichnen Sie auf die Rückseite des Kartons die Strahlen der Sonne: Wechseln Sie zwischen geraden und pfeilförmigen Strahlen. Schneiden Sie dann die einzelnen Strahlen vorsichtig aus. Jetzt nehmen Sie einen Schwamm und tupfen auf die Vorderseite etwas Goldfarbe. Schlagen Sie auf die Rückseite des Kartons, damit die Oberfläche richtig gesprenkelt erscheint.
Ist das Ganze trocken, geben Sie zwischen den Bezug und das Passepartout einen Bogen Goldpapier, so daß die Sonne doppelt strahlt. Daß jeweils die Fensterausschnitte noch geschnitten werden müssen, versteht sich von selbst.
Weitere Beispiele für ungewöhnliche Verzierungen finden Sie auf der Seite 126.

Passepartoutzierlinien

Sie können zur Verzierung Ihres Passepartouts feine Linien um das Fenster ziehen und die Zwischenräume beispielsweise mit Aquarellfarben ausmalen. Besonders edel ist auch das Arbeiten mit Goldpapierstreifen. Vor dem Anzeichnen der Linien sollten Sie sie mit Bleistift leicht vorzeichnen und die Abstände nachmessen, damit sie später auch parallel verlaufen. Für Korrekturen verwenden Sie einen weichen, sauberen Radiergummi, der die Oberflächen des Kartons nicht beschädigt. Zum Zeichnen der Linien verwenden Sie am besten eine Reißfeder.

REISSFEDER

Dieses Zeichengerät (s. Abb. 106 oben) besteht aus zwei spitz zulaufenden Federn – einem Schnabel gleich –, die von einer Ge-

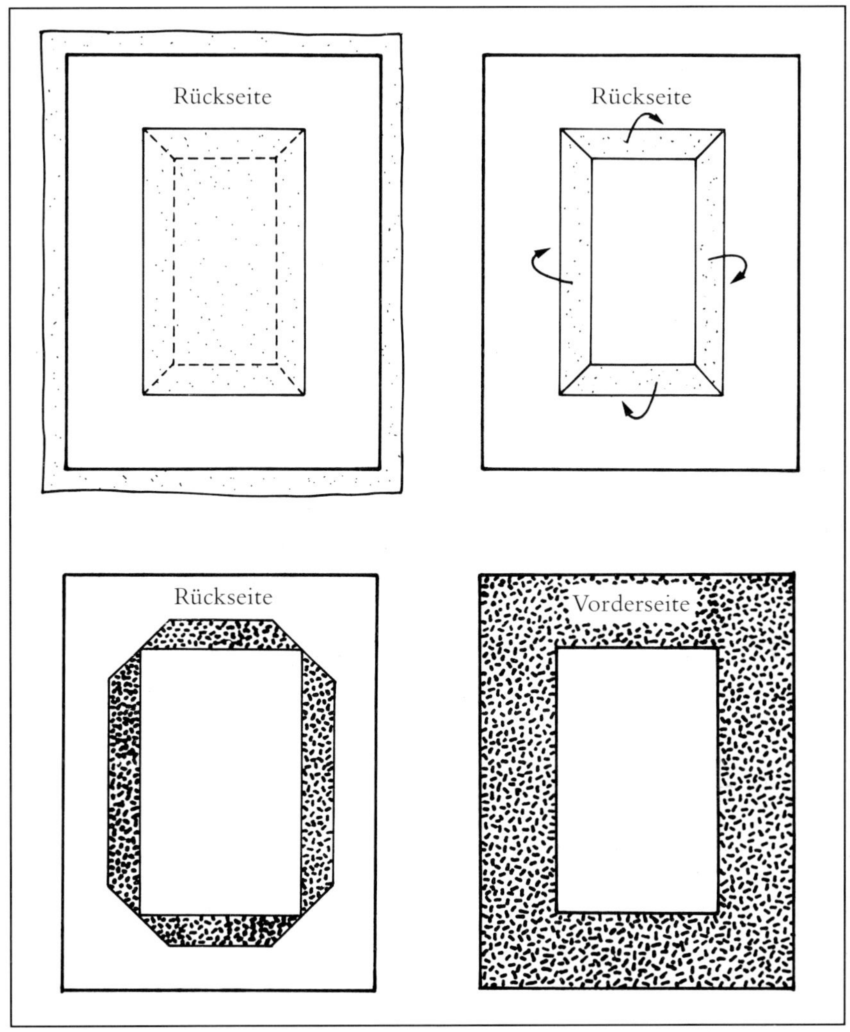

100 Beziehen eines Passepartouts mit dem Stoff Ihrer Wahl; Übertragen des Fensterausschnittumrisses. Wichtig ist beim Einschneiden auf Gehrung ein Abstand zur Ecke des Kartons, der der Stärke des Kartons entspricht.

101 Landschaft in Sepiamanier. Der Bezug des Passepartouts ist hier ein Holzfurnier. Rahmenleiste mit Einlegearbeiten im Ton des Bezugs.

102, 103 Beispiele für verschiedenfarbige und unterschiedlich breite Lasuren.

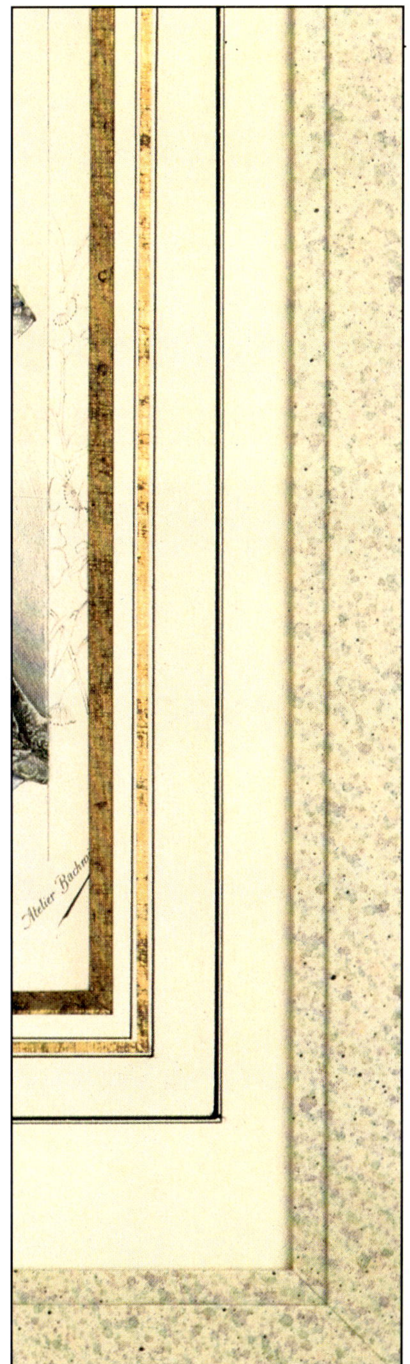

104 Ein mit Lasuren und Linien versehenes Passepartout für eine alte Modezeichnung.

105 Detail der Linien und Lasuren von Abbildung 104.

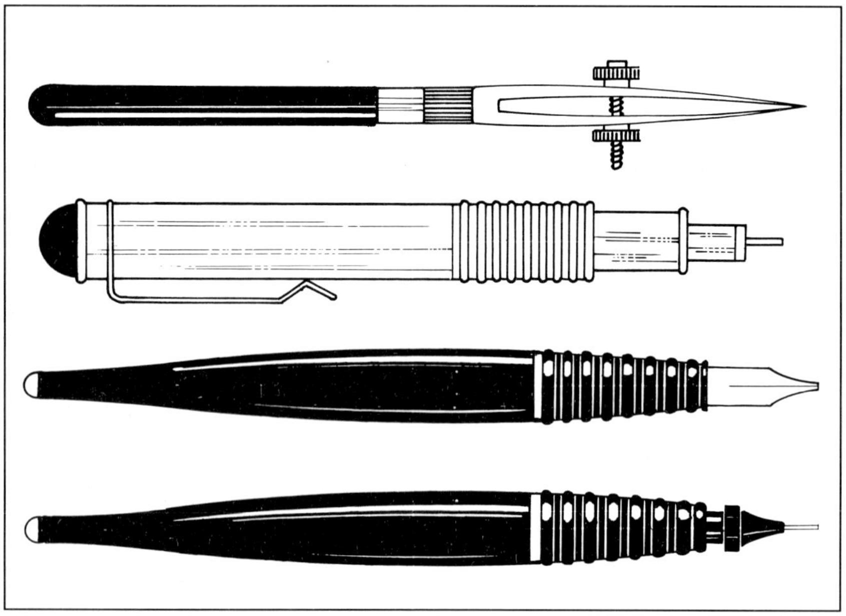

106 Mit diesen Zeichengeräten lassen sich die schönsten Linien zeichnen (v. o. n. u.): Reißfeder, Stabilograph, Kalligraphiefeder, Tuschfüller.

107 Linien und Lasuren beleben Ihr Passepartout.

windeschraube zusammengehalten werden. Mit einer Reißfeder lassen sich sehr gleichmäßige Linien ziehen. Durch die Form der Spitze sammelt sich darin ein Vorrat an Tinte, der, entsprechend dem Abstand zwischen den beiden Federn, austritt.

Um mit einer Reißfeder saubere Linien zu zeichnen, also ohne Kleckse, bedarf es einiger Übung und Geduld. Darüber hinaus ist das richtige Lineal sehr wichtig. Verwenden Sie ein Lineal mit einer schrägen Kante.

Versuchen Sie, die Reißfeder möglichst senkrecht zu halten. Achten Sie dabei darauf, daß die Spitze der Feder nicht direkt an das Lineal anstößt.

Weit einfacher zu handhaben sind Füllfederhalter oder »Rapidographen«, die es in verschiedenen Federstärken gibt; eine mögliche Alternative ist natürlich auch ein Filzstift mit feiner Spitze.

Sie können die Linien mit farbiger oder schwarzer Tusche ausführen. Wichtig ist, daß die Linien dem Gesamteindruck der Rahmung nicht schaden; verwenden Sie möglichst Farben, die auch in dem Bild vorkommen. Manchmal kann es reizvoll sein, die Linien freihand, in einer leichten Wellenlinie zu zeichnen.

Innere Linien

Von inneren Linien spricht man bei zwei Passepartouts. Die innere Linie wird direkt an der Kante des innenliegenden Passepartouts gemalt, so daß dessen sichtbarer Teil farblich hervorgehoben wird; verwenden Sie dafür einen Pinsel zum Auftrag und vielleicht Gold – oder eine andere passende Farbe.

Äussere Linien

Diese Linien werden auf dem obenliegenden Passepartout aufgemalt. Verwenden Sie hier zum Zeichnen eine Reißfeder oder einen Stift Ihrer Wahl. Zeichnen Sie sich am besten die Linien mit einem spitzen Bleistift leicht vor; achten Sie darauf, daß die Linien immer genau parallel zu den Kanten des Fensterausschnitts verlaufen. Beim Nachzeichnen der feinen Bleistiftlinien achten Sie bitte besonders auf die Ecken.

Gebogene Linien

Zeichnen Sie sich auch hier die Linien mit einem Bleistift vor. Runden Sie dann die Ecken nach Ihren Vorstellungen ab. Verwenden Sie dafür einen Zirkel oder eine Schablone; gut geeignet sind Zirkel, auf die ein Aufsatz zu stecken ist, in dem Sie dann Füller oder Reißfeder befestigen können.

Runde oder ovale Linien

Wissen Sie noch, wie sich ein Oval konstruieren läßt? Wie es geht, steht auf Seite 49 f. oder auf Ihrer bereits fertigen Schablone.
Zeichnen Sie sich die Linien mit Bleistift vor. Verwenden Sie wiederum einen Zirkel mit Halterung für die Reißfeder und ziehen Sie die Linien sauber nach.

»Weisse Linien«

Darunter versteht man Linien, die ohne Farbe gezeichnet werden. Sie brauchen dafür ein Papiermesser oder einen Vorstecher, mit dem Sie die vorher angezeichneten Linien durchdrücken. Entscheiden Sie sich vorab, ob Sie die Linien nach außen oder nach innen gewölbt haben wollen.
Für auf der Vorderseite reliefartig hervortretende Linien zeichnen sie sich diese auf der Rückseite des Passepartouts an. Legen Sie dann das Lineal bündig an und fahren mit dem Vorstecher oder Papiermesser die Linien nach; drücken Sie ruhig fest auf. Bei einer nach innen gewölbten Linie werden die Linien auf der Vorderseite angezeichnet und dann durchgedrückt.

Aufgezogene Linien

Zeichnen Sie mit einem feinen Bleistift die Linien auf Ihr Passepartout. Genau auf diese Linien wollen wir nun ein Papier Ihrer Wahl befestigen. Kleben Sie auf die Rückseite des Papiers eine Aufziehfolie. Schneiden Sie sich die Linien in der entsprechenden Seitenlänge und -breite zu. Damit Sie 1 oder 2 mm breite Linien schneiden können, geben Sie das Papier auf eine Glasunterlage und befestigen das Lineal mit zwei Schraubzwingen, so daß es nicht verrutschen kann. Nur so erhalten Sie feine und gleichmäßige Linien.
Entfernen Sie daraufhin von den feinen Streifen die Abdeckfolie und kleben Sie sie auf die vorskizzierten Linien. Legen Sie ein sauberes Papier darüber und drücken Sie die Streifen blasenfrei an.
Streifen aus Goldpapier geschnitten sind besonders schön; wie Sie hier vorgehen, steht auf Seite 71.

Lasuren

Lasuren, wie sie etwa seit 1875 verwendet werden, eignen sich besonders für alte Bilder oder Stiche: Jagdszenen, Modedetails, alte Stadtansichten. Unter Lasuren versteht man die zwischen zwei Linien bemalten Flächen; oftmals werden Linien und Lasuren kombiniert eingesetzt. In der Regel sind diese Zwischenräume mit Aquarellfarben oder Gouache gemalt, wobei der Farbton mit den Farben des Bildes harmonieren sollte. Verwenden Sie zum Bemalen der Zwischenräume gute Pinsel (zum Beispiel aus Rotmarderhaaren), deren Spitzen lange erhalten bleiben.
Als Faustregel gilt: Malen Sie die ersten drei Linien in einem Abstand von 5 mm zu der Kante des Fensterausschnitts. Danach lassen Sie für die Lasur einen etwas breiteren Zwischenraum von 1 bis 2 cm. Gestalten Sie die Linien, zwischen denen Sie die Lasur auftragen wollen, ruhig etwas breiter, um so die Lasur besonders zu akzentuieren. Tragen Sie abschließend eine fünfte, sehr feine Linie auf.
Um Ihnen zu zeigen, welche Vielfalt sich aus fünf oder sechs Linien ergeben kann, haben Sie auf den Seiten 57 und 60 einige Anregungen. Auf Seite 143 sehen Sie weitere kreative Beispiele für ovale Fenster.
Wenn Sie mit Gouachen malen, hier wird der Farbton leicht und etwas transparent, sollten Sie immer versuchen, die Zwischenräume möglichst ohne Absetzen auszufüllen.
Befeuchten Sie zuerst den Zwischenraum mit klarem Wasser, dann erst mit Farbe. Arbeiten Sie zügig und ohne abzusetzen. Lassen Sie die Lasur erst trocknen, bevor Sie weitere Arbeiten ausführen.

Gewusst wie

Lasuren lassen sich nicht korrigieren. Zu Beginn sind sicherlich einige Versuche nötig, bis Ihre Lasuren richtig gelingen. Malen Sie mit dem Pinsel nie über die Randlinien hinaus. Falls Sie sich deswegen nicht ganz sicher sein sollten, hier ein kleiner Trick: Kleben Sie doch die Ränder mit einem leicht wieder ablösbaren Klebeband ab. Diese Klebebänder, die auch die Oberfläche des Kartons nicht beschädigen, erhalten Sie in Malerfachgeschäften. Füllen Sie dann die Zwischenräume aus und entfernen Sie abschließend die Klebebänder. So erhalten Sie exakte Lasuren, ohne daß die Farbe über den Rand hinausgelaufen ist.
Wer sich selbst dann noch nicht sicher ist, dem empfehle ich, die Lasuren nicht zu malen, sondern aufzukleben. Suchen Sie sich ein Papier Ihrer Wahl aus, beziehen Sie die Rückseite mit einer Aufziehfolie und schneiden Sie sich die Streifen in der passenden Länge und Breite zu; auch hier können Sie wieder Goldpapier verwenden. Denken Sie daran, daß Sie die Ecken auf Gehrung schneiden; es sieht wirklich hübscher aus.

Das zweite Passepartout

Genauigkeit und Sorgfalt sind Voraussetzung für eine erfolgreiche Arbeit. Eine zweite Passepartoutmaske bedarf einiger Vorarbeiten, da Sie damit der ganzen Rahmung etwas Raffiniertes verleihen. Bei dieser Technik handelt es sich um mindestens zwei übereinanderliegende Passepartouts, die durchaus unterschiedlich große Fensterausschnitte haben können. Auf den Seiten 141–143 sehen Sie einige Anregungen.

Passepartouts mit innenliegendem zweiten Passepartout

Der Einsatz eines zweiten Passepartouts ist aber nur dann erfolgreich, wenn auch dieses mit dem Rahmen und dem Bild harmoniert. Sichtbar ist vom zweiten Passepartout lediglich der Fensterausschnitt und ein 2 bis 3 mm breiter Rand, der natürlich absolut parallel verlaufen sollte.
Erinnern Sie sich noch, wie wichtig die Kennzeichnung eines Pakets war, diese ganzen Hilfsmarkierungen und Buchstaben? Sie werden sehen, wie sehr Ihnen jetzt die auf den Seiten 27 und 30 erläuterte Maquette zugute kommt.

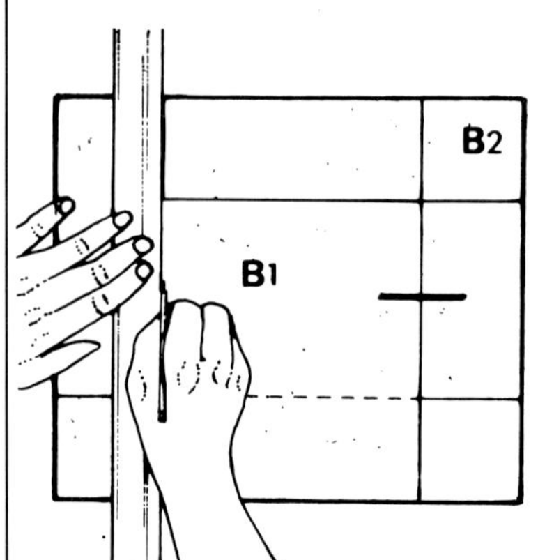

108 Schneiden des innenliegenden zweiten Passepartouts (B 1/**B 2**).

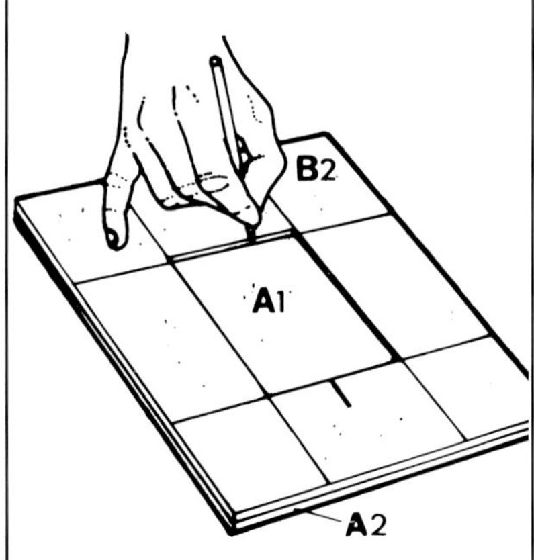

109 Übertragen des Fensters auf die Rückseite des später obenliegenden Passepartouts (A 1/**A 2**).

Die Abmessungen

Nehmen wir an, unser Fensterausschnitt soll 15 × 10 cm groß sein. Der Rand um den innenliegenden Fensterausschnitt beträgt 3 mm, und unser Passepartout soll einen 4 cm breiten Rand bekommen.
Daraus ergeben sich für Rückwand, Trägerkarton und Passepartout folgende Abmessungen:
Breite: 15 + 4 + 4 = 23 cm, Länge: 10 + 4 + 4 = 18 cm
Verwenden Sie zum exakten Anzeichnen der Abmessungen immer einen Bleistift mit einer besonders feinen Spitze.

Schneiden der Fensterausschnitte

Damit die Schnitte auch exakt werden, arbeiten Sie auf einer Glasunterlage und befestigen das Lineal mit zwei Schraubzwingen, daß es nicht verrutschen kann.
Schneiden Sie zuerst den Fensterausschnitt für das innenliegende zweite Passepartout, wobei Sie ruhig 2 mm über die Ecken hinausschneiden können: Achten Sie jedoch darauf, daß die Schnitte gerade und ohne Absätze sind. Die über die Ecken hinausgehenden Schnitte werden später mit einem Bezug bedeckt, der sozusagen die »Borte« für Ihr Bild darstellt. Erst dann schneiden Sie den Fensterausschnitt des obenliegenden Passepartouts, der um 3 mm größer werden wird.
Das **innenliegende zweite Passepartout** (B 1 / **B 2**) schneiden Sie wie folgt zu: Zeichnen Sie sich auf der Rückseite des Kartons die Größe des Fensterausschnitts an und kennzeichnen Sie ihn mit dem Buchstaben B 1; an den rechten oberen Rand schreiben Sie B 2. Legen Sie das Lineal bündig an und schneiden Sie das Fenster gerade aus.
Beim **obenliegenden Passepartout** (A 1 / **A 2**) kennzeichnen Sie die Rückseite wie gerade beschrieben mit A 1 in der Mitte und A 2 rechts oben. Legen Sie nun auf die Rückseite des Passepartouts (A 1 / **A 2**) die Passepartoutmaske B 2; auch diese Rückseite zeigt zu Ihnen. Markieren Sie mit den entsprechenden Hilfskreuzen die Verbindung der beiden Kartons; wie dies geht, steht auf Seite 26 f.
Übertragen Sie nun – beide Kartons liegen bündig aufeinander – genau die Umrisse des Fensterausschnitts auf die Rückseite von A 1 / **A 2**. Entfernen Sie die Passepartoutmaske B 2 und verlängern Sie die Linien über die Ecken hinaus. Zeichnen Sie sodann ein 3 mm größeres Fenster A 1 an, welches Sie sauber ausschneiden.

Nun bleiben noch die **Abschlußarbeiten**. Bemalen Sie den Rand um den innenliegenden Fensterausschnitt mit Goldfarbe: etwa 3 mm, da diese Breite sichtbar bleiben wird. Geben Sie zwischen die beiden Kartons etwas Stärkekleber und drücken Sie diese bündig zusammen. Danach stellen Sie sich noch die restlichen Teile des Pakets her und fügen sie zusammen.

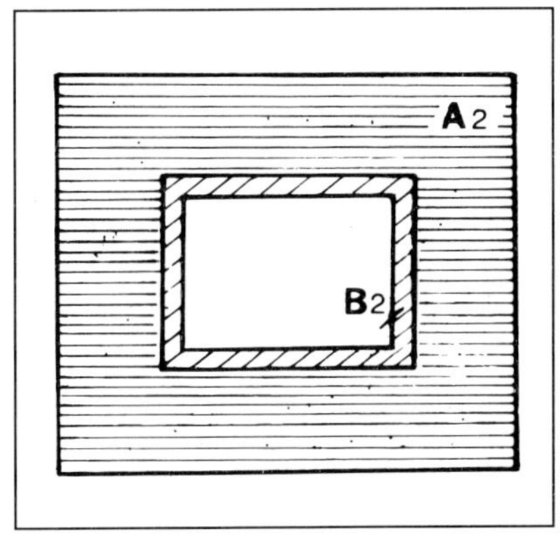

110 Von dem innenliegenden Passepartout B 2 bleibt nur ein schmaler Streifen sichtbar.

Beziehen des zweiten Passepartouts

Wenn Sie den Rand des innenliegenden Passepartouts nicht bemalen wollen, können Sie es auch mit Papier oder einem Stoff beziehen. Die Streifen dafür sollten so lang wie die jeweiligen Seiten sein, plus einen Überstand von 5 cm; die Breite beträgt etwa 2 cm und, ganz wichtig, die einzelnen Streifen sind auf Gehrung zu schneiden.

Zuschnitt auf Gehrung

Dies heißt, wir schneiden die Enden der Streifen im 45°-Winkel ein. Damit diese Arbeit nicht zu umständlich wird, verwenden Sie dafür ein Winkeldreieck.

Beginnen wir auf der Vorderseite. Legen Sie den ersten Streifen mit der Rückseite nach oben an die Kante des Fensterausschnitts an. Achten Sie dabei darauf, daß eine Hälfte des Streifens auf der Passepartoutmaske liegt und die andere Hälfte in das Fenster hineinragt; die Kante des Fensters bildet die Mittellinie. Zeichnen Sie die Verlängerung der beiden anliegenden Kanten an und in der Waagrechen die Mittellinie. An den beiden Schnittpunkten links und rechts stechen Sie die Zirkelspitze hinein (als Hilfsmarkierung gedacht). Legen Sie das Winkeldreieck an; die Unterkante des Dreiecks liegt bündig auf der Kante des Streifens, und der linke 45°-Schenkel am Schnittpunkt der beiden Linien an. Schneiden Sie nun den Streifen auf Gehrung. Genauso legen Sie das Winkeldreieck an die rechte Seite an und schneiden auch dieses Ende auf Gehrung.

Beginnen Sie am besten immer bei den längeren Seiten des Fensterausschnitts. Bestreichen Sie die Rückseite des Streifens mit Kleber, legen den Streifen sauber an und schlagen den in das Fenster hineinstehenden Teil auf die Rückseite des Kartons um. Legen Sie ein sauberes Papier über den Streifen und drücken Sie ihn fest und blasenfrei an; achten Sie darauf, daß der Streifen auch wirklich parallel zu der Kante verläuft. Genauso verfahren Sie mit allen weiteren Seiten, bis das innenliegende Passepartout bezogen vor Ihnen liegt.

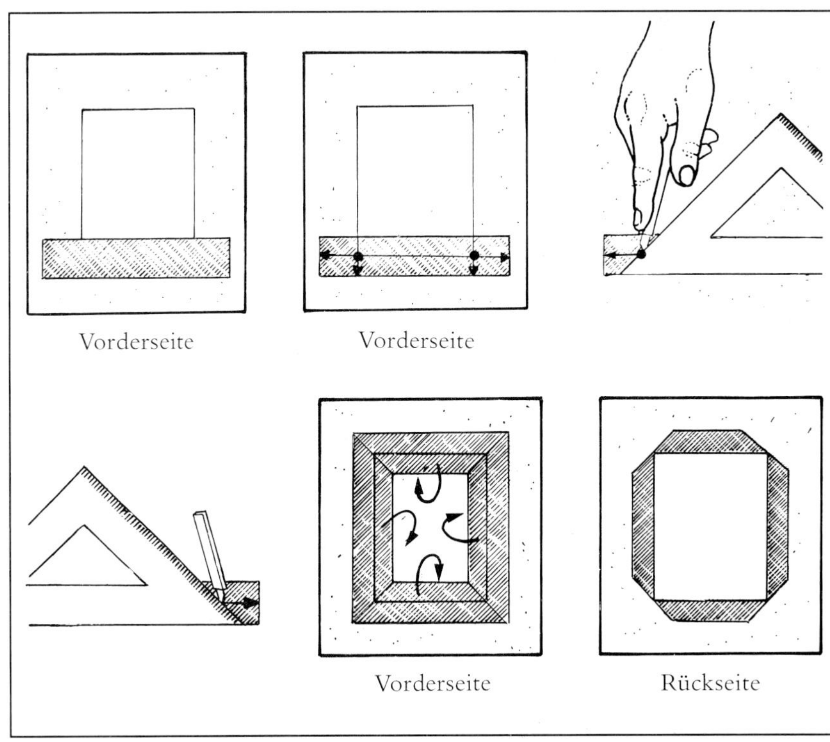

111 Beziehen eines zweiten Passepartouts mit entsprechend zugeschnittenen Streifen.

Schrägschnittpassepartout

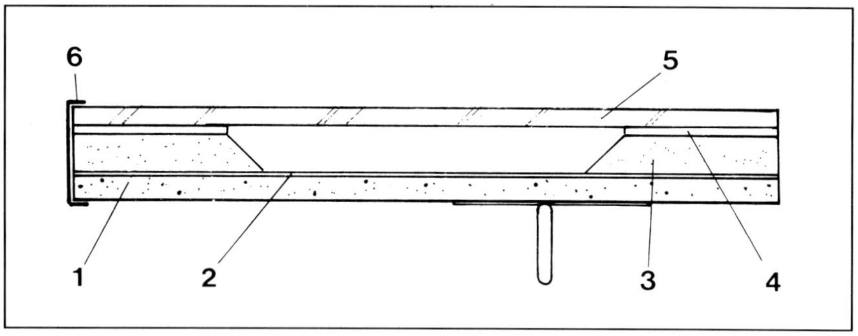

112 Querschnitt durch das Paket einer einfachen Rahmung mit Passepartout. Das Paket besteht aus:
1. Rückwand mit Bildaufhängung
2. Trägerkarton für das Bild
3. Schrägschnittpassepartout (B 1/B 2)
4. Bezug (A 1/A 2) des Passepartouts
5. Deckglas
6. Dichtungsband aus einem 25 mm breiten Naßklebestreifen

113 Schneiden einer Schrägschnittkante mit der Hand; entsprechend der Neigung der Schräge neigen Sie das Messer; geschnitten wird von der Vorderseite.

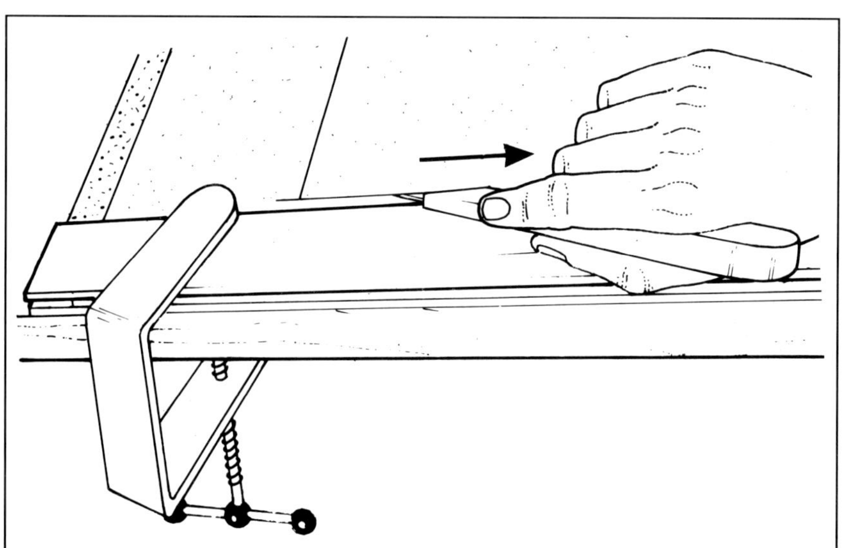

Man könnte sagen, daß eine Rahmung durch ein Schrägschnittpassepartout die notwendige Tiefe erhält, da durch die schrägen Kanten die räumliche Wirkung des Ganzen erheblich zunimmt.
Grundsätzlich gilt es zwischen zwei Schnittkanten zu unterscheiden: die schräg und die gerade geschnittene Kante; anders gesagt, schräger Winkel (30° bzw. 45°) oder rechter Winkel (90°).
Das Schrägschnittpassepartout, ein scheinbar unerreichtes Unterfangen aufgrund seiner »schwierigen« Ausführung, ist dennoch die Wunschvorstellung eines jeden, der mit Freude Bilder rahmt. Wie viele weggeworfene Kartons, was für Schwierigkeiten, bis es endlich gelingt, freihand eine tadellose Kante zu schneiden! Mit Bedacht und den notwendigen Vorarbeiten habe ich es geschafft, und auch Sie werden es schaffen.
Unabhängig davon bevorzuge ich eine sehr nützliche Erfindung: Ich benutze ein Passepartoutschneidesystem, bestehend aus einem Handschneider und einem Führungslineal (s. Abb. 6–9). Damit lassen sich problemlos Schrägschnittpassepartouts in allen Größen ausführen. Zumeist genügt der erste Schnitt ohne Druck, um den Karton zu schneiden. So vermeiden Sie ein Abgleiten des Schneidmessers, da Sie nur entlang des Führungslineals schneiden können.

Freihandschneiden von Passepartouts

Viele Personen, die Bilder rahmen, schneiden ihre schrägen Kanten freihändig. Um diese Kunst zu beherrschen, bedarf es vieler Versuche. Kraft, Vorbereitung und Geschicklichkeit sind notwendige Voraussetzungen.
Zum Arbeiten brauchen Sie ein großes Lineal, eine Schraubzwinge und ein scharfes Schneidmesser.
Legen Sie den Karton parallel an die Schneidunterlage an und diese parallel an die Tischkante. Befestigen Sie das Lineal mit der Schraubzwinge, möglichst weit links (bei Linkshändern natürlich weit rechts). Das Lineal sollte etwa 2 mm weiter außen als die Schnittlinie angebracht werden. Halten Sie das Messer wie einen Stift in der Hand. Stechen Sie nun die Spitze der Klinge an der Schnittlinie in den Karton. Halten Sie dabei das Messer etwas schräg (45°). Schneiden Sie den Karton entlang der Linie durch. Setzen Sie dabei möglichst nicht ab. Wiederholen Sie notfalls den Schnitt. Am besten eignet sich für diese Arbeit ein Lineal mit einer angeschrägten Kante, da Sie daran das Messer anlegen können.
Sie können auch mit dem Handschneider freihändig arbeiten. Die

114 Ungewöhnliches Passepartout für eine reizvolle Postkarte.

115 Die Schrägen des Passepartouts wurden mit rotem Papier bezogen; das Passepartout wurde in Anlehnung an die Postkarte mit einem Zeitungsdruck bezogen. Die roten, aufgesetzten Leisten des schwarzen Rahmens harmonieren mit dem Bezug der Schrägen.

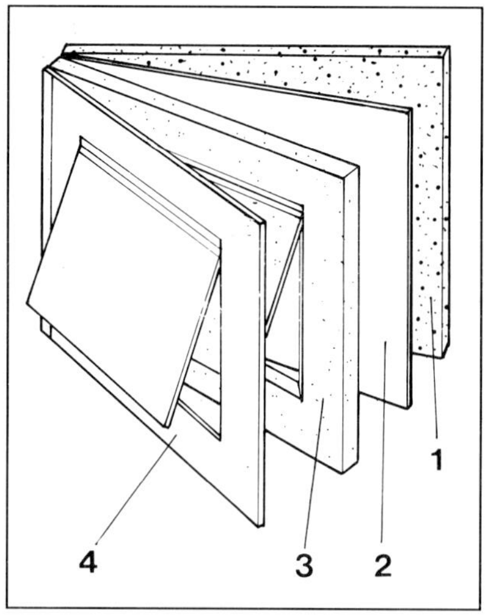

116 Immer hilfreich ist ein Modell (Maquette). Die Maquette besteht aus:
1. Rückwand
2. Trägerkarton
3. Passepartout (B 1/B 2)
4. Bezug (A 1/A 2)

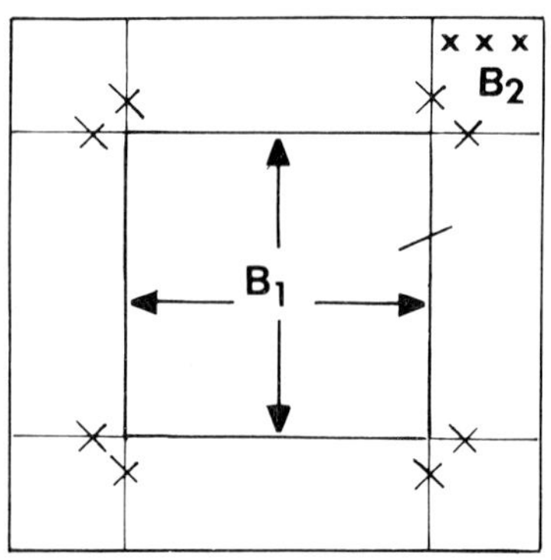

117 Zeichnen Sie für die Maquette alle Linien und Hilfsmarkierungen auf die Vorlage für das Passepartout (B 1/B 2).

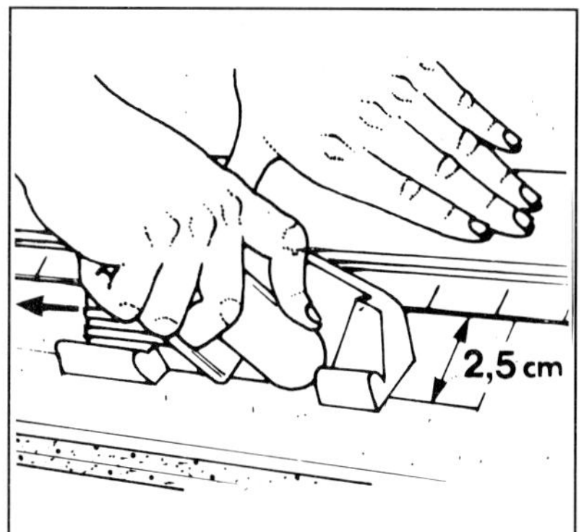

118 Achten Sie beim Schneiden mit einem Passepartoutschneidesystem darauf, daß die Führungsschiene 2,5 cm innerhalb der Schneidlinie liegt.

Neigung der Schnittkante wird sehr schön und gleichmäßig. Nach diesem Prinzip stelle ich auch alle runden, gebogenen oder ovalen Passepartouts her (mehr darüber auf Seite 100).

Unverzichtbar: Die Maquette

Fertigen Sie vor Beginn Ihrer eigentlichen Arbeit unbedingt eine Maquette an. Dieser »Prototyp«, auf dem Sie alle notwendigen Markierungen eintragen, wird für spätere Arbeiten eine gute Gedächtnisstütze sein.
Die **Abmessungen** für einen 10 × 15 cm großen Fensterausschnitt: Wir wollen eine Randbreite von 5 cm vorsehen; dies bedeutet, daß unsere Rückwand wie auch alle anderen Kartons 20 × 25 cm groß sein müssen.

Markierungen auf dem Passepartout (B 1 / **B 2**)

Kennzeichnen Sie Vorder- und Rückseite des Kartons mit den entsprechenden Markierungen sowie den Fensterausschnitt mit B 1 und die Passepartoutmaske mit B 2; wie dies geht, steht auf Seite 26 f.
Mit einem Zirkel zeichnen Sie die Randbreite an. Der so entstehende Fensterausschnitt hat genau unsere gewünschten Maße. Zeichnen Sie mit einem Bleistift über die Linien des Fensterausschnitts einen Strich. Diese Markierung ist besonders wichtig: So können Sie auch nach dem Schneiden des Fensters die einzelnen Teile seitenrichtig zusammenfügen! In den Verlängerungen der vier Ecken zeichnen Sie je zwei Hilfskreuze in einem Abstand von 2 bis 3 cm. Diese Hilfskreuze sind notwendig, wenn Sie mit dem Passepartoutschneidesystem arbeiten. Auf der Fläche B 1 zeichnen Sie je vier Pfeile, deren Spitzen nach außen zeigen. Die Pfeile teilen die Fläche B 1 in vier gleich große Teile. Sie geben die Richtung für die Schrägschnittkanten an.

Schneiden des Fensterausschnitts

Eine Sache vorab: Geschnitten wird ein Passepartout immer von der Rückseite! Vergessen Sie dies niemals.
Nehmen Sie das Führungslineal und den Handschneider. Geben Sie den Handschneider in die rechte Führungsrille. Legen Sie nun das Führungslineal auf die Fläche B 1 und zwar so, daß das Ganze 2,5 cm weiter innen liegt als die rechte Fensterlinie. Legen Sie den Handschneider an das oben liegende Hilfskreuz der rechten Ecke

an. Mit der linken Hand halten Sie das Lineal gut fest und ziehen mit der rechten den Handschneider zu sich – bis zu dem unten liegenden Hilfskreuz der rechten unteren Ecke.
Zögern Sie nicht, ein scheinbar kleineres Fenster auszuschneiden; nur so erhalten Sie die gewünschten Maße des Fensters. Wiederholen Sie den Schnitt ruhig mehrmals, bis der Karton sauber geschnitten ist. Nun schneiden Sie die restlichen Seiten. Dabei wird lediglich der Karton gedreht, das Lineal bleibt in seiner Position stehen. Entfernen Sie abschließend den Fensterausschnitt: Vor Ihnen liegt dann eine sauber geschnittene Passepartoutmaske mit perfekten Schrägschnittkanten.

Gewusst wie

Es kann schon einmal vorkommen, daß die Maße für den Fensterausschnitt falsch berechnet wurden. Dies bedeutet, daß Sie das Fenster B 1 noch einmal schneiden müssen. Überkleben Sie die falsch geschnittenen Kanten mit einem Naßklebestreifen und schneiden Sie ein neues Fenster – diesmal mit den richtigen Abmessungen – aus. Abschließend beziehen Sie Ihr Passepartout mit einem schönen Stoff oder Gewebe.

Markierungen auf dem Bezug (A 1 / **A 2**)

Schreiben Sie auf die Rückseite in die Mitte A 1 und in die rechte obere Ecke A 2 und vergessen Sie die entsprechenden Hilfsmarkierungen nicht.
Legen Sie auf die Rückseite des Bezugs das Passepartout (B 1 / **B 2**); achten Sie darauf, daß die Kanten paßgenau übereinanderliegen. Es zeigen also beide Rückseiten der Kartons zu Ihnen; wie gesagt, es wird immer von der Rückseite geschnitten!
Halten Sie mit der linken Hand die Fläche B 1 gut fest, so daß nichts mehr verrutschen kann. Nun entfernen Sie die Passepartoutmaske B 2 und ziehen sie über Ihren Arm. Zeichnen Sie sodann die Umrisse des Fensterausschnitts B 1 auf die Rückseite des Bezugs. Verwenden Sie ruhig einen Bleistift mit einer dickeren Mine. Die so angezeichneten Linien sind die Umrisse des Fensters in dem Bezug.

Schneiden des Fensters

Mit dem Bleistift zeichnen Sie über eine der Linien einen Strich; Sie erinnern sich: dies ist die Markierung für das seitenrichtige Zusammenfügen. Legen Sie nun das Lineal links von der Umrißlinie an. Schneiden Sie den Karton und achten Sie darauf, daß Ihre Hand mit dem Schneidmesser sich immer auf der Fläche A 1 befindet. So können Sie sich nicht verschneiden, und jedes Abrutschen geht in die Fläche A 1, die abschließend entfernt wird. Schneiden Sie das Fenster so, daß die Linien auf dem Fenster A 1 verbleiben.
Abschließend können Sie noch die Schnittkanten des Passepartouts mit einem Material Ihrer Wahl beziehen. Wenn Sie das Paket zusammenbauen, achten Sie bitte auf die Korrespondenz der Hilfsmarkierungen; sie stehen sich immer gegenüber.
Wenn Sie die Abmessungen des Bezugs kontrollieren, werden Sie feststellen, daß alle Maße bis auf die Randbreite mit dem Passepartout identisch sind; verständlicherweise, denn durch die Schräge der Schnittkanten gingen etwa 3 mm verloren und durch die Breite des Bleistiftstrichs etwa 1 mm.

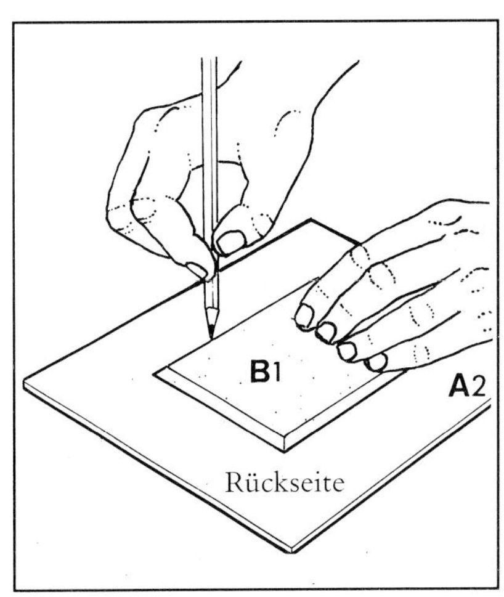

119 Mit Hilfe des Fensterausschnitts B 1 übertragen Sie die Größe des Ausschnitts auf die Rückseite des Bezugs; die Vorderseite von B 1 liegt auf der Rückseite des Bezugs.

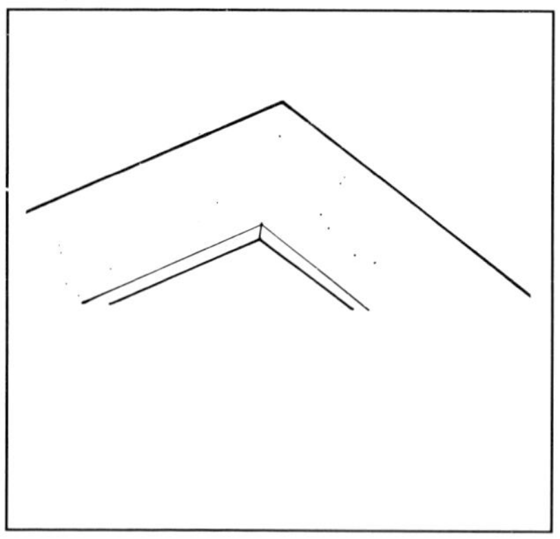

120 Den Bezug des Passepartouts – dies kann auch ein Karton sein – gerade ausschneiden.

121 Mit mehreren auf das Passepartout gelegten Kartons lassen sich hübsche Effekte erzielen.

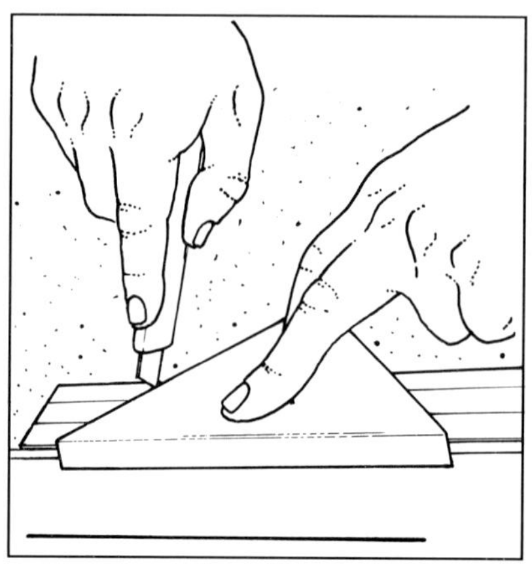

122 Mit einem Anschlagwinkel lassen sich die diagonalen Zuschnitte leicht ausführen.

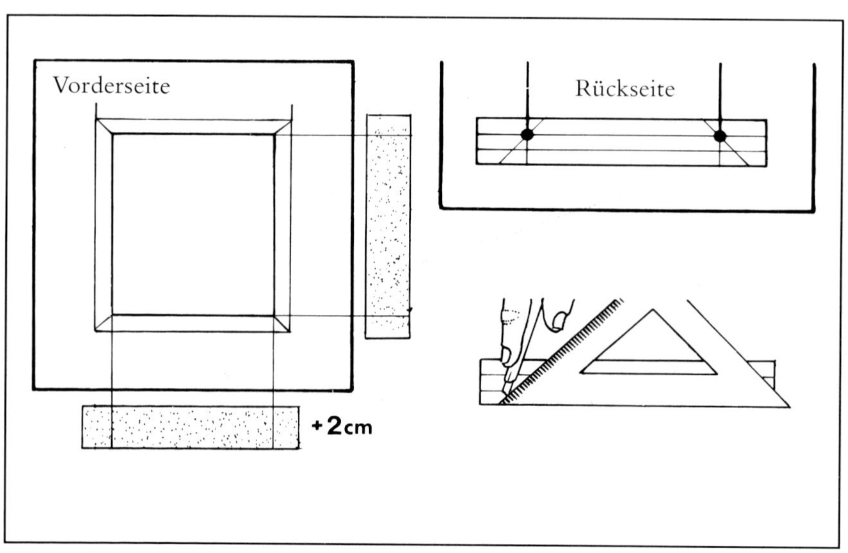

123 Für das Beziehen von Schrägschnittkanten schneiden Sie sich passende Streifen zu, die Sie der Länge nach dritteln und an den markierten Ecken diagonal einschneiden.

Gerade Schnittkanten

In der Regel werden diese Schnittkanten nicht verkleidet. Insofern ist besonders das exakte Schneiden der Ecken wichtig. Zeichnen Sie die notwendigen Maße für den Fensterausschnitt auf die Rückseite und schneiden das Fenster sauber aus. Hierbei müssen Sie etwas über die Ecken hinausschneiden (etwa 4 bis 8 mm je nach Stärke des Kartons), damit die Ecken sauber geschnitten werden. Am besten stellen Sie sich eine Vorlage her.
Gut geeignet sind gerade Schnittkanten für verschieden große Passepartouts; wie das geht, steht auf Seite 58. Spielen Sie dabei ruhig mit den Farben der Bezüge; achten Sie aber auf die Harmonie der Bezüge untereinander und zu dem Bild. Wie bei den Schrägschnittpassepartouts sollten Sie auch hier qualitätvolle Bezüge und Kartons verwenden; wichtig ist vor allem, daß Sie säurefreie Materialien verwenden.

Beziehen der Schrägschnittkanten

Das Beziehen der Schrägschnittkanten geht am einfachsten mit einer Aufziehfolie. Sollten Sie sich dennoch für einen Kleber entscheiden, denken Sie an die Laufrichtung des Papiers; genauere Erläuterungen dazu stehen auf Seite 33 f.
Die **Abmessungen** für ein 10 × 15 cm großes Fenster: Die Streifen sollten etwa 2 cm breit sein; rechnen Sie zu den Längsseiten etwa 2 cm Überstand dazu und zu den Breitseiten 4 cm. Daraus ergeben sich zwei Streifen, die 19 cm und zwei Streifen, die 14 cm lang sind. Die Enden der jeweiligen Streifen wollen wir auf Gehrung schneiden.

Schneiden der Streifen

Verwenden Sie dafür ein Winkeldreieck oder einen Winkel mit einem Anschlag.
Legen Sie den Karton auf die Arbeitsfläche, so daß die Vorderseite zu Ihnen zeigt. Beginnen Sie mit den Streifen für die Längsseiten. Legen Sie den Streifen plan an die Kante des Fensters an. Lassen Sie links und rechts je 2 cm Überstand. Übertragen Sie die Eckpunkte des Fensters auf den Streifen (s. Abb. 123 rechts oben). Geben Sie sodann den Streifen auf Ihre Schneidunterlage. Legen Sie die Unterkante des Winkeldreiecks an der Längskante des Streifens an, so daß der linke Schenkel an der Markierung anliegt; ruhig 1 mm

Wie Sie Goldpapier altern lassen

Zum Beziehen der Schrägschnittkanten wird gerne Goldpapier verwandt. Es gibt sehr einfaches Goldpapier mit glatter Oberfläche (natürlich auch in Silber und Kupfer), aber auch Papiere, deren Rückseiten bereits mit einer klebenden Gummierung bezogen wurden.
Verwendet wird Goldpapier meist deshalb, weil die Rahmung alt, ja antik erscheinen soll. In manchen Fachgeschäften gibt es bereits gealtertes Goldpapier, aber nichts ist so schön als das, was man mit eigener Hand altern ließ.
Für einen ersten Versuch schneiden Sie sich einen etwa 10 cm breiten Streifen zu. Rauhen Sie die Oberfläche des Papiers vorsichtig mit feinem Sandpapier auf, so daß ein Teil des »Goldes« abgerieben wird. Nun geben Sie auf die Oberfläche des Papiers etwas Farbe, am besten einen Braunton oder schwarze Tusche. Im weiteren Fortgang der Arbeit gibt es unterschiedliche Methoden mit recht unterschiedlichen Effekten.

Bei der **Schwamm-Methode** rauhen Sie das Papier in Laufrichtung auf. Feuchten Sie einen grobporigen Schwamm leicht an. Geben Sie auf einen Teller etwas braune Farbe, die Sie nun mit dem feuchten Schwamm aufnehmen. Betupfen Sie dann die Papieroberfläche vorsichtig mit dem Schwamm. Durch die Poren des Schwamms entstehen hübsche Muster, die Sie nach Belieben auftragen können. Sollten Sie mit dem Ergebnis nicht ganz zufrieden sein, wischen Sie die Oberfläche einfach mit einem sauberen Lappen wieder ab und beginnen noch einmal mit der Arbeit. Sie können auch eine erste Farbe auftragen und dann vor deren Antrocknen eine zweite Farbe darüberlegen. So mischen sich die beiden Farben phantasievoll miteinander und es entstehen neue hübsche Muster.

Auch bei der **Pinsel-Methode** wird das Papier leicht aufgerauht. Mit einem Pinsel tragen Sie die Farbe auf. Verziehen Sie die Farbe entweder nur in einer Richtung oder sogar kreuzweise; so entstehen hübsche Muster und Verzierungen.

Bei der **Spritz-Methode** nehmen Sie, nachdem Sie das Papier leicht aufgerauht haben, eine alte Zahnbürste. Tauchen Sie die Zahnbürste in die Farbe Ihrer Wahl und halten Sie sie über das Papier. Fahren Sie mit dem Daumen über die Borsten der Zahnbürste, so daß Ihre Papieroberfläche mit Farbspritzern bedeckt wird. Je nach Ihren Vorstellungen entstehen nur feine oder dichtere Farbspritzer-Wolken.

Bei der **Knitter-Methode** feuchten Sie das Papier gut an. Nehmen Sie nun das Papier in die Hand und zerknüllen Sie es. Glätten Sie das Papier wieder sorgfältig und geben Sie mit einem Schwamm die gewünschte Farbe auf die Oberfläche. Die Farbe verläuft in den Knicken und Falten des Papiers.

124, 125 Schrägschnittpassepartout mit ungleichen Fensterausschnitten (siehe Seite 81). Die Kanten der Passepartouts wurden mit Goldpapier bezogen. Entsprechend einfach, dennoch formschön, fiel der Rahmen aus.

126–128 Schieben Sie die mit Kleber bestrichenen Streifen auf die Schrägen und schlagen Sie sie dann sauber auf die Rückseite des Passepartouts um.

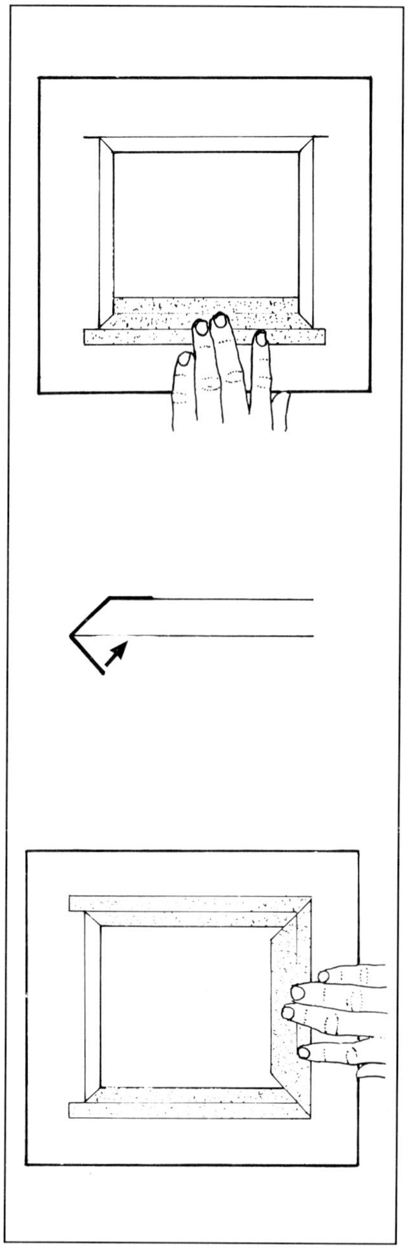

weiter nach innen rücken. Schneiden Sie den Streifen im Winkel von 45° ein; verfahren Sie bei der rechten Seite ebenso.

AUFZIEHEN DER LÄNGSSTREIFEN

Die Vorderseite des Kartons zeigt zu Ihnen. Schieben Sie den Streifen auf die Schrägschnittkante, bis die Kantenfläche sauber bedeckt ist; achten Sie besonders auf die Ecken.
Entfernen Sie nun von einer Seite her das Abdeckpapier und drücken den Streifen blasenfrei an; abschließend den Rest des Abdeckpapiers entfernen und den Streifen wieder gut andrücken. Die überstehende Breite des Streifens schlagen Sie auf die Rückseite des Kartons um. Genauso beziehen Sie die restlichen Kanten.

WINKEL MIT ANSCHLAG

Von der Seite betrachtet, sieht dieser Winkel wie ein »L« aus. Mit ihm lassen sich die Streifen gut zuschneiden. Zeichnen Sie sich vorab die notwendigen Markierungen an.
Legen Sie den Streifen auf Ihre Arbeitsunterlage, deren Kante bündig zur Kante Ihres Tisches sein sollte; Tischkante, Kante der Unterlage und Kante des Streifens bilden eine Linie. Legen Sie den Winkel nun an; der Anschlag liegt sauber an den Kanten an. Schneiden Sie sodann die Enden des Streifens auf Gehrung. Denken Sie daran, daß die Streifen an den Enden jeweils um 1 mm kürzer zugeschnitten werden, als die Markierung es eigentlich verlangen würde. Beim Beziehen der Schrägschnittkanten entstehen dadurch in den Ecken saubere Übergänge.

Schrägschnittpassepartout mit zweitem Passepartout

Präzision, Konzentration und genaue Ausführung sind die Grundlage für das Gelingen eines zweiten Passepartouts. Sie können die Schrägschnittkanten und das zweite Passepartout bemalen oder mit Papier bzw. Stoff beziehen. Entscheidend ist dabei, daß beide Passepartouts harmonisch aufeinander abgestimmt werden: Passepartout und Schrägschnittkanten im gleichen Farbton, die Linien des zweiten Passepartouts in den Farben des Rahmens oder in Abstimmung zu den Farben des Bildes.
Die Wirkung des zweiten Passepartouts hängt von der Gleichmäßigkeit der Linien und Lasuren ab, hier heißt es, sehr genau zu arbeiten.
Schneiden Sie die Fenster aus den Kartons und den Bezügen am

besten auf einer Glasunterlage; so werden Ihre Schnitte äußerst exakt. Für das Schneiden der Fenster aus dem zweiten Passepartout und dem Bezug fixieren Sie das Lineal mit einer Schraubzwinge, damit es nicht verrutscht. Die Linien und Lasuren des Passepartouts sollten etwa 2 bis 5 mm breit sein.
Um die verschiedenen Kartons miteinander zu verbinden, geben Sie auf die jeweilige Rückseite kleinere Streifen einer Aufziehfolie, natürlich säurefrei. Befestigen Sie die Streifen der Klebebänder etwa 2 mm von den jeweiligen Fenstern entfernt. So können Sie die Kartons wieder verwenden, ohne daß sie beschädigt sind.

Beziehen Sie abschließend die Kanten, sofern Sie das wollen und bauen Sie sich das Paket zusammen; wichtig ist dabei, daß Sie genau auf den 3 mm breiten Streifen des zweiten Passepartouts achten, der sichtbar sein wird.

Schrägschnittpassepartout mit innenliegendem zweiten Passepartout

ZWEITES PASSEPARTOUT (A 1 / **A 2**)

Die Abmessungen des Passepartouts entsprechen den Abmessungen des Trägerkartons. Zeichnen Sie auf der Rückseite die Maße für den Fensterausschnitt. Schneiden Sie nun das Fenster mit geraden Kanten sauber aus.

SCHRÄGSCHNITTPASSEPARTOUT (B 1 / **B 2**)

Legen Sie auf die Rückseite des Passepartouts (B 1 / **B 2**) die Passepartoutmaske A 2, deren Rückseite zu Ihnen zeigt. Achten Sie darauf, daß beide Kartons exakt aufeinanderliegen. Mit einem feinen Minenbleistift übertragen Sie die Umrisse des Fensters auf die Rückseite des Passepartouts (B 1 / **B 2**). Entfernen Sie nun die Passepartoutmaske A 2 und zeichnen Sie ein neues Fenster, das etwa 3 mm größer sein sollte. Schneiden Sie dieses neue Fenster schräg aus.

BEZUG (C 1 / **C 2**)

Fügen Sie das Passepartout (B 1 / **B 2**) wieder zusammen und legen beide Teile auf die Rückseite des Bezugs, und zwar so, daß beide Rückseiten zu Ihnen zeigen. Halten Sie den Fensterausschnitt B 1 gut fest und entfernen vorsichtig die Passepartoutmaske B 2. Zeichnen Sie die Umrisse der Fläche B 1 auf die Rückseite des Bezugs. Entfernen Sie nun den Fensterausschnitt und schneiden Sie das Fenster aus dem Bezug aus. Schneiden Sie das Fenster so aus, daß die gezeichneten Umrißlinien auf der Fläche C 2 verbleiben; bitte nicht über die Ecken schneiden!

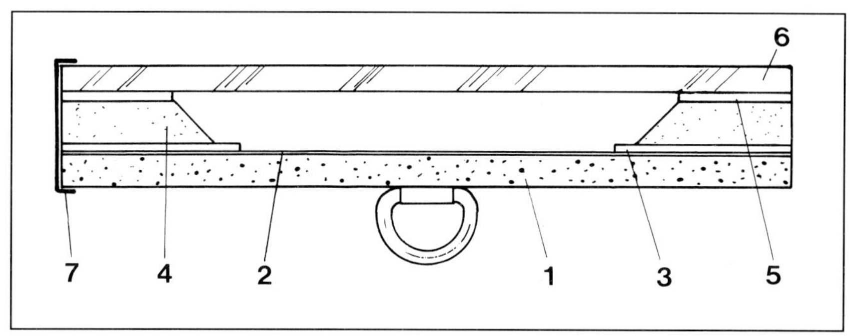

129 Querschnitt eines Pakets mit innenliegendem zweiten Passepartout. Das Paket besteht aus:
1. Rückwand mit Bildaufhängung.
2. Trägerkarton für das Bild
3. Innenliegendes zweites Passepartout (A 1/A 2)
4. Schrägschnittpassepartout (B 1/B 2)
5. Bezug (C 1/C 2) für das Passepartout
6. Deckglas
7. Dichtungsband aus einem 25 mm breiten Naßklebestreifen

130 **Zwei Pastelle von Gustave Baudelet.**

131 **Das Passepartout wurde mit einem sienafarbenen Papier bezogen. Die Schrägschnittkanten sind in Dunkelblau gehalten und nehmen Bezug auf die Rahmenleiste. Das außenliegende zweite Passepartout erscheint lediglich als Linie in Azurblau. Die gleiche Farbe taucht nochmals in den aufgesetzten Leisten des Rahmens auf. All diese Farben harmonieren mit den Farben der Pastelle.**

132 **Bemalter Papyrus**

133 **Schrägschnittpassepartout mit vergrößertem Fensterausschnitt. Der Querschnitt des Pakets ist auf Seite 80 zu sehen. Der Papyrus wurde auf der mit Stoff bezogenen Rückwand direkt befestigt. Der Bezug des Passepartouts ist der gleiche rostfarbene Stoff. Ein außenliegendes zweites Passepartout ist als feine schwarze Linie sichtbar. Auch hier harmonieren alle verwendeten Farbtöne mit dem Bild, so auch das Gold der Schrägschnittkanten.**

Schrägschnittpassepartout mit außenliegendem zweiten Passepartout

Schrägschnittpassepartout (B 1 / **B 2**)

Zeichnen Sie auf die Rückseite des Kartons die Abmessungen des Fensters. Anschließend schneiden Sie das Fenster schräg aus und kennzeichnen die einzelnen Teile mit den entsprechenden Markierungen.

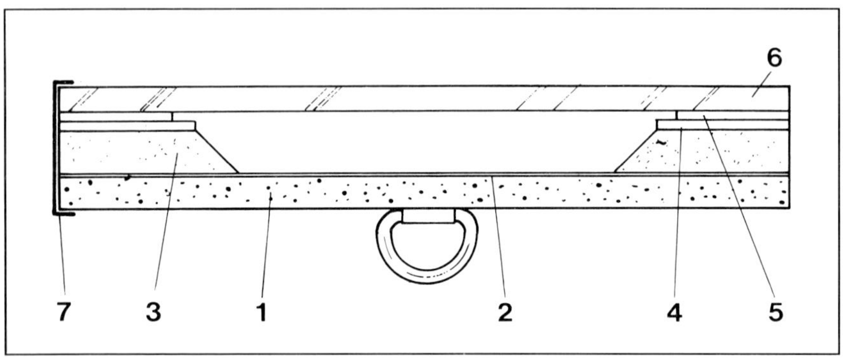

134 **Querschnitt durch ein Paket mit außenliegendem zweiten Passepartout. Das Paket besteht aus:**
1. **Rückwand mit Bildaufhängung**
2. **Trägerkarton für das Bild**
3. **Schrägschnittpassepartout (B 1/B 2)**
4. **Außenliegendes zweites Passepartout (A 1/A 2)**
5. **Bezug (C 1/C 2) für das Passepartout**
6. **Deckglas**
7. **Dichtungsband aus einem 25 mm breiten Naßklebestreifen**

Zweites Passepartout (A 1 / **A 2**)

Fügen Sie das Schrägschnittpassepartout (B 1 / **B 2**) wieder zusammen und legen es als Ganzes bündig auf die Rückseite des Passepartouts (A 1 / **A 2**); beide Rückseiten zeigen zu Ihnen. Halten Sie den Fensterausschnitt B 1 gut fest und entfernen die Passepartoutmaske B 2. Zeichnen Sie nun die Umrisse des Fensters B 1 auf die Rückseite des zweiten Passepartouts (A 1 / **A 2**). Verwenden Sie dafür ruhig einen Bleistift mit einer dickeren Mine. An der Außenkante der Linien schneiden Sie den Fensterausschnitt A 1 gerade aus.

Bezug (C 1 / **C 2**)

Fügen Sie die Teile des zweiten Passepartouts wieder zusammen. Legen Sie das Ganze auf die Rückseite des Bezugs; beide Rückseiten zeigen zu Ihnen. Achten Sie immer darauf, daß die Kanten absolut bündig anliegen. Halten Sie den Fensterausschnitt A 1 gut fest und entfernen Sie die Passepartoutmaske A 2. Mit einem feinen Minenbleistift zeichnen Sie die Umrisse des Fensters auf die Rückseite des Bezugs. Entfernen Sie das Fenster A 1 und zeichnen Sie auf die Rückseite des Bezugs ein zweites, etwa 3 mm größeres Fenster. Entlang dieser neuen Linien schneiden Sie das Fenster gerade aus; nicht über die Ecken schneiden! Der etwas größere Fensterausschnitt des Bezugs läßt das außenliegende zweite Passepartout in eben dieser Breite erscheinen.

Zusammenbau

Geben Sie auf die Rückseiten der einzelnen Kartons kleinere Streifen einer Aufziehfolie. Legen Sie dann die Teile in der richtigen Reihenfolge bündig aufeinander. Achten Sie auf den 3 mm breiten Streifen des zweiten Passepartouts. Abschließend »schließen« Sie das Paket mit einem Naßklebestreifen.

Schrägschnittpassepartout mit innen- und außenliegendem zweiten Passepartout

Hier werden die beiden vorher beschriebenen Rahmungen kombiniert. Das heißt, Sie stellen zuerst die Kombination Schrägschnittpassepartout mit innenliegendem zweiten Passepartout her und dann mit dem außenliegenden zweiten Passepartout. Sie schneiden also zuerst das Passepartout (D 1 / **D 2**), dann (B 1 / **B 2**), nun (A 1 / **A 2**) und abschließend (C 1 / **C 2**).

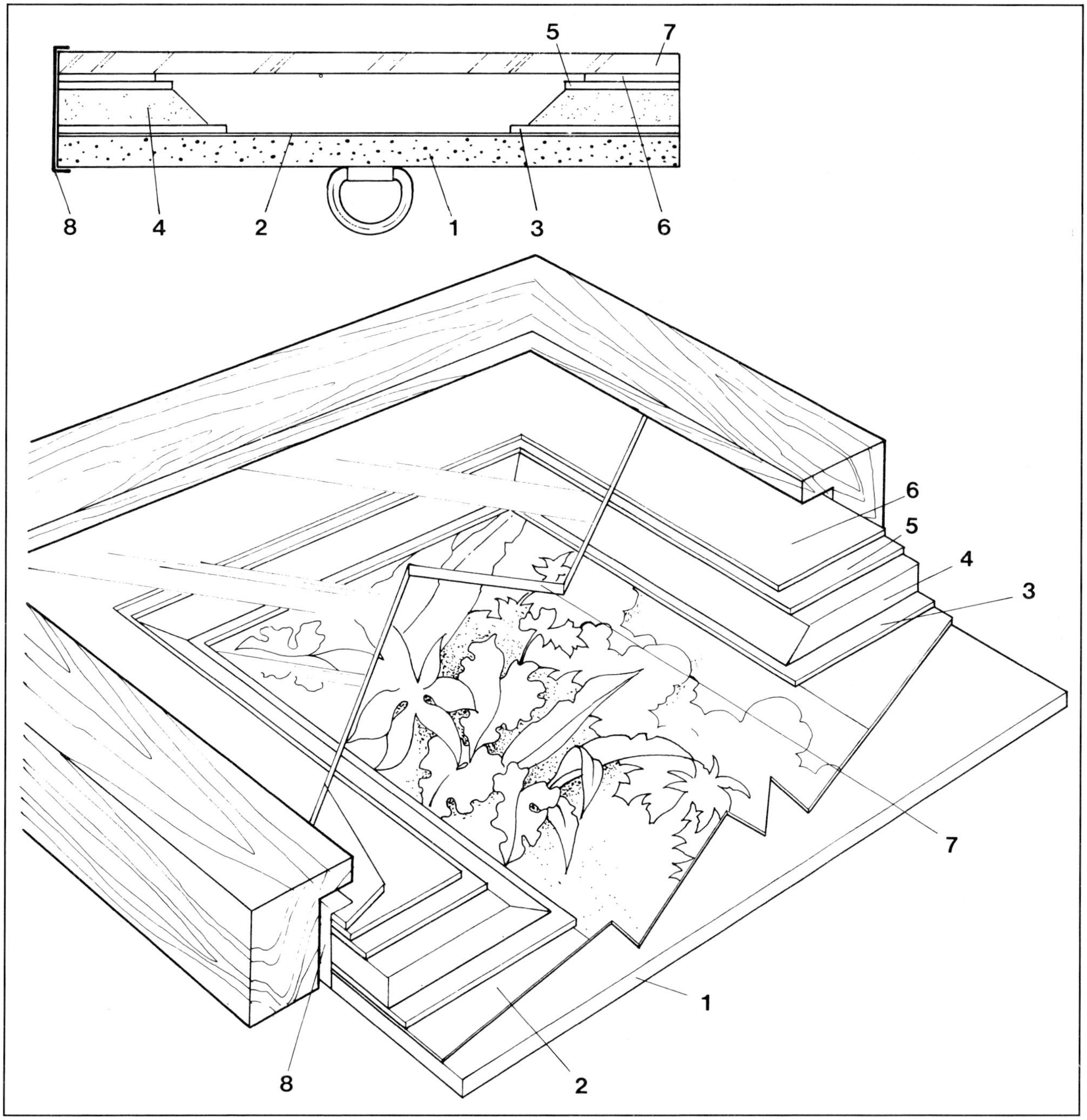

135 Querschnitt durch ein Paket mit außen- und innenliegendem zweiten Passepartout. Das Paket besteht aus:
1. Rückwand mit Bildaufhängung
2. Trägerkarton für das Bild
3. Innenliegendes zweites Passepartout (D 1/D 2)
4. Schrägschnittpassepartout (B 1/B 27)
5. Außenliegendes zweites Passepartout (A 1/A 2)
6. Bezug (C 1/C 2) für das Passepartout
7. Deckglas
8. Dichtungsband aus einem 25 mm breiten Naßklebestreifen

136 Isometrische Darstellung des Pakets mit außen- und innenliegendem zweiten Passepartout. Die Nummern beziehen sich auf die Erläuterungen in Abbildung 135.

137 Ein Aquarell von Jean-Claude Bobin. Das breite Passepartout unterstützt die Wirkung des kleinen Aquarells.

138 Schrägschnittpassepartout mit innen- und außenliegendem zweiten Passepartout. Schrägschnittkanten und zweite Passepartouts sind mit Stoffen bezogen, die mit den Farben des Aquarells korrespondieren.

139 »Der Tod der Ratten«, historischer Stich des 19. Jahrhunderts.

140 Schrägschnittpassepartout mit ungleichen Fensterausschnitten; der Querschnitt des Pakets ist auf Seite 81 zu sehen. Dunkelbraun bemalte Schrägschnittkanten korrespondieren mit den Farben des Bildes und des Rahmens. Durch die verschiedenfarbigen Bezüge der einzelnen Passepartouts entsteht eine zusätzliche räumliche Wirkung.

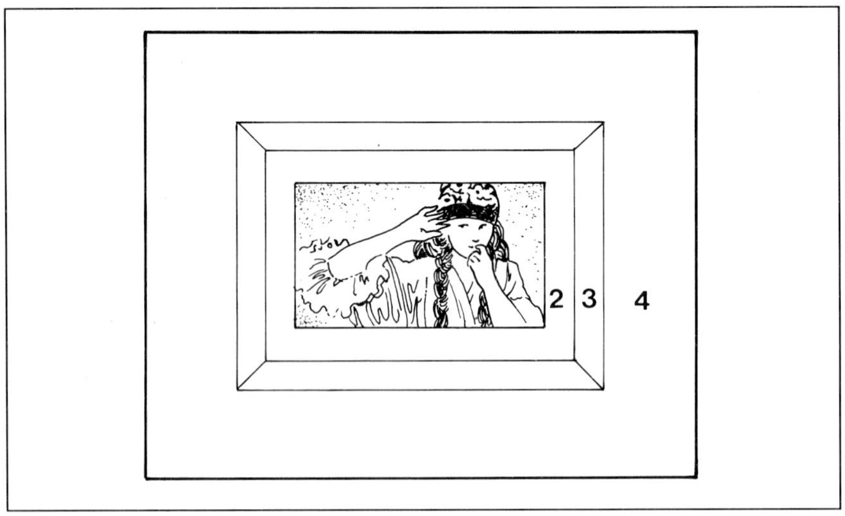

141 Grundriß (Aufsicht) eines Schrägschnittpassepartouts mit vergrößertem Fensterausschnitt; die Zahlen beziehen sich auf die Erklärung in Abbildung 142.

142 Querschnitt durch ein Paket mit vergrößertem Fensterausschnitt. Das Paket besteht aus:
1. Rückwand mit Bildaufhängung
2. Bezug der Rückwand; zugleich Unterlage für das Bild
3. Schrägschnittpassepartout (B 1/B 2)
4. Bezug (C 1/C 2) für das Passepartout
5. Deckglas
6. Dichtungsband aus einem 25 mm breiten Naßklebestreifen

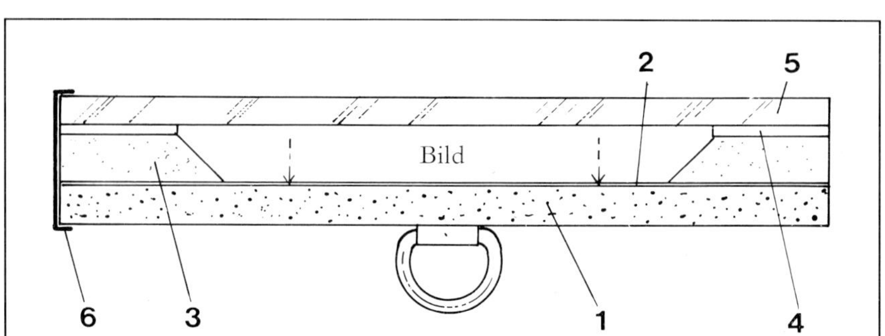

Schrägschnittpassepartout mit vergrößertem Fensterausschnitt

Bei dieser Technik wird das Passepartout so zugeschnitten, daß ein etwa 1,5 bis 2 cm Rand zwischen Bildkante und Passepartoutkante verbleibt. So vergrößern Sie optisch das Motiv.
Für eine 14 × 8,5 cm große Postkarte wählen wir folgende **Abmessungen**: Wenn der Abstand zwischen Bild und Passepartout 1,5 cm sein soll, bedeutet das für die Abmessungen des Fensterausschnitts:
Breite: 14 + 1,5 + 1,5 = 17 cm
Länge: 8,5 + 1,5 + 1,5 = 11,5 cm
Bei einem oberen Rand von 6 cm und einem seitlichen Rand von je 4 cm ergibt sich als Maß für das Passepartout wie auch für die anderen Teile:
Breite: 17 + 4 + 4 = 25 cm
Länge: 11,5 + 6 + 6 = 23,5 cm

Schrägschnittpassepartout (B 1 / **B 2**)

Zeichnen Sie auf der Rückseite die Abmessungen des Fensters und schneiden Sie es schräg aus.

Bezug (C 1 / **C 2**)

Fügen Sie die Teile des Schrägschnittpassepartouts wieder zusammen und legen Sie das Ganze auf die Rückseite des Bezugs (C 1 / **C 2**); beide Rückseiten zeigen zu Ihnen. Halten Sie den Fensterausschnitt B 1 gut fest und entfernen Sie die Passepartoutmaske B 2 vorsichtig. Mit einem Bleistift übertragen Sie die Umrisse des Fensters auf die Rückseite des Bezugs. Schneiden Sie das Fenster so aus, daß die Linien auf der Fläche C 1 verbleiben.
Nun befestigen Sie das Bild mittig auf dem beschichteten Trägerkarton; arbeiten Sie sehr genau, damit der Rand auch absolut gleichmäßig ist.

Zusammenbau

Verbinden Sie die Teile B 2 und C 2 mit etwas Kleber. Nachdem Sie das Bild bereits auf dem Trägerkarton befestigt haben, kleben Sie auf die Rückseite des Passepartouts, etwa 2 mm von den Fensterumrissen entfernt, einige Streifen Aufziehfolie. Entfernen Sie die Abdeckfolie und legen Sie die beiden Teile bündig aufeinander. Der Abstand zwischen Bild und Fensterkanten beträgt genau 1,5 cm, wie gewünscht. Fügen Sie abschließend die restlichen Teile des Pakets hinzu.

Für den Rahmen wählen Sie Leisten, deren Farben mit jenen des so entstehenden »Rahmens« – der Abstand zwischen Bild und Fenster – harmonieren sollte.

Schrägschnittpassepartout mit ungleichen Fensterausschnitten

Bei dieser Technik werden unterschiedlich große Schrägschnittpassepartouts und die dazugehörenden zweiten Passepartouts übereinander angebracht. Der Fensterausschnitt des zweiten Schrägschnittpassepartouts ist 1,5 cm größer als das erste Passepartout.
Interessant ist hier das Zusammenspiel unterschiedlicher Farben oder Muster gerade für die zweiten Passepartouts. Ein gutes Beispiel ist auf Seite 79 zu sehen.
Bei einem 14,5 × 10 cm großen Fensterausschnitt, einem Abstand zwischen den beiden Passepartouts von 1,5 cm und einer Randbreite von 6 cm, ergeben sich für den Trägerkarton wie auch für alle anderen Teile folgende **Abmessungen**:
Breite: 14,5 + 6 + 6 = 26,5 cm
Länge: 10 + 6 + 6 = 22 cm
Vor dem Schneiden der einzelnen Teile markieren Sie alle Kartons mit den entsprechenden Markierungen und Buchstaben.

Unteres Schrägschnittpassepartout (B 1 / **B 2**)

Legen Sie den Karton mit der Rückseite nach oben auf die Schneidunterlage. Zeichnen Sie mit einem Zirkel die Ränder in der entsprechenden Breite sauber an. Schneiden Sie abschließend den Fensterausschnitt schräg aus.

Unteres zweites Passepartout (A 1 / **A 2**)

Dieser Karton ist zugleich der Bezug für das untere Schrägschnittpassepartout (B 1 / **B 2**). Fügen Sie die Teile des Schrägschnittpassepartouts wieder zusammen und legen Sie das Ganze bündig auf die Rückseite des Passepartouts (A 1 / **A 2**); die Rückseiten zeigen zu Ihnen. Halten Sie den Fensterausschnitt B 1 gut fest und entfernen Sie die Passepartoutmaske B 2 vorsichtig.
Mit einem Bleistift zeichnen Sie den Umriß des Fensters auf die Rückseite des Kartons (A 1 / **A 2**). Schneiden Sie das Fenster gerade aus, so daß die Linien auf dem Fensterausschnitt A 2 verbleiben; nicht über die Ecken hinausschneiden!

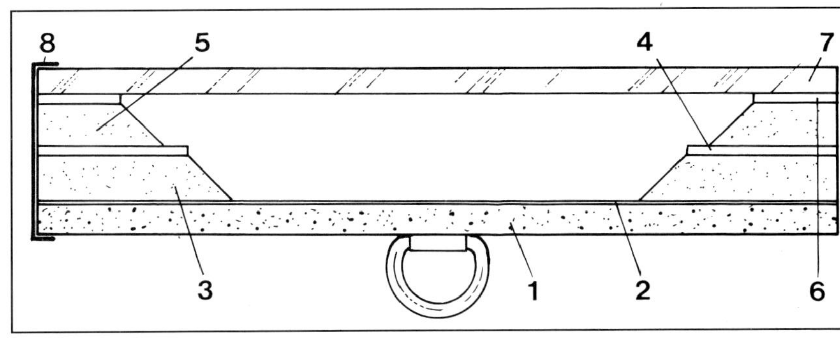

143 Querschnitt durch ein Paket mit ungleichen Fensterausschnitten. Das Paket besteht aus:
1. Rückwand mit Bildaufhängung
2. Trägerkarton für das Bild
3. Schrägschnittpassepartout (B 1/B 2)
4. Bezug (A 1/A 2) für das erste Passepartout
5. Zweites Passepartout (C 1/C 2)
6. Bezug (D 1/D 2) für das zweite Passepartout
7. Deckglas
8. Dichtungsband aus einem 25 mm breiten Naßklebestreifen

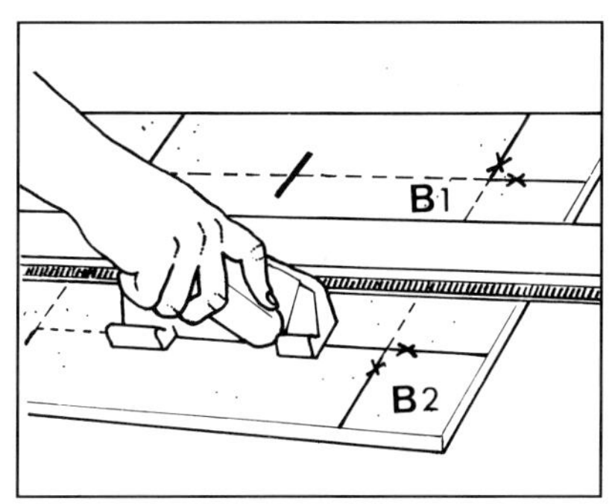

144 Schneiden der Kanten mit einem Passepartoutschneidesystem für das Schrägschnittpassepartout (B 1/B 2).

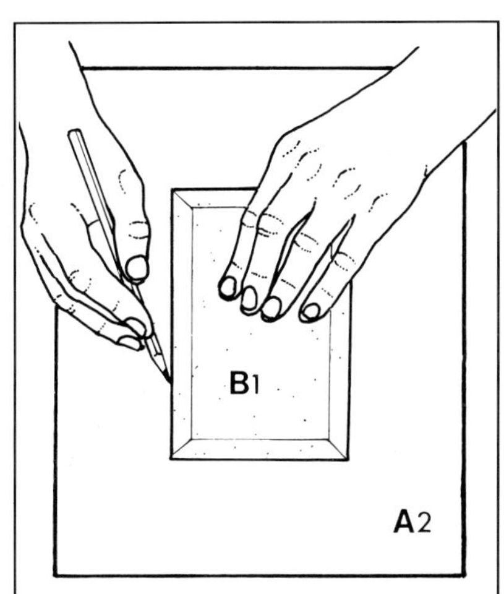

145 Übertragen des Fensterausschnitts B 1 auf die Rückseite des Bezugs für das erste Passepartout.

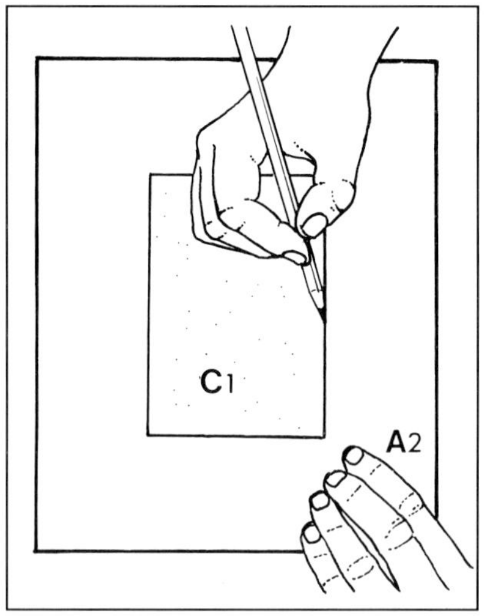

146 Übertragen des Umrisses der Passepartoutmaske A 2 auf die Rückseite des zweiten Passepartouts (C 1/C 2).

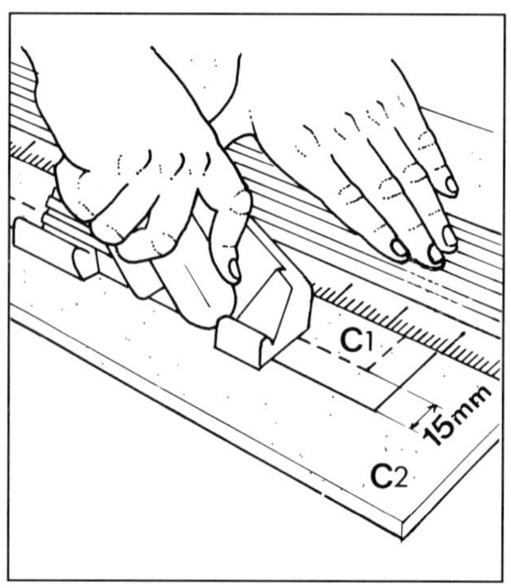

147 Nach dem Übertragen des Fensterausschnitts von A 2 auf die Rückseite des zweiten Passepartouts (C 1/C 2) zeichnen Sie eine zweite Umrißlinie, die 15 mm weiter außen liegt; dort das Passepartout schneiden.

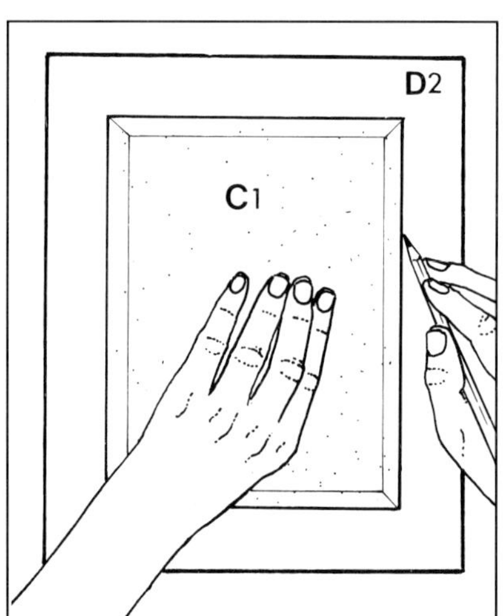

148 Legen Sie den Fensterausschnitt C 1 auf die Rückseite des Bezugs (D 1/D 2) und übertragen Sie den Umriß; die Rückseiten zeigen zu Ihnen!

Oberes Schrägschnittpassepartout (C 1 / **C 2**)

Legen Sie auf die Rückseite des Kartons die Passepartoutmaske A 2; die Rückseiten zeigen zu Ihnen. Zeichnen Sie mit einem feinen Minenbleistift die Umrisse des Fensters auf die Rückseite des Kartons. Entfernen Sie nun die Passepartoutmaske A 2 und zeichnen Sie auf die Rückseite des Kartons (C 1 / **C 2**) ein weiteres, 1,5 cm größeres Fenster. Entlang dieser zweiten Umrißlinie schneiden Sie das Fenster schräg aus.

Oberes zweites Passepartout (D 1 / **D 2**)

Fügen Sie die Teile des Passepartouts (C 1 / **C 2**) wieder zusammen. Legen Sie das Ganze bündig auf die Rückseite des Kartons (D 1 / **D 2**); die Rückseiten der beiden Kartons zeigen zu Ihnen. Halten Sie den Fensterausschnitt C 1 gut fest und entfernen Sie die Passepartoutmaske C 2 vorsichtig. Mit einem Bleistift zeichnen Sie nun die Umrisse des Fensters auf die Rückseite des Kartons (D 1 / **D 2**). Entfernen Sie den Fensterausschnitt C 1 und schneiden Sie das Fenster auf dem Karton (D 1 / **D 2**) sauber aus.

Zusammenbau

Beziehen Sie die Kanten der Schrägschnittpassepartouts mit Papier oder Stoff Ihrer Wahl. Geben Sie auf die Rückseiten der Kartons einige kleinere Streifen der Aufziehfolie und verbinden Sie alle Teile sauber miteinander; auf die Kanten achten! Abschließend »schnüren« Sie das Paket noch mit einem Naßklebestreifen.

Schrägschnittpassepartout mit übereinanderliegenden Fensterausschnitten

Bei dieser Technik werden zwei oder mehrere Schrägschnittpassepartouts übereinandergelegt, um so dem Fensterausschnitt noch mehr Tiefe zu geben. Die Herstellung dieser Schrägschnittpassepartouts ist einfach und eignet sich besonders für Bilder mit Erhebungen oder Stegen, aber auch für dreidimensionale Objekte; ein Beispiel dafür ist die Rahmung auf Seite 85. Sie können die Schrägschnittkanten der Passepartouts einzeln oder gemeinsam beziehen, je nach den von Ihnen gewünschten Effekten. Möchten Sie die Schrägschnittkanten von zwei Schrägschnittpassepartouts auf einmal beziehen, brauchen Sie dafür etwa 3 cm breite Streifen.
Wenn wir von einem 11 × 14 cm großen Fensterausschnitt ausge-

hen: Lassen Sie an drei Seiten einen 4,5 cm breiten Rand und an der unteren Kante einen 6,5 cm breiten Rand. Dies bedeutet für die **Abmessungen** des Trägerkartons wie auch für alle anderen Teile: Breite: 11 + 4,5 + 4,5 = 20 cm, Länge: 14 + 4,5 + 6,5 = 25 cm Kennzeichnen Sie die einzelnen Kartons mit den entsprechenden Markierungen und Buchstaben und schneiden Sie die Fensterausschnitte für die einzelnen Kartons auf einer Glasunterlage.

UNTERES SCHRÄGSCHNITTPASSEPARTOUT (B 1 / **B 2**)

Legen Sie den Karton mit der Rückseite nach oben auf die Schneidunterlage und zeichnen Sie mit Hilfe eines Zirkels die Randbreiten an. Schneiden Sie dann das Fenster schräg aus.

OBERES SCHRÄGSCHNITTPASSEPARTOUT (A 1 / **A 2**)

Fügen Sie die Teile des Kartons (B 1 / **B 2**) wieder sauber zusammen. Legen Sie das Ganze bündig auf die Rückseite des Kartons (A 1 / **A 2**); die Rückseiten der beiden Kartons zeigen zu Ihnen. Halten Sie den Fensterausschnitt B 1 gut fest und entfernen Sie vorsichtig die Passepartoutmaske B 2. Geben Sie acht, daß das Fenster B 1 nicht verrutscht. Zeichnen Sie nun mit einem feinen Minenbleistift die Umrisse des Fensters auf die Rückseite des Kartons (A 1 / **A 2**). Entfernen Sie abschließend das Fenster und schneiden Sie den Fensterausschnitt A 1 schräg aus.

BEZUG (C 1 / **C 2**)

Legen Sie den Bezug mit der Rückseite nach oben auf die Schneidunterlage. Fügen Sie die Teile des Kartons (A 1 / **A 2**) wieder zusammen und geben Sie das Ganze auf die Rückseite des Bezugs; die Rückseiten zeigen zu Ihnen. Halten Sie den Fensterausschnitt A 1 gut fest und entfernen Sie vorsichtig die Passepartoutmaske A 2. Zeichnen Sie nun mit einem Bleistift die Umrisse des Fensterausschnitts A 2 auf die Rückseite des Bezugs (C 1 / **C 2**). Entfernen Sie abschließend den Fensterausschnitt A 1 und schneiden Sie den Fensterausschnitt C 1 sauber aus; bitte nicht über die Ecken hinausschneiden!

Schrägschnittpassepartout aus übereinanderliegenden Kartonstreifen

Bei dieser Technik werden die Schrägschnittpassepartouts aus einzelnen Kartonstreifen zusammengesetzt. Diese Technik eignet sich

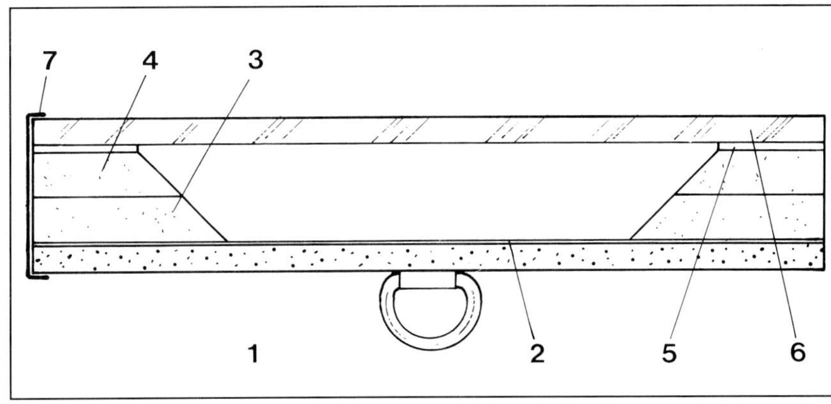

149 Querschnitt durch ein Paket mit übereinanderliegenden Fensterausschnitten. Das Paket besteht aus:
1. Rückwand mit Bildaufhängung
2. Trägerkarton für das Bild
3. Unteres Schrägschnittpassepartout (B 1/B 2)
4. Oberes Schrägschnittpassepartout (A 1/A 2)
5. Bezug (C 1/C 2)
6. Deckglas
7. Dichtungsband aus einem 25 mm breiten Naßklebestreifen

150 Querschnitt durch ein Paket mit übereinanderliegenden Kartonstreifen. Das Paket besteht aus:
1. Rückwand mit Bildaufhängung
2. Trägerkarton für das Bild
3. Streifen mit Schrägschnittkanten für die Passepartouts
4. Bezug für die Streifen
5. Deckglas
6. Dichtungsband aus einem 25 mm breiten Naßklebestreifen

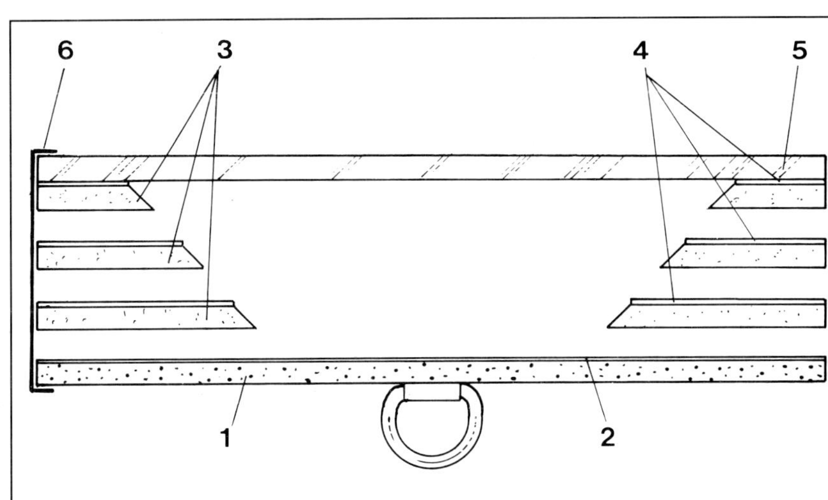

151, 152 Aquarell mit Schrägschnittpassepartout. Die Kanten wurden mit grauem Leinenstoff bezogen, passend zum Motiv des Bildes. Bezug des Passepartouts mit dunkelblauem Stoff; darauf aufgebrachte Silberkörnchen. Einsatzrahmen aus matten und glänzenden Aluminiumleisten.

153, 154 Schrägschnittpassepartout mit übereinanderliegenden Fensterausschnitten. Hier wurden vier Passepartouts übereinander angebracht; die zusätzlichen fünf zweiten Passepartouts erzeugen die notwendige Tiefenwirkung. Das dreidimensionale Bildobjekt wurde auf der Rückwand befestigt, die mit dem gleichen Stoff bezogen wurde wie die einzelnen Passepartouts. Die jeweiligen zwei Passepartouts wurden mit Goldfarbe bemalt oder mit Stoff bezogen. Passend auch ein Rahmen, dessen Relief mit den »Stufen« des Passepartouts in Einklang steht.

gut für Bilder mit Erhebungen oder für dreidimensionale Objekte. Durch die Kartonstreifen entsteht eine hübsche Rahmung mit interessanter Tiefenwirkung; ein Beispiel dafür sind die Abbildungen 158, 159.

Die Technik sieht spektakulär aus, ist aber einfach auszuführen. Für den Bilderrahmen brauchen Sie besondere Winkelleisten (deren Profile an ein »L« erinnern), da das Paket immerhin bis zu 3,5 cm dick werden kann. Sollten Sie eine derartige Rahmenleiste gerade nicht zur Hand haben, können Sie auch die freibleibenden Kanten des Pakets mit einem Papier in der Farbe des Rahmens beziehen oder mit der entsprechenden Farbe bemalen.

Abmessungen für eine 21 × 16,5 cm große Fotografie: Gehen wir davon aus, daß Sie als Bezug für die Streifen weißes Papier oder Gewebe verwenden, eine goldene Rahmenleiste für den Rahmen und daß Sie die Schrägschnittkanten mit Goldpapier beziehen möchten. Um einen sich vergrößernden Fensterausschnitt zu erhalten, sollten die einzelnen Kartonstreifen 7, 6 und 5 cm breit sein. Die Abmessungen für den Trägerkarton wie auch für die anderen Teile sind 35 × 30,5 cm.

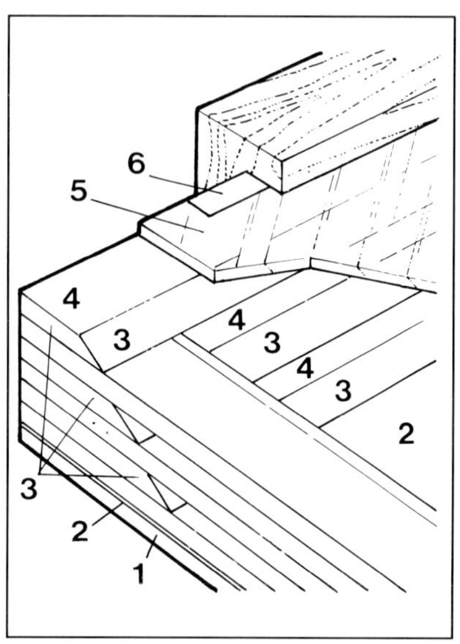

155 Isometrische Ansicht des Pakets von Abbildung 150. Die Nummern werden dort erklärt.

Schneiden der Kartonstreifen

Verwenden Sie zum Schneiden der Kartonstreifen einen ausreichend großen Karton und am besten Ihr Passepartoutschneidesystem; so ist diese Arbeit leicht und sauber auszuführen. Legen Sie den Karton mit der Rückseite zu Ihnen zeigend auf die Schneidunterlage. Legen Sie Ihr Passepartoutschneidesystem möglichst nah an der Kartonkante an und schneiden Sie die erste Schrägschnittkante zu. Tragen Sie auf der Rückseite die Breite des unten liegenden Streifens an (7 cm) und schneiden Sie an dieser Linie den Karton gerade durch. Schneiden Sie ein entsprechend langes Stück ab, so daß Sie aus diesem Streifen die beiden Längen von 35 und 30,5 cm schneiden können. Nach der gleichen Methode schneiden Sie sich die Streifen in den Breiten 6 und 5 cm zu. Abschließend beziehen Sie die Schrägschnittkanten und die Oberflächen der Streifen werden mit den von Ihnen ausgesuchten Bezügen kaschiert.

Schrägschnittpassepartout mit gestutzten Ecken und zweiten Passepartouts

Schrägschnittpassepartouts mit gestutzten Ecken verleihen dem zu rahmenden Kunstwerk Glanz und Raffinesse. Sie erzielen damit ein aufsehenerregendes Ergebnis, das ganz entscheidend von den als schmale Streifen sichtbaren innen- und außenliegenden zweiten Passepartouts abhängt. Bei dieser Technik ist natürlich auch wieder Genauigkeit beim Anzeichnen und Schneiden die Basis für eine erfolgreiche Rahmung. Der 3 mm dicke Karton zwischen Schrägschnittpassepartout und Trägerkarton dient als »Podest«. Durch diesen Karton (in Abb. 156 hat er die Nummer 3) entsteht ein Leerraum, ja eine kleine »Höhle«, in die der Schatten des Schrägschnittpassepartouts fällt. So entsteht zusätzlich zur Rahmung ein interessanter Effekt, der sich durch den Lichteinfall ständig ändert. Der Rand dieses »Podestes« wird zurückgesetzt (1 bis 1,5 cm), so daß er bei der fertigen Rahmung nicht sichtbar ist. Schneiden Sie hier den Fensterausschnitt gerade aus. Eine Alternative wären auch vier Streifen in der entsprechenden Dicke, die Sie um das Bild herum anbringen.

Die **Abmessungen** für einen 20 × 15 cm großen Druck: Da bei den meisten Drucken ein Rand vorhanden ist, genügt in diesem Fall ein 17 × 12 cm großer Fensterausschnitt; das Fenster erhält also eine 1,5 cm kleinere Seitenlänge. Genau diese 1,5 cm werden bei der fertigen Rahmung von dem Schrägschnittpassepartout »überschattet«. Wenn wir als Rand 5,5 cm vorsehen, bedeutet dies für das »Podest« einen 4 cm breiten Rand. Die Abmessungen des Trägerkartons wie auch aller anderen Teile betragen 28 × 23 cm, und die zweiten Passepartouts sollen als 3 mm breite Streifen sichtbar bleiben.

Kennzeichnen Sie die einzelnen Kartons mit den entsprechenden Markierungen und Buchstaben. Schneiden Sie die Kartons am besten auf einer Glasunterlage; die Schnitte werden so sauber und genau.

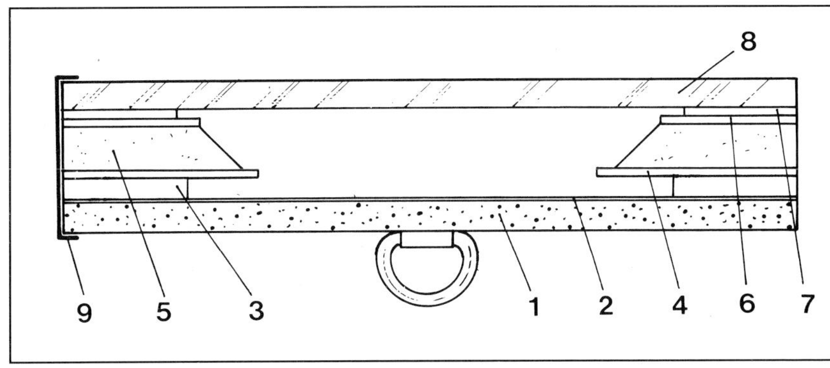

156 Querschnitt durch ein Paket mit einem Passepartout mit »gestutzten« Ecken und innen- und außenliegendem zweiten Passepartout. Das Paket besteht aus:
1. Rückwand mit Bildaufhängung
2. Trägerkarton für das Bild
3. Dazwischenliegender Karton als »Podest«
4. Innenliegendes zweites Passepartout (A 1/A 2)
5. Schrägschnittpassepartout (B 1/B 2)
6. Außenliegendes zweites Passepartout (C 1/C 2)
7. Bezug (D 1/D 2) für das Passepartout
8. Deckglas
9. Dichtungsband aus einem 25 mm breiten Naßklebestreifen

Innenliegendes zweites Passepartout (A 1 / **A 2**)

Zeichnen Sie auf der Rückseite des Kartons die Randbreite von 5,5 cm an und die entsprechenden Eckhilfspunkte, die jeweils 3 cm von den Ecken entfernt auf den Umrißlinien liegen sollten. Nun verbinden Sie die an den Ecken sich befindenden Markierungen, so daß die gestutzten Ecken entstehen. Entlang dieser neuen Umrißlinie schneiden Sie den Fensterausschnitt gerade aus.

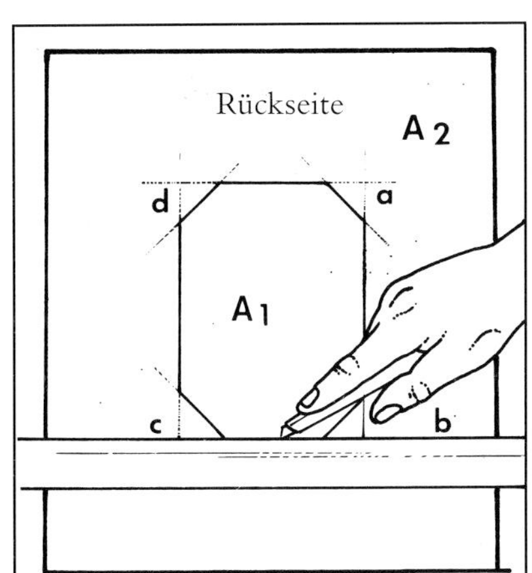

157 Schneiden des innenliegenden zweiten Passepartouts (A 1/A 2); achten Sie auf die gestutzten Ecken (a, b, c, d).

Schrägschnittpassepartout (B 1 / **B 2**)

Legen Sie auf die Rückseite des Kartons (B 1 / **B 2**) die Passepartoutmaske A 2; die Rückseiten zeigen zu Ihnen. Achten Sie darauf, daß die beiden Kartons genau übereinanderliegen. Zeichnen Sie mit

158 Ein Hochzeitsfoto, ungewöhnlich präsentiert.

159 Kartonstreifen mit Schrägschnittkanten sind das Geheimnis dieser Rahmung. Der Querschnitt des Pakets ist in Abbildung 150 zu sehen. Zwölf Streifen sorgen für drei Passepartouts und eine interessante Tiefenwirkung. Die Streifen wurden mit weißem Papier bezogen; die Kanten mit Goldpapier.

160, 161 Pastellzeichnung. Das Passepartout wurde mit weißem Leinenstoff bezogen, um die Farbe des Pastells zur Geltung kommen zu lassen. Interessant die beiden angeschrägten oberen Ecken des Passepartouts. Die Schrägschnittkanten wurden mit Goldpapier bezogen, das mit grüner Farbe gesprenkelt wurde (Abb. 169). Der Glanz des Goldes und das Grün des Rahmens stehen im Einklang mit den Farben des Bildes.

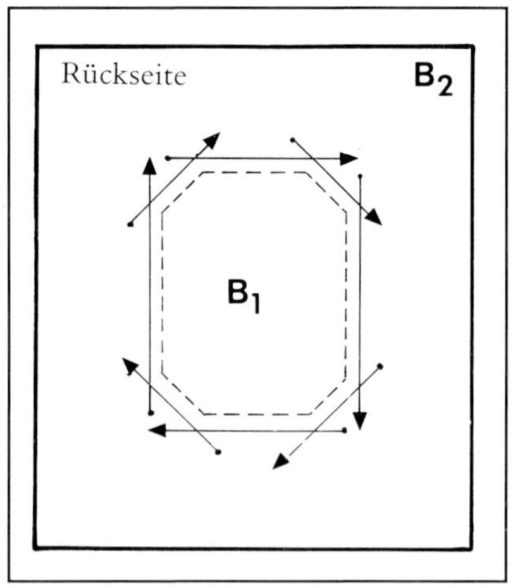

162 Ziehen Sie die Umrißlinie für das Schrägschnittpassepartout (B 1/B 2) um 3 mm nach außen.

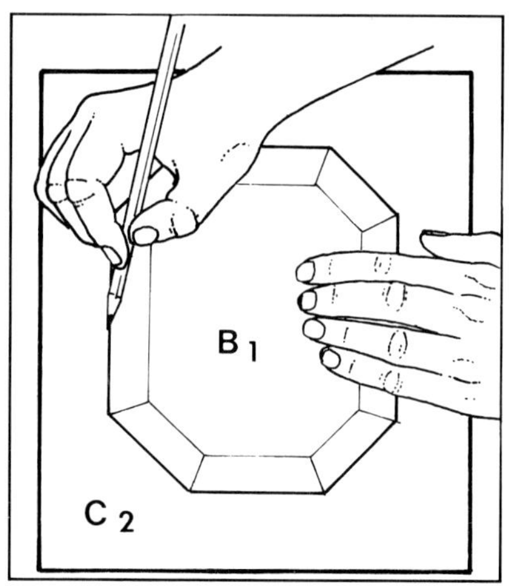

163 Übertragen der Umrisse des Fensterausschnitts B 1 auf die Rückseite des außenliegenden zweiten Passepartouts (C 1/C 2); die Rückseiten zeigen zu Ihnen.

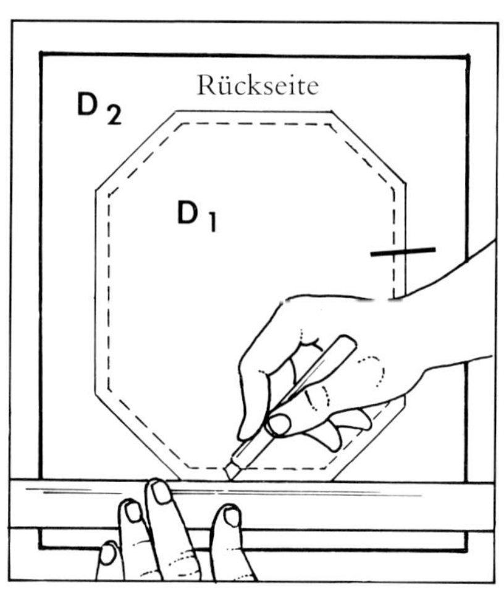

164 Nachdem Sie den Umriß von C 2 auf die Rückseite des Bezugs (D 1/D 2) übertragen haben, ziehen Sie eine zweite, 3 mm weiter außen liegende Umrißlinie, entlang der Sie den Karton schneiden.

einem feinen Minenbleistift die Umrisse des Fensters auf die Rückseite des Kartons (B 1 / **B 2**). Entfernen Sie dann die Passepartoutmaske A 2 und zeichnen Sie ein neues Fenster, das 3 mm größer ist als das bereits vorhandene. Entlang dieser neuen Umrißlinie schneiden Sie das Fenster schräg aus; schneiden Sie dabei ruhig etwas über die Ecken hinaus, die so exakter werden.

Aussenliegendes zweites Passepartout (C 1 / **C 2**)

Fügen Sie die Teile des Schrägschnittpassepartouts (B 1 / **B 2**) wieder zusammen und geben Sie das Ganze bündig auf die Rückseite des Kartons (C 1 / **C 2**); die Rückseiten zeigen zu Ihnen. Halten Sie den Fensterausschnitt B 1 gut fest und entfernen Sie vorsichtig die Passepartoutmaske B 2. Mit einem Bleistift zeichnen Sie die Kontur des Fensters auf die Rückseite des Kartons. Entfernen Sie abschließend den Fensterausschnitt B 1 und schneiden das Fenster C 1 so aus, daß die Linien auf dem Fenster C 1 bleiben.

Bezug (D 1 / **D 2**)

Legen Sie bündig auf die Rückseite des Kartons (D 1 / **D 2**) die Passepartoutmaske C 2; die Rückseiten zeigen zu Ihnen. Mit einem feinen Minenbleistift zeichnen Sie die Kontur des Fensters auf die Rückseite des Kartons (D 1 / **D 2**). Entfernen Sie nun die Passepartoutmaske C 2 und zeichnen Sie ein neues Fenster, das 3 mm größer ist als das bereits vorhandene. Entlang dieser Umrißlinie schneiden Sie das Fenster gerade aus; nicht über die Ecken schneiden!

Beziehen der Kartons

Beziehen Sie die Kartons mit den von Ihnen ausgesuchten Materialien. Achten Sie dabei auf die Farben des Bildes. In unserem Beispiel auf Seite 92 haben wir das zweite Passepartout und das Schrägschnittpassepartout in den Farben der Uniform des Reiters bezogen. Dagegen wurde die Passepartoutmaske D 2 des Bezugs mit einem Lederimitat bezogen, so daß auch der Hinweis auf das Pferd gegeben ist.

Verkleiden der Schrägschnittkanten

Beziehen Sie die Kanten mit einem Papier oder einem Stoff, ganz nach Ihren Vorstellungen und den Farben des Bildes. Verkleiden Sie zuerst die Seiten 1, 2, 3 und 4 (s. Abb. 165). Legen Sie die Streifen auf die entsprechenden Kanten und markieren Sie sich die Ecken mit einem Hilfspunkt. Schneiden Sie dann an diesen Stellen den jeweiligen Streifen im Winkel von 45° ein.

Sodann schneiden Sie sich eine Vorlage für die gestutzten Ecken zu. Legen Sie unter eine gestutzte Ecke einen Streifen Papier: die Hälfte der Breite steht über. Verlängern Sie die Eckkanten in Form von zwei Linien auf dem überstehenden Teil des Streifens (s. Abb. 166) und schneiden Sie entlang dieser Linien den Streifen zu. Zeichnen Sie die Umrisse dieser Vorlage auf die Streifen für die gestutzten Ecken und schneiden die Streifen genau zu.

ZUSAMMENBAU

Damit das Paket auch wirklich genau zusammengebaut wird, ist besonders darauf zu achten, daß die zweiten Passepartouts, die als 3 mm breite Streifen sichtbar sein werden, absolut gleichmäßig verlaufen.

RAHMEN

Verwenden Sie goldene Rahmenleisten mit einer ausreichenden Falzhöhe, mindestens 3,5 cm. Damit das Paket auch sicher in dem Rahmen verbleibt, verwenden Sie Dreieckkanten, die Sie in das Holz des Rahmens treiben. Zum Verstärken der Gehrungen des Rahmens können Sie auf der Rückseite an den vier Ecken Holz-Dreieckkanten oder Gehrungswinkel anbringen.

Schrägschnittpassepartout mit mehreren Fensterausschnitten

Mit Hilfe dieser Technik können Sie mehrere Bilder in einer Rahmung präsentieren. Je nach Größe der Bilder werden die verschiedenen Fensterausschnitte auch unterschiedlich ausfallen. Bedenken Sie jedoch immer vorab Form und Anordnung Ihrer Bilder wie auch der Fensterausschnitte.

Abmessungen für zwei Bilder: Nehmen wir an, Sie möchten zwei Bilder – das Porträt eines Hundes und einer Katze beispielsweise – rahmen.

Der eine Fensterausschnitt B 1 ist 12 × 10 cm groß, der zweite B' 1 14,5 × 10 cm; die Randbreite beträgt 4,5 cm.

Der Abstand zwischen den beiden Fenstern, einschließlich der Schrägschnittkanten, soll 3,5 cm sein.

Daraus errechnen sich die Abmessungen des Trägerkartons wie auch der anderen Teile:

Breite: Randbreite + Breite B 1 + Zwischenraum + Breite B' 1 + Randbreite; oder in Zahlen: 4,5 + 12 + 3,5 + 14,5 + 4,5 = 39 cm

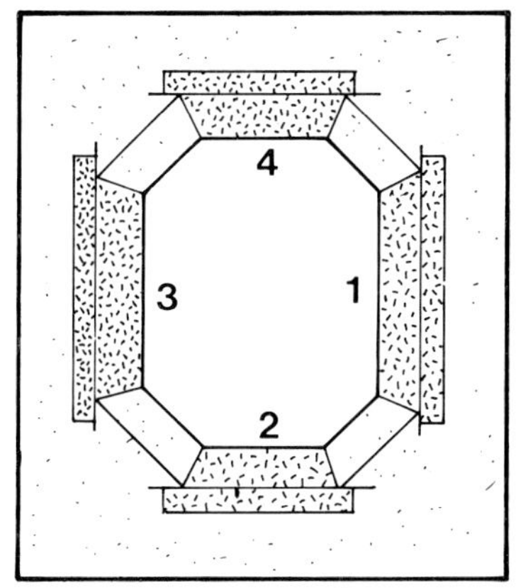

165 Beziehen der Schrägschnittkanten des Passepartouts mit »gestutzten« Ecken. Beginnen Sie mit den Seiten 1, 2, 3 und 4.

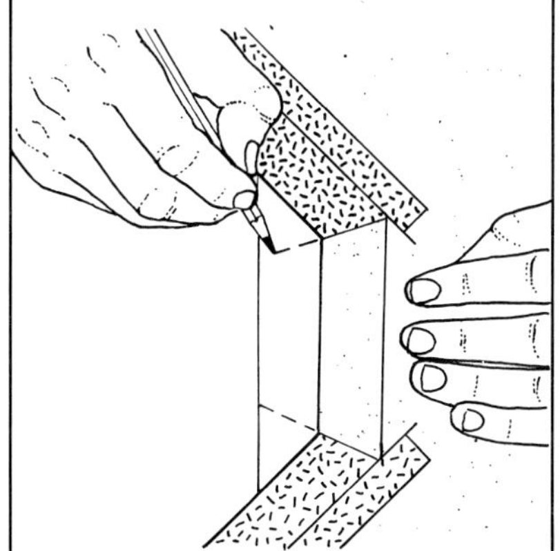

166 Verlängern der Eckkanten auf das darunterliegende Papier.

167 Querschnitt durch ein Paket eines Passepartouts mit mehreren Fensterausschnitten. Das Paket besteht aus:
1. Rückwand mit Bildaufhängung
2. Trägerkarton für das Bild
3. Schrägschnittpassepartout (B 1/B' 1/B 2)
4. Bezug (A 1/A' 1/A 2) für das Passepartout
5. Deckglas
6. Dichtungsband aus einem 25 mm breiten Naßklebestreifen

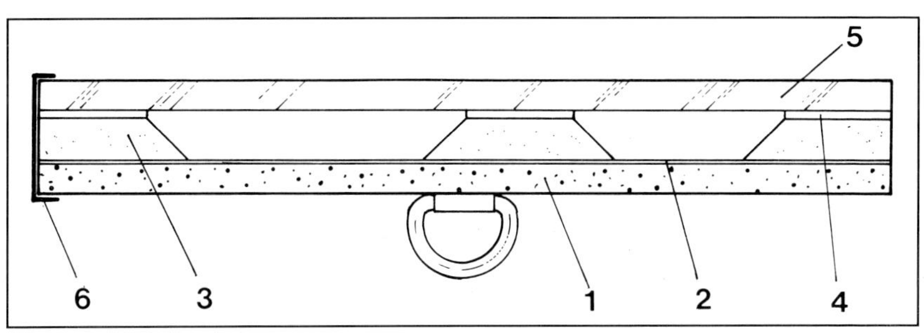

168 Historischer Stich mit »gestutzten« Ecken.

169 Schrägschnittkanten und zweites Passepartout wurden mit rotem und dunkelblauem Stoff bezogen; eine Anlehnung an die Farben der Uniform. Das Braun des Bezugs korrespondiert mit der Farbe des Pferdes.

170 So kommt Ihre Postkartensammlung richtig zur Geltung.

171 Schrägschnittpassepartout mit mehreren Fensterausschnitten. Die Kanten wurden mit Goldpapier bezogen. Das Passepartout aus bräunlichem Papier, um zu dem Farbton der alten Postkarten einen harmonischen Bezug herzustellen.

Länge: Randbreite + Höhe der Bilder + Randbreite; oder in Zahlen: 4,5 + 10 + 4,5 = 19 cm
Zeichnen Sie die entsprechenden Maße auf die Rückseite des Passepartouts und kennzeichnen Sie alle Teile mit den jeweiligen Markierungen und Buchstaben.
Der Fensterausschnitt für das Hundebild aus unserem Beispiel soll links und der für das Katzenbild rechts sein. Damit dies auch später so erscheint, müssen Sie die Abmessungen der Fenster auf der Rückseite des Kartons natürlich genau umgekehrt aufzeichnen! Lassen Sie zwischen den beiden Fenstern den notwendigen Abstand.

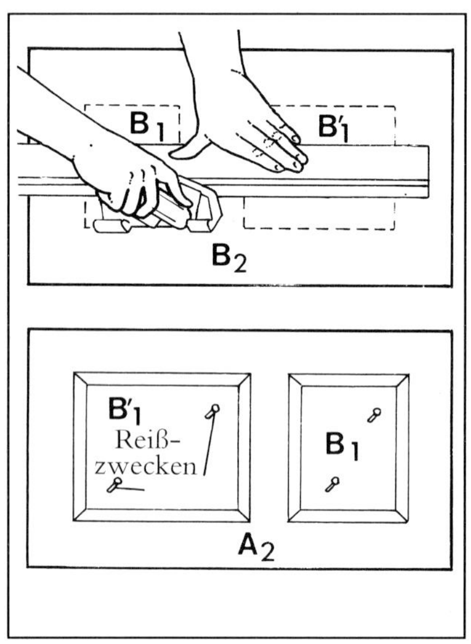

172 Oben: Schneiden der beiden Fensterausschnitte B 1 und B' 1. – Unten: Übertragen der Umrisse von B 1 und B' 1 auf die Rückseite des Bezugs (A 1/A' 1/A 2). Befestigen Sie die Teile mit Reißzwekken, damit sie nicht verrutschen können.

173 Querschnitt durch ein Paket einer doppelseitigen Rahmung. Das Paket besteht aus:
1. Deckglas
2. Bezug (C 1/C 2) für das erste Passepartout
3. Schrägschnittpassepartout (B 1/B 2)
4. Bild
5. Schrägschnittpassepartout (A 1/A 2)
6. Bezug (D 1/D 2) für das zweite Passepartout
7. Deckglas
8. Dichtungsband aus einem 25 mm breiten Naßklebestreifen

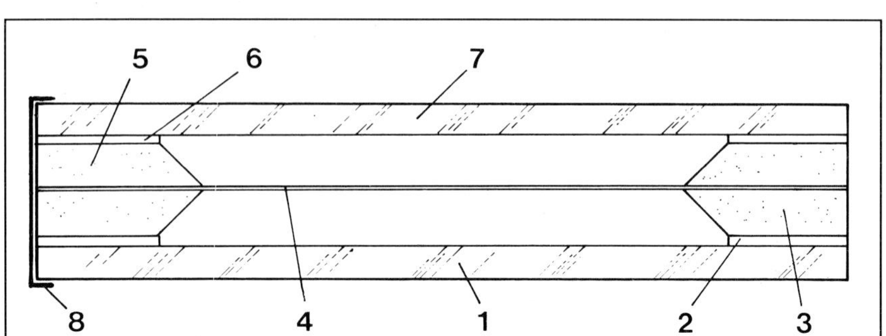

SCHRÄGSCHNITTPASSEPARTOUT (B 1 / B' 1 / **B 2**)

Nachdem Sie auf der Rückseite die Fensterausschnitte in den angegebenen Größen angezeichnet haben, schneiden Sie die beiden Fenster schräg aus.

BEZUG (A 1 / A' 1 / **A 2**)

Fügen Sie die Teile des Schrägschnittpassepartouts wieder sauber zusammen und legen Sie das Ganze bündig auf die Rückseite des Kartons für den Bezug; die Rückseiten der beiden Kartons zeigen zu Ihnen. Fixieren Sie mit Reißzwecken oder Stecknadeln die Fensterausschnitte B 1 und B' 1; so können diese beim Entfernen der Passepartoutmaske B 2 nicht verrutschen. Entfernen Sie die Passepartoutmaske B 2 vorsichtig und zeichnen Sie mit einem Bleistift die Fensterumrisse auf die Rückseite des Bezugs. Entfernen Sie abschließend die Fensterausschnitte und schneiden Sie die neuen Fensterausschnitte A 1 und A' 1 gerade aus; bitte nicht über die Ecken hinausschneiden!
Nun können Sie noch die Schrägschnittkanten mit Papier oder Stoff Ihrer Wahl beziehen und das Paket dann »schnüren«.
Wenn Sie auf der Vorderseite Ihre Maße noch einmal nachmessen, werden Sie feststellen, daß der Abstand zwischen den beiden Fensterausschnitten wie auch die Randbreiten etwas kleiner als geplant sind. Warum? Verantwortlich ist dafür die Neigung der Schnittkanten: sie beträgt etwa 2 × 3 mm. Wenn Sie jedoch genau gearbeitet haben, ändert dies nichts an Ihrer Rahmung, da entscheidend der gleichmäßige Abstand ist – und der ist gegeben.

Schrägschnittpassepartouts für doppelseitige Rahmung

Durch diese Art der Rahmung wird es möglich, daß Sie sich interessante Dokumente von beiden Seiten ansehen können, ohne das Bild immer aus dem Rahmen nehmen zu müssen; Beispiele wären Diplome, Manuskripte, Seiten von Skizzenbüchern ...
Hierfür brauchen Sie zwei Rahmen, da bei dieser Technik im Grunde zwei Schrägschnittpassepartouts Rücken an Rücken montiert werden. Meine Erfahrung hat gezeigt, daß es sich empfiehlt, zunächst das Paket zusammenzubauen und erst dann die entsprechenden Rahmenleisten zu kaufen. Achten Sie beim Kauf der Leisten darauf, daß die Falzhöhe der beiden Rahmen der Höhe (Dicke) des Pakets entspricht. Nur so »verschwindet« das Paket

vollständig in den Falzen der beiden Rahmen. Sollten Sie unterschiedliche Rahmen verwenden, ist ganz entscheidend, daß die Übergänge passen und beide Ausführungen miteinander harmonieren.

Abmessungen für einen 14,5 × 10 cm großen Fensterausschnitt: Nehmen wir eine Randbreite von 5 cm an, so ergibt sich für die Abmessungen des Pakets eine Größe von 24,5 × 20 cm.

Zeichnen Sie sich alle notwendigen Markierungen auf die einzelnen Teile des Pakets; markieren Sie besonders die Vorder- und Rückseite der einzelnen Teile.

Schrägschnittpassepartout (B 1 / **B 2**)

Legen Sie den Karton so auf die Schneidunterlage, daß die Rückseite zu Ihnen zeigt. Zeichnen Sie mit Hilfe eines Zirkels die Randbreite an und schneiden Sie das so entstehende Fenster B 1 schräg aus.

Schrägschnittpassepartout (A 1 / **A 2**)

Legen Sie auf die Rückseite des Kartons (A 1 / **A 2**) die Passepartoutmaske B 2, deren Vorderseite zu Ihnen zeigen sollte! Das heißt, die Rückseiten der beiden Kartons liegen aufeinander.

Übertragen Sie mit einem Bleistift die Umrisse des Fensters auf die Rückseite des Kartons (A 1 / **A 2**) und schneiden Sie das Fenster A 1 schräg aus.

Bezug (C 1 / **C 2**)

Legen Sie auf die Rückseite des Kartons (C 1 / **C 2**) die wieder zusammengefügten Teile des Schrägschnittpassepartouts (B 1 / **B 2**); die Rückseiten zeigen zu Ihnen. Halten Sie den Fensterausschnitt C 1 gut fest und entfernen Sie die Passepartoutmaske B 2. Mit einem Bleistift übertragen Sie den Umriß des Fensters auf die Rückseite des Kartons (C 1 / **C 2**) und schneiden das Fenster C 1 gerade aus, ohne über die Ecken hinauszuschneiden.

Bezug (D 1 / **D 2**)

Legen Sie auf die Rückseite des Kartons (D 1 / **D 2**) die wieder zusammengefügten Teile des Schrägschnittpassepartouts (A 1 / **A 2**); die Rückseiten zeigen zu Ihnen. Halten Sie den Fensterausschnitt A 1 gut fest und entfernen vorsichtig die Passepartoutmaske B 2. Übertragen Sie die Kontur des Fensters auf die Rückseite des Kartons (D 1 / **D 2**), entfernen das Fenster A 1 und schneiden das Fenster D 1 gerade aus.

Zusammenbau

Verkleiden Sie die Schrägschnittkanten mit einem Papier oder Stoff Ihrer Wahl. Befestigen Sie das Bild auf der Rückseite eines der beiden Schrägschnittpassepartouts; wie das geht, steht auf Seite 55. Geben Sie zwischen die einzelnen Teile des Pakets etwas Kleber und legen Sie sie bündig aufeinander; abschließend wird das Paket mit einem Naßklebestreifen »geschnürt«.

Bildaufhängung

Entsprechend dem Gewicht der Rahmung befestigen Sie an der Rückseite eines Rahmens ein oder zwei Klappösen (s. Abb. 175). Verkleben Sie die beiden Rahmen abschließend mit einem Holzleim.

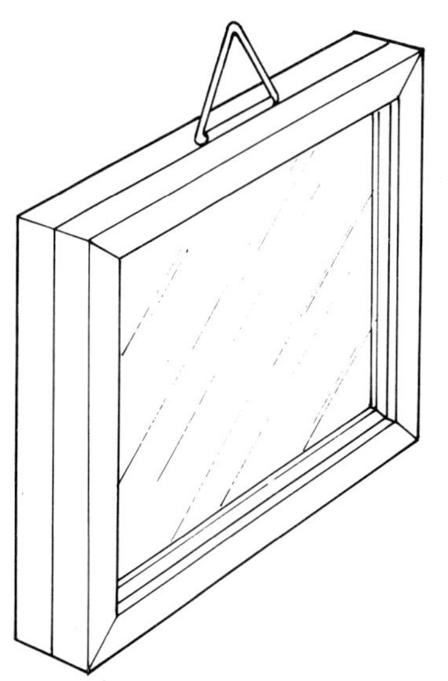

174 Isometrische Ansicht einer doppelseitigen Rahmung.

175 Im Prinzip werden zwei Rahmungen hergestellt und verklebt; dazwischen wird die Bildaufhängung in Form einer Klappöse befestigt.

Umgekehrtes Schrägschnittpassepartout

Umgekehrte Schrägschnittpassepartouts sehen besonders interessant aus, sind aber leider nur recht selten zu finden, was sehr schade ist!

Diese Technik ist besonders für Bilder geeignet, die vollständig gezeigt werden sollen, ohne daß das Bild von einem Passepartout begrenzt wird. Wenn Sie den Querschnitt des umgekehrten Passepartouts einmal genauer betrachten, sehen Sie, daß es sich bei dieser Form der Rahmung um eine leicht modifizierte Form eines Schaukastens handelt.

Wie der Name schon andeutet, handelt es sich um ein Schrägschnittpassepartout, das auf den Kopf gestellt wurde. Bei dieser Technik verwenden Sie genau den Teil, der sonst immer ausgeschnitten wird: den Fensterausschnitt. Während bei einer gewöhnlichen Rahmung das Bild tiefer liegt, ist bei einem umgekehrten Passepartout das Bild »obenauf«.

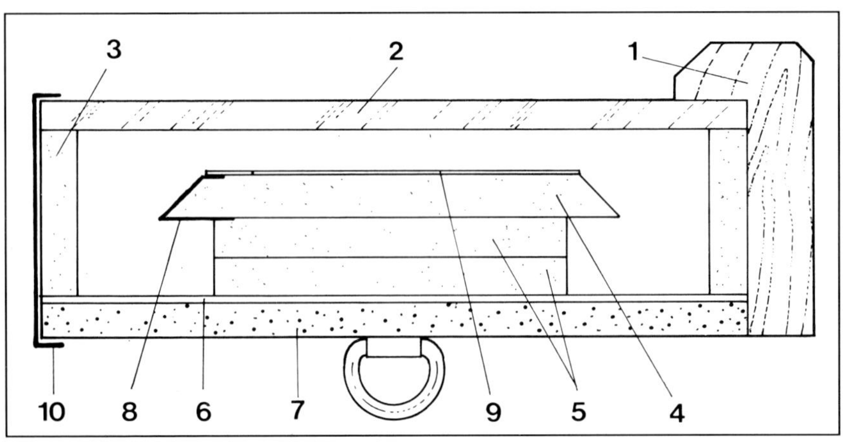

176 Querschnitt durch ein Paket eines umgekehrten Passepartouts. Das Paket besteht aus:
1. Rahmen
2. Deckglas
3. Fester Karton für die Seitenwände
4. Umgekehrtes Passepartout (B 1/B 2)
5. Fester Karton für das »Podest«
6. Bezug für die Rückwand
7. Rückwand mit Bildaufhängung
8. Bezug der Schrägschnittkanten
9. Trägerkarton für das Bild
10. Dichtungsband aus einem 25 mm breiten Naßklebestreifen

Sie können dieses Passepartout direkt auf die Rückwand geben, oder aber – und dies verstärkt noch den Eindruck der Rahmung – Sie geben das Passepartout auf ein »Podest« aus ein oder zwei passend zugeschnittenen Kartons. So entsteht zusätzlich ein interessantes Relief.

»Podest« für das Schrägschnittpassepartout

Verwenden Sie dafür ruhig einen dicken Karton. Schneiden Sie den Karton so zu, daß Breite und Länge etwa 1 bis 2 cm kürzer sind als bei dem Passepartout. So vermeiden Sie, daß das »Podest« sichtbar ist. Möchten Sie für das »Podest« zwei Kartonteile verwenden, verkleben Sie beide Teile mit einer Aufziehfolie.

Seitenwände

Für die Seitenwände des »Schaukastens« nehmen Sie einen 2 mm starken, holzhaltigen Karton, der entsprechend steif ist. Die Seitenwände sollten mit dem gleichen Papier oder Stoff bezogen werden, das auch für das Beziehen der Rückwand verwandt wird. Um das Deckglas an der Innenseite der Rahmenleiste zu befestigen und um den notwendigen Zwischenraum zwischen den verschiedenen Elementen zu haben, kleben Sie die Seitenwände an die Rahmenleiste.

Gewusst wie

Es ist wesentlich einfacher, ein ausreichend großes Stück Karton zu beziehen und dann daraus die Seitenwände in den passenden Größen zu schneiden. So wird dieser Teil der Rahmung zu einer einfachen Arbeit, die aber dennoch Sorgfalt bei der Ausführung erfordert.

Rückwand

Sie können für die Rückwand einen bereits beschichteten oder farblich gestalteten Karton verwenden, oder aber ihn selbst beziehen. Befestigen Sie an der Rückseite der Rückwand die Bildaufhängung und bringen dann auf der Vorderseite mittig das »Podest« an.

Rahmenleiste

Verwenden Sie auch hier wieder ein passendes Winkelprofil. Unterschätzen Sie die Bedeutung der Leiste nicht. Entsprechend der Falzhöhe der Leiste können Sie ein oder zwei Kartons für das »Podest« verwenden, um das Passepartout anzuheben. Sollte die

Falzhöhe für ein »Podest« nicht ausreichen, befestigen Sie das umgekehrte Passepartout direkt auf der Rückwand.

Deckglas

Zunächst einmal gilt es festzuhalten, daß das Deckglas direkt auf den Seitenwänden aufliegt. Kleben Sie das Deckglas auf die Seitenwände, die ihrerseits an der Rahmenleiste befestigt werden. Achten Sie darauf, daß zwischen Deckglas und Bild immer einige Millimeter Zwischenraum bleiben.

Die **Abmessungen** für ein 14,8 × 9,8 cm großes Bild: Schneiden Sie das umgekehrte Passepartout so zu, daß in der Breite und Länge je 1 mm Rand verbleiben. So erhalten Sie einen schmalen Rand zwischen Bild und Schrägschnittkanten, die dadurch noch einmal hervorgehoben werden. So ergibt sich für das umgekehrte Passepartout eine Abmessung von 15 × 10 cm.

Wenn wir von einer Randbreite von 5 cm ausgehen, bedeutet das für die Rückwand eine Größe von 25 × 20 cm.

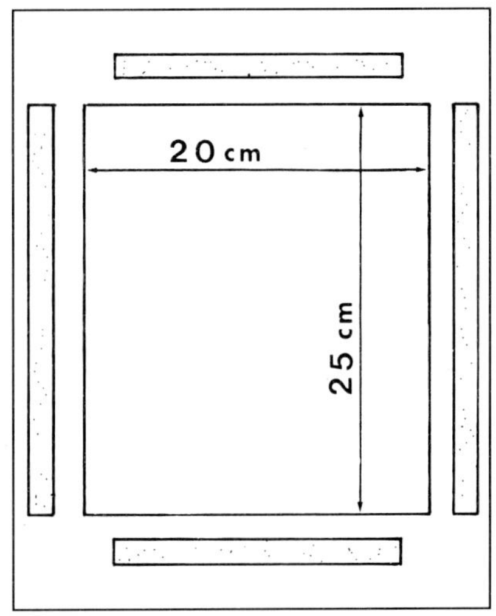

177 Maße der Seitenwände für ein umgekehrtes Passepartout.

Seitenwände

Höhe (Breite) der Seitenwände: Die Falzhöhe unserer Winkelleiste beträgt 19 mm. Um die Breite (Höhe) der Seitenwände zu berechnen, müssen wir von der Falzhöhe die Stärke des Deckglases (2 mm), die Stärke der Rückwand (2 mm) und die Stärke des Bezugs für die Rückwand (1 mm) abziehen; das heißt, insgesamt 5 mm. Dies ergibt eine Breite (Höhe) für die Seitenwände von 14 mm.

Diese 14 mm entsprechen der Addition folgender Teile (die Zahlen in den Klammern beziehen sich auf die Abb. 176):

»Podest« des Passepartouts (5) = 3 mm
Umgekehrtes Passepartout (4) = 3 mm
Verkleidung der Kanten (8) = 1 mm
Bild und Trägerkarton (9) = 2 mm
Zwischenraum Bild und Glas = 5 mm

Für die **Längsseiten** ergibt sich gemäß der Größe der Rückwand ein Maß von 25 cm und für die Breitseiten folglich ein Maß von 20 cm abzüglich zweimal die Stärke des Kartons für die Seitenwände und die Stärke des Bezugs. Kontrollieren Sie am besten vor dem Schneiden die Maße noch einmal sehr genau. In unserem Beispiel erhalten wir so eine Gesamtstärke von 5 mm = (2 × 2 mm) + (2 × 0,5 mm).

Die Breitseiten der Seitenwände haben also die Länge:
20 cm – 0,5 = 19,5 cm.

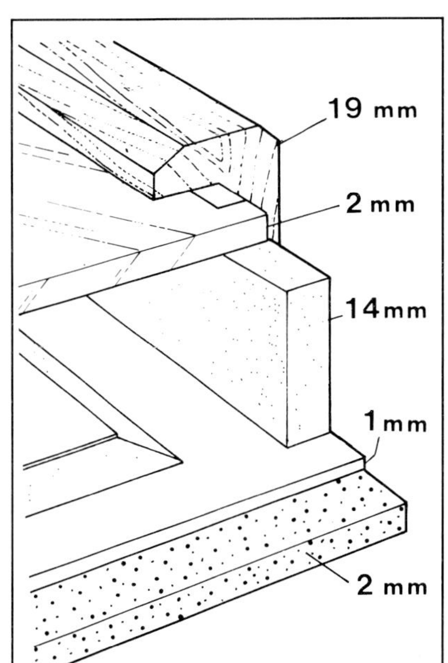

178 Isometrische Ansicht des Pakets für ein umgekehrtes Passepartout mit den Höhen (Dicken) der einzelnen Teile.

Umgekehrtes Schrägschnittpassepartout (B 1 / **B 2**)

Beginnen Sie die Arbeit dafür wie für ein gewöhnliches Schrägschnittpassepartout; wie das geht, steht auf Seite 66 ff. Schneiden Sie das Fenster so aus, daß die Linien des Bleistifts auf dem Fensterausschnitt B 1 verbleiben.

Beziehen des umgekehrten Schrägschnittpassepartouts

Zum Verkleiden der Schrägschnittkanten schneiden Sie vorab 2 cm breite Streifen zu; in der Länge sollten die jeweiligen Streifen 6 cm länger sein als die zu verkleidende Schnittkante. Am leichtesten können Sie mit einer Aufziehfolie die einzelnen Streifen anbringen. Beginnen Sie mit den **Längsseiten**. Legen Sie den passenden Streifen auf die Arbeitsplatte; die Rückseite mit der Klebefolie zeigt zu Ihnen. Legen Sie den Fensterausschnitt B 1 so auf den Streifen, daß ein Drittel des Streifens bedeckt ist und zwei Drittel frei bleiben. Markieren Sie auf dem Streifen die beiden Eckpunkte und schneiden Sie an diesen Stellen die Streifen auf Gehrung. Entfernen Sie nun das Abdeckpapier und verkleiden die Kante. Legen Sie das Fenster sauber an und schlagen den überstehenden Rest des Streifens sauber um; blasenfrei andrücken. Abschließend schneiden Sie die an den Ecken überstehenden Streifendreiecke entlang der jeweiligen Kante bündig ab (s. Abb. 179 oben).

179 Verkleiden der Schrägschnittkanten und abschließendes Anbringen des Trägerkartons.

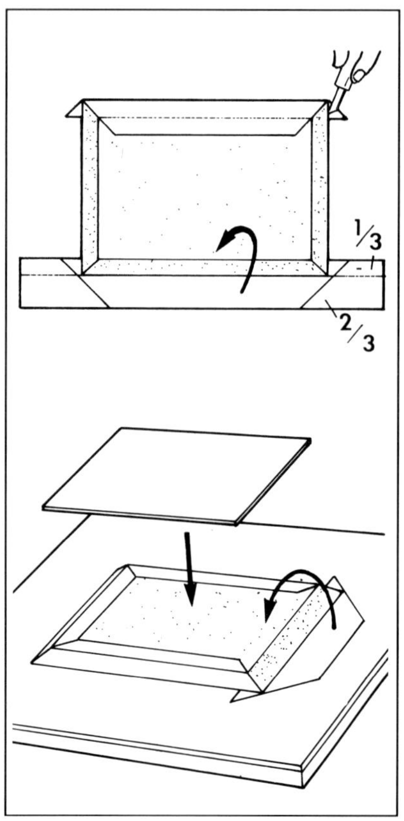

Nachdem Sie die Längsseiten verkleidet haben, verkleiden Sie die **Breitseiten**. Legen Sie den jeweiligen Streifen wieder so hin, daß ein Drittel von dem Fenster bedeckt wird und zwei Drittel frei bleiben. Schneiden Sie an den Eckpunkten den Streifen auf Gehrung und kleben ihn auf die Schrägschnittkante. Abschließend schneiden Sie die überstehenden Eckdreiecke bündig ab.
Nach dem Beziehen der Schrägschnittkanten befestigen Sie entweder einen Trägerkarton auf dem Fensterausschnitt oder fixieren das Bild direkt darauf (s. Abb. 179 unten).

Befestigen des »Podestes«

Befestigen Sie, wenn Ihr »Podest« aus zwei Teilen bestehen sollte, den einen Teil direkt auf der Rückwand und den zweiten Teil direkt an der Rückseite des umgekehrten Schrägschnittpassepartouts. Dies bedeutet natürlich, daß das »Podest« exakt auszumitteln ist.
Fügen Sie die beiden Teile des Passepartouts (B 1 / **B 2**) noch einmal zusammen. Legen Sie das Ganze mit der Rückseite nach oben auf die Arbeitsunterlage. Geben Sie darauf die Rückwand, auf der Sie bereits vorher das »Podest« mittig angebracht haben. Um nun die beiden Kartons auszurichten, nehmen Sie zwei ausreichend lange Kartonstreifen (5 cm), die Sie an die Kanten anlegen; zuerst an die Längs-, dann an die Breitseiten. Liegen nun Rückwand und Passepartout (B 1 / **B 2**) genau übereinander, drücken Sie fest auf die Mitte der Rückwand, damit das »Podest« auch mit dem Fenster B 1 verklebt wird. Heben Sie abschließend die Rückwand vorsichtig wieder hoch und Sie werden sehen, daß das umgekehrte Schrägschnittpassepartout sich genau mittig auf der Rückwand befindet. Denken Sie also bei dieser Technik immer daran, wie wichtig die Passepartoutmaske B 2 für Ihre Arbeit ist.

180, 181 Sammlung von alten Weinflaschenetiketten, präsentiert auf umgekehrten Passepartouts. Der Bezug paßt in seiner Musterung zu den stilisierten Trauben auf den Etiketten.

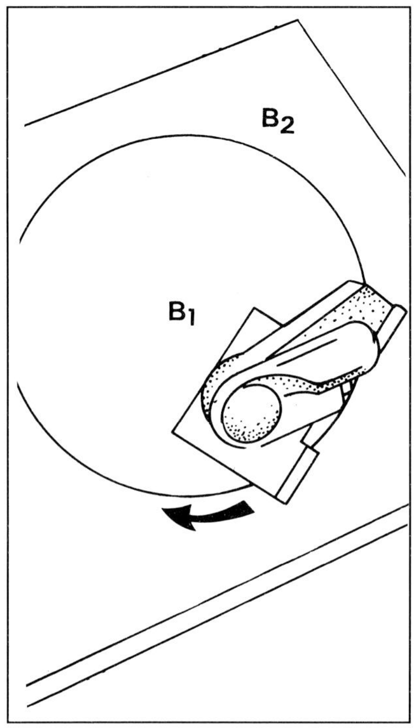

182 Mit dem Handschneider eines Passepartoutschneidesystems lassen sich kreisförmige Fensterausschnitte gut schneiden.

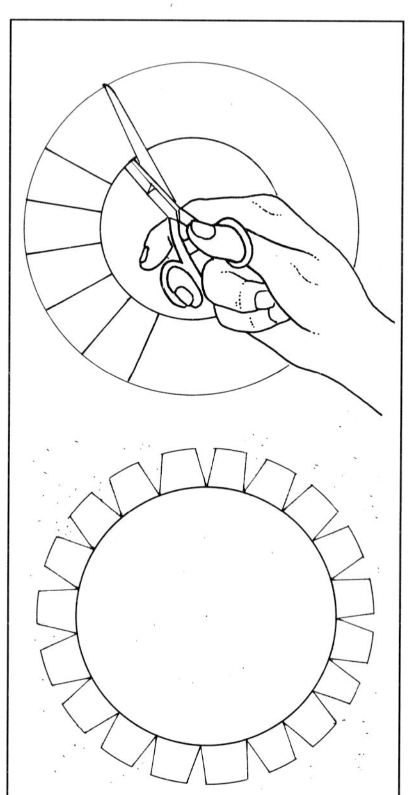

183 Schneiden Sie den Bezug des Passepartouts strahlenförmig ein (oben) und schlagen Sie die einzelnen Teile auf die Rückseite um (unten).

Zusammenbau des Pakets

Legen Sie das Deckglas in den Rahmen und kleben die Seitenwände an die Innenseiten der Falzhöhen des Rahmens fest. Beginnen Sie mit den Längsseiten; schieben Sie dabei die Kartonstreifen an das Deckglas und drücken sie gleichzeitig fest an die Rahmenleiste. Genauso verfahren Sie bei den Breitseiten. Achten Sie darauf, daß Sie das Paket sauber zusammenbauen. Schlagen Sie rückseitig etwa alle 5 cm vorsichtig kleine Nägel in die Rahmenleiste, um so das Paket im Rahmen zu fixieren. Abschließend geben Sie auf die Rückseite der Rückwand rundherum Naßklebestreifen.

Schrägschnittpassepartout mit rundem Fensterausschnitt

Mit etwas Übung ist es kein Problem, aus einem Karton einen runden Fensterausschnitt zu schneiden. Verwenden Sie dafür den Handschneider Ihres Passepartoutschneidesystems. Damit die Schnittkanten auch wirklich sauber werden, wechseln Sie vor dieser Arbeit die Klingen am besten aus.
Legen Sie für ein rundes Fenster den Handschneider genau umgekehrt zu einem gewöhnlichen Schnitt an; er befindet sich nämlich hier außerhalb des Fensterausschnitts (s. Abb. 182). Heben Sie mit zwei Kartonstreifen, die Sie unter den Passepartoutkarton geben, den Karton leicht an. Je nach Bedarf drehen Sie den Karton während des Schneidens. Runde Ausschnitte sollten möglichst auf einmal geschnitten werden. Drücken Sie darum den Handschneider gut an. Achten Sie während des Schneidens darauf, immer entlang der mit einem Zirkel gezeichneten Umrißlinie zu schneiden.
Um kleinere Unregelmäßigkeiten der Schrägschnittkanten zu beseitigen, wickeln Sie einen Streifen feinen Sandpapiers um einen Stift. Fahren Sie damit mehrmals den Kreisausschnitt nach; so korrigieren Sie die während des Schneidens entstandenen Unebenheiten.
Um die Schrägschnittkanten des runden Fensterausschnitts zu verkleiden, schneiden Sie sich kleinere, etwa 3 cm lange Streifen zu, die Sie beim Verkleben immer wieder einschneiden. Ideal ist hier feinstes Goldpapier oder feines Skizzenpapier. Wenn Sie die eingeschnittenen Papierstreifen sauber anlegen, sind die einzelnen Schnitte anschließend kaum mehr sichtbar. Eine Alternative dazu ist natürlich das Bemalen der Schrägschnittkanten.

Schrägschnittpassepartout mit herzförmigem Fensterausschnitt

Finden Sie nicht auch, daß ein herzförmiges Fenster für ein romantisches Foto genau das Richtige ist (vgl. Abb. 186)?
Wenn wir von einem 13 × 13 cm großen Bild ausgehen und einen 4,5 cm breiten Rand wollen, ergibt sich für die Rückwand wie auch für alle anderen Teile ein Maß von 22 × 22 cm.
Zeichnen Sie sich »Ihr« Herz auf. Im Gegensatz zu einem runden Fensterausschnitt müssen Sie hier zwei Schnitte ausführen. Schneiden Sie zuerst entlang der Linie AB und dann entlang der Linie CD (s. Abb. 184).
Beziehen Sie das Passepartout mit einem farbigen, dünnen Karton, auf den Sie einen phantasievollen Stoff oder etwas Tüll geben. Verkleben Sie diese Teile am besten mit Streifen einer Aufziehfolie. Abschließend können Sie noch die Schrägschnittkanten verkleiden.

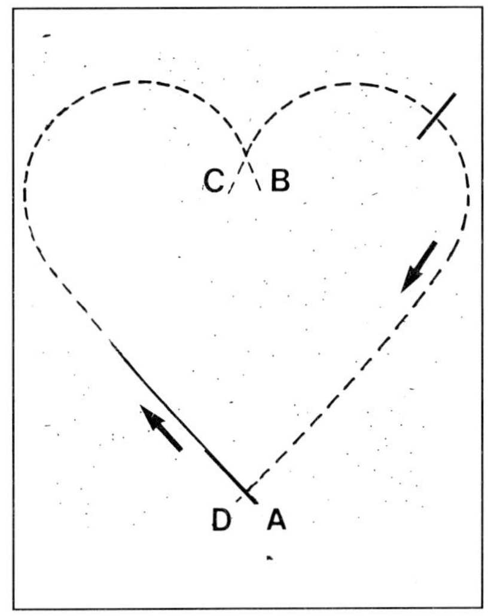

184 Herzförmige Fensterausschnitte schneiden Sie in zwei Schritten; zuerst entlang der Linie AB, dann entlang der Linie CD.

Entgegengesetztes Schrägschnittpassepartout

Bei dieser Art der Rahmung sind sorgfältige Ausführung und exaktes Arbeiten unabdingbar. Bei genauer Einhaltung der hier gegebenen Ratschläge werden Sie sehen, daß auch diese Rahmung dann nicht schwer herzustellen ist.
Die **Abmessungen** für ein 22 × 28 cm (Breite × Länge) großes Bild: Nehmen wir an, Sie wollen an drei Seiten einen 8 cm breiten Rand und an der unteren Seite einen 10,5 cm breiten Rand. Dies bedeutet für die Abmessungen der Rückwand wie aller anderen Teile des Pakets eine Größe von 38 × 46,5 cm.

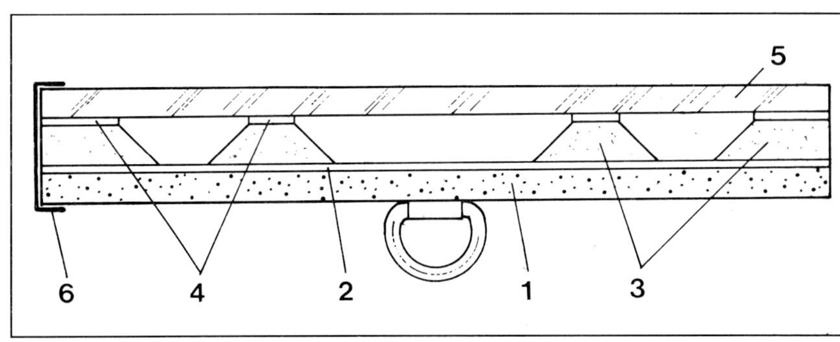

185 Querschnitt durch ein Paket eines entgegengesetzten Passepartouts. Das Paket besteht aus:
1. Rückwand mit Bildaufhängung
2. Trägerkarton für das Bild; zugleich Bezug der Rückwand
3. Schrägschnittpassepartout (B 1/B 2/B 3/B 4)
4. Bezug (A 1/A 2/A 3/A 4) für das Passepartout
5. Deckglas
6. Dichtungsband aus einem 25 mm breiten Naßklebestreifen

Markierungen

Kennzeichnen Sie die Vorder- und Rückseiten der Kartons mit den entsprechenden Hilfskreuzen sowie mittig den Fensterausschnitt des Passepartouts mit dem Buchstaben B 1 und die Passepartoutmaske rechts oben mit B 4; das Fenster des Bezugs mittig mit A 1 und rechts oben mit A 4.

Schrägschnittpassepartout (B 1 / B 2 / B 3 / B 4)

Zeichnen Sie auf die Rückseite des Kartons die Umrißlinie für den Fensterausschnitt B 1 (Linie 1). Nun zeichnen Sie eine zweite Umrißlinie, die 2,5 cm weiter außen aufgetragen wird (Linie 2). Diese beiden Linien markieren den Teil B 2. Eine dritte Umrißlinie, die

186, 187 Ein herzförmiger Fensterausschnitt für die »Herzdame«. Entsprechend der romantischen Stimmung der historischen Fotografie wurde das Passepartout mit einer alten Stickerei bezogen, die auf das Kleid der Dame Bezug nimmt.

188, 189 Die Schwarzweiß-Fotografie, hervorgehoben durch ein umgekehrtes Passepartout, wurde direkt aufgeklebt. Das Schrägschnittpassepartout ist durch ein »Podest« angehoben, um der Rahmung Tiefe zu geben. Der Querschnitt des Pakets ist auf Seite 105 zu sehen. Der Passepartoutkarton wurde mit grauer Gouache bemalt und abschließend mit einem Schwamm abgetupft, so daß ein anregendes Muster entstand. Der Rahmen wurde mit Streifen schwarzen Papiers verziert, die dem Motiv des Fotos entsprechen.

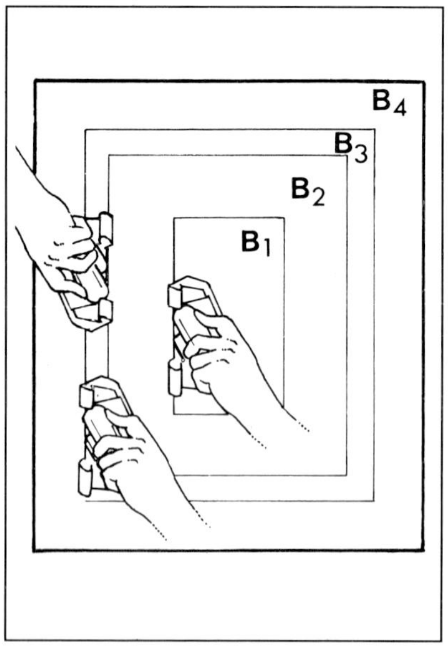

190 Schneiden des Schrägschnittpassepartouts entlang der Linien von innen nach außen; Richtung beachten!

192 So könnte ein Bild mit entgegengesetzten Passepartouts aussehen.
2. Trägerkarton
4. Bezug

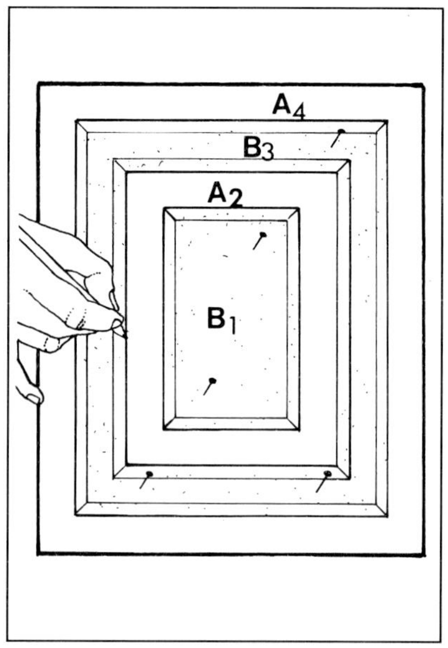

191 Befestigen Sie die Fensterausschnitte B 1 und B 3 mit Reißzwecken, damit sie nicht verrutschen können und übertragen Sie die Umrisse auf die Rückseite des Bezugs.

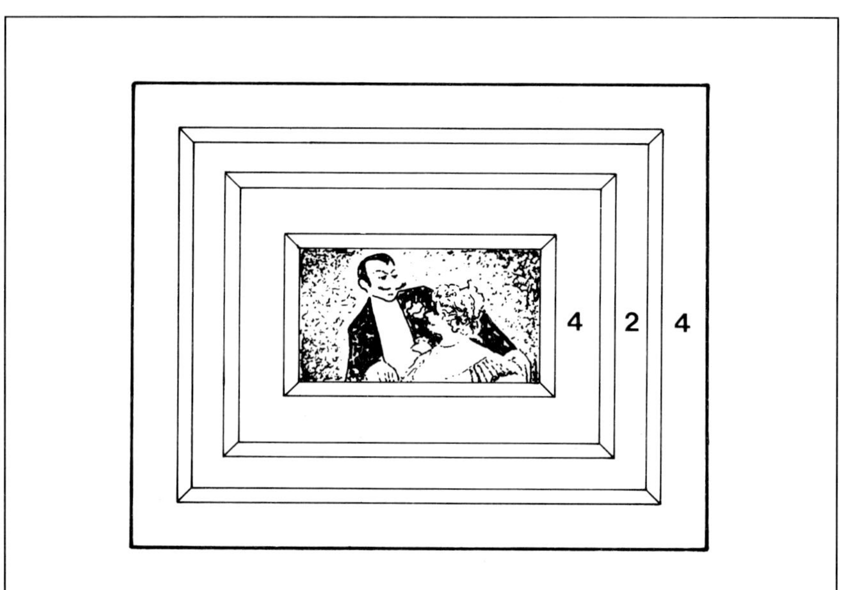

von der Linie 2 1,5 cm entfernt ist, folgt (Linie 3). Die Linien 2 und 3 markieren den Teil B 3. B 4 ist der verbleibende, ganz außen liegende Teil des Passepartouts. Zeichnen Sie auf die Flächen B 2 und B 4 die entsprechenden Hilfskreuze.

Schneiden des entgegengesetzten Schrägschnittpassepartouts

Schneiden Sie den Fensterausschnitt B 1 entlang der Linie 1 schräg aus. In entgegengesetzter Richtung schneiden Sie die Fläche B 2 entlang der Linie 2 schräg aus. Entgegengesetzt zu dem eben gerade ausgeführten Schnitt wird abschließend entlang der Linie 3 die Fläche B 3 ausgeschnitten. Fixieren Sie notfalls vor dem Schneiden die Teile B 2 und B 4, so daß die Schnitte gerade werden.

Schneiden des Bezugs (A 1 / A 2 / A 3 / A 4)

Legen Sie den Karton für den Bezug mit der Rückseite nach oben auf die Arbeitsunterlage. Geben Sie darauf bündig das wieder zusammengefügte Passepartout (B 1 / B 2 / B 3 / B 4); beide Rückseiten zeigen zu Ihnen.
Mit feinen Nadeln fixieren Sie die Teile B 1 und B 3. Achten Sie darauf, daß sie nicht verrutschen. Entfernen Sie vorsichtig die Teile B 2 und B 4. Mit einem Bleistift zeichnen Sie die Umrißlinien auf die Rückseite des Bezugs. Entfernen Sie die Teile B 1 und B 3 und kennzeichnen Sie die Teile A 2 und A 4 des Bezugs mit den entsprechenden Hilfskreuzen. Schneiden Sie abschließend die Teile gerade aus dem Karton des Bezugs; die Bleistiftlinien sollten auf den Flächen A 1 und A 3 verbleiben.

Zusammenbau

Verkleiden Sie die Schrägschnittkanten der Passepartoutmasken B 2 und B 4. Beziehen Sie diese Masken abschließend mit den Teilen A 2 und A 4 und geben Sie die beiden Masken unter eine Presse.

Ausmitteln des Ganzen

Beziehen Sie die Rückwand, an der vorher die Bildaufhängung rückseitig befestigt wurde, mit einem Bezug Ihrer Wahl. Fixieren Sie sodann mittig das zu rahmende Bild darauf.
Fügen Sie die Teile des Passepartouts wieder zusammen und legen Sie das Ganze mit der Rückseite nach oben auf die Arbeitsunterlage. Bestreichen Sie die Passepartoutmasken B 2 und B 4 mit einem säurefreien Stärkekleber. Entfernen Sie vorsichtig den Fensterausschnitt B 1. Geben Sie nun die Rückwand genau bündig auf das

Passepartout; die Kanten liegen direkt übereinander. Drücken Sie die Rückwand gut; legen Sie ruhig auf alles ein schweres Gewicht. Wenn der Kleber angezogen hat, heben Sie die Rückwand an der Bildaufhängung vorsichtig hoch. Die Teile B 1 und B 3 bleiben auf der Arbeitsunterlage liegen und die Passepartoutmasken A 2/B 2 und A 4/B 4 befinden sich exakt ausgemittelt auf der Rückwand (s. Abb. 193). Abschließend wird noch das Paket »geschnürt«.

Angehobenes Schrägschnittpassepartout mit umgekehrtem Schrägschnittpassepartout

Dies ist nun wirklich etwas für die Künstler unter Ihnen. Bis jetzt mag Ihnen vielleicht ein einziges Schnittprofil genügt haben.
Was halten Sie aber von der Kombination zweier unterschiedlicher Rahmungen: ein Schrägschnittpassepartout auf einem »Podest« und Ihr Bild in einem umgekehrten Schrägschnittpassepartout?
Wie so etwas fertig wirkt, sehen Sie auf den Abbildungen 188 und 189. Spielen Sie mit den Möglichkeiten und Techniken und lösen Sie sich von der Vorstellung »ein Passepartout und eine Schrägschnittkante«. In unserem Fall schneiden Sie zuerst das Schrägschnittpassepartout zu, setzen es auf ein »Podest« und erstellen dann das umgekehrte Schrägschnittpassepartout für Ihr Bild. Wichtig ist, daß Sie sich vorab über den Abstand zwischen beiden Passepartouts im klaren sind. Beziehen der Passepartouts und Verkleiden der Schrägschnittkanten sind wie immer die letzten Arbeitsschritte.
Denken Sie beim Ausmitteln des umgekehrten Passepartouts an die vorher beschriebenen Vorsichtsmaßnahmen und, ganz wichtig, beachten Sie für die Höhe des »Podestes« immer die Falzhöhe der Rahmenleiste!

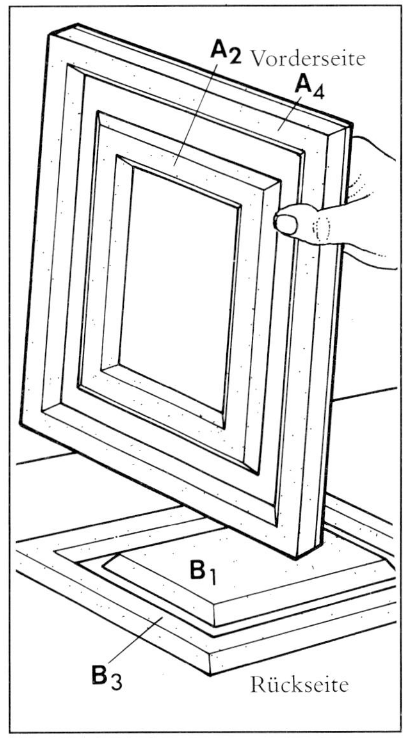

193 Ausmitteln der entgegengesetzten Passepartouts. Die auf der Rückseite mit Kleber bestrichenen Teile A 2/B 2 und A 4/B 4 bleiben an der Rückwand haften, während die Teile B 1 und B 3 auf der Arbeitsunterlage verbleiben.

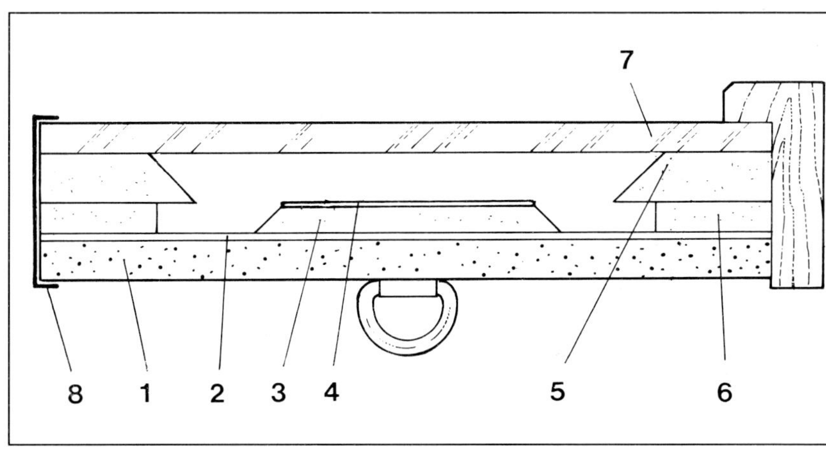

194 Querschnitt durch das Paket eines angehobenen Passepartouts mit umgekehrtem Passepartout. Das Paket besteht aus:
1. Rückwand mit Bildaufhängung
2. Trägerkarton für das Bild; zugleich Bezug für die Rückwand
3. Umgekehrtes Schrägschnittpassepartout
4. Bild
5. Schrägschnittpassepartout
6. Fester Karton für das »Podest«
7. Deckglas
8. Dichtungsband aus einem 25 mm breiten Naßklebestreifen

»Falsches« Schrägschnittpassepartout

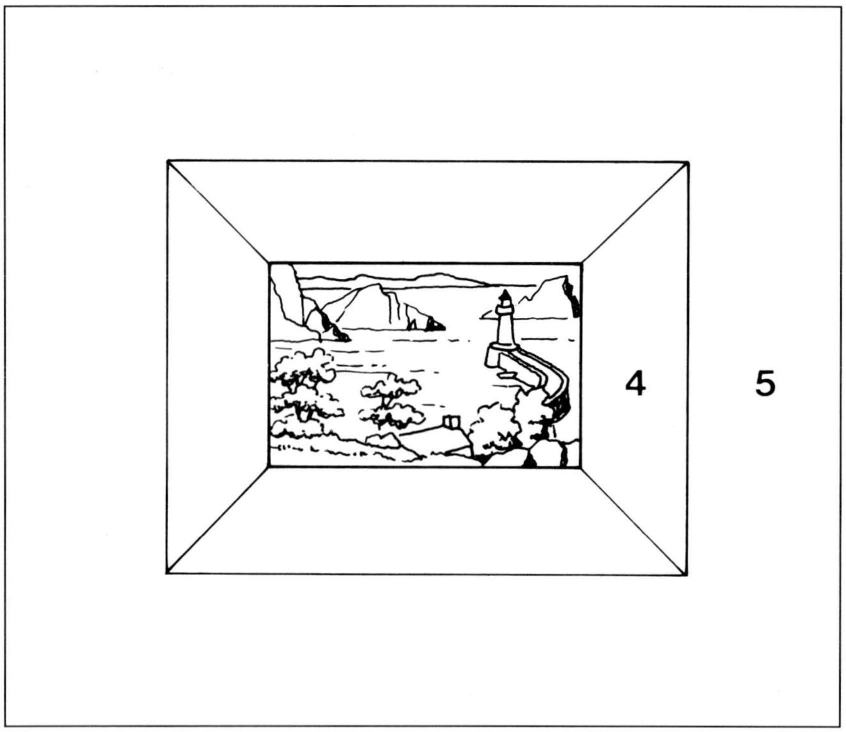

195 Ausladende Schrägen verstärken die Wirkung des Bildes.
4. Schrägschnittkanten
5. Bezug des »Falschen« Passepartouts

196 Querschnitt durch das Paket eines »Falschen« Passepartouts.
Das Paket besteht aus:
1. Rückwand mit Bildaufhängung
2. Trägerkarton für das Bild
3. Karton für die Auflagefläche (B 1/B 2)
4. »Falsches« Passepartout (C 1/C 2)
5. Bezug (A 1/A 2) für das Passepartout
6. Deckglas
7. Dichtungsband aus einem 25 mm breiten Naßklebestreifen

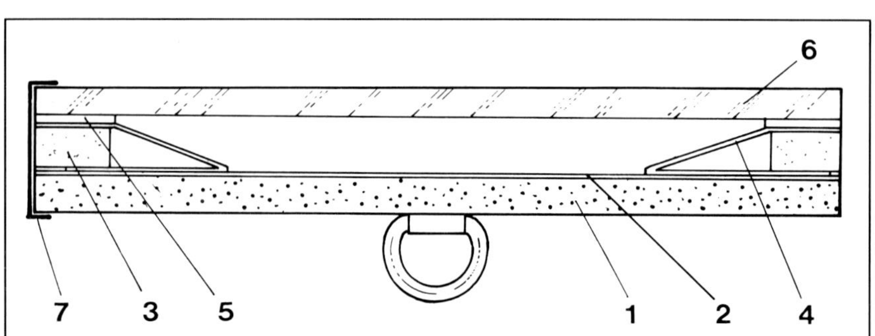

Eines der Geheimnisse alter Rahmungstradition ist das »Falsche« oder »Französische« Schrägschnittpassepartout.
Mit diesen Passepartouts lassen sich Schrägschnittkanten von mindestens 2 cm Breite herstellen, oder aber – und da wird es nun wirklich spannend – Schrägschnittkanten von unterschiedlicher Breite.
Der Trick besteht darin, daß die Schrägschnittkanten nicht aus dem Karton geschnitten, sondern aus einem dünnen Passepartoutkarton gefaltet und dann um eine entsprechend zugeschnittene Passepartoutmaske gelegt werden. Um einen Karton aber falten zu können, müssen Sie diesen an den entsprechenden Stellen sauber einschneiden.

»Falsches« Schrägschnittpassepartout mit rechteckigem Fensterausschnitt

Abmessungen für ein 14 × 10 cm (Breite × Länge) großes Bild: Wenn wir von einem 4,5 cm breiten Rand ausgehen, so bedeutet dies für die Abmessungen der Rückwand wie auch aller anderen Teile eine Größe von 23 × 19 cm. Die Breite unserer Schrägschnittkanten soll 1 cm sein.

Bezug (A 1 / **A 2**)

Zeichnen Sie auf die Rückseite des Kartons mit einem Zirkel die Randbreiten an. Schneiden Sie den so entstandenen Fensterausschnitt A 1 gerade aus.

Stütze (Auflage) (B 1 / **B 2**)

Legen Sie auf die Rückseite des Kartons den Teil A 2 des Bezugs; die Kanten liegen bündig übereinander. Mit einem feinen Minenbleistift übertragen Sie die Umrißlinie des Fensters auf die Rückseite des Kartons (B 1 / **B 2**). Schneiden Sie den Fensterausschnitt B 1 gerade aus.

»Falsches« Schrägschnittpassepartout (C 1 / **C 2**)

Legen Sie auf die Rückseite des dünnen Passepartoutkartons (C 1 / **C 2**) bündig den Teil B 2 der Stütze. Übertragen Sie das Fenster auf die Rückseite des Kartons (C 1 / **C 2**); diese Umrißlinie ist unsere Linie 1. Entfernen Sie den Teil B 2 und zeichnen Sie eine zweite Umrißlinie, die 1 cm weiter innen liegt als die Linie 1; unsere Linie 2. An dieser Linie 2 beginnt die Neigung. Das heißt, hier

werden die vorher angezeichneten Linien nur auf halbe Kartonstärke eingeschnitten.
Nun zeichnen Sie eine Umrißlinie, die von der Linie 2 1 cm weiter innen liegt; unsere Linie 3. Sie erinnern sich, die Breite unserer Schrägschnittkanten sollte 1 cm sein. Auch entlang dieser Linie 3 schneiden Sie den Karton nur ein (s. Abb. 199).
Abschließend zeichnen Sie eine Linie 4, die 2,5 cm von Linie 3 weiter innen liegt. Die so entstandene Fläche zwischen Linie 3 und 4 wird zum Schluß auf die Rückseite der Stütze B2 umgeschlagen und dort verklebt.
Schneiden Sie entlang der Linie 4 den Karton vollständig durch. Zeichnen Sie von den innersten Ecken an bis zu den Ecken der Linie 2 die entsprechenden Diagonalen und schneiden entlang dieser Linien den Karton wieder vollständig durch.
Falten Sie nun die Schrägschnittkanten, die zwischen den Linien 2 und 3 entstanden sind (s. Abb. 201 oben.) Bestreichen Sie die Stütze B2 an der Vorderseite mit einer dünnen Schicht Kleber und geben Sie darauf den entsprechenden Teil des »Falschen« Schrägschnittpassepartouts: die Fläche zwischen Linie 2 und Rand. Abschließend kleben Sie die zwischen Linie 3 und 4 entstandene Fläche auf die Rückseite der Stütze B2 (s. Abb. 201 unten). Legen Sie das Ganze unter eine Presse.
Nach dem Kleben des »Falschen« Schrägschnittpassepartouts müssen Sie noch die in den Ecken verbleibenden Freiräume schließen. Schneiden Sie sich dafür in der entsprechenden Breite der Schrägschnittkante (die Breite der Kante ist hier die Höhe des Dreiecks) kleinere Dreiecke zu. Falten Sie diese Dreiecke in der Mitte, bevor Sie sie ankleben (s. Abb. 200). So entsteht eine durchgehende Schrägschnittkante, die abschließend mit Papier oder Stoff verkleidet werden kann.

Verkleiden der Schrägschnittkanten

Hier brauchen Sie wesentlich breitere Streifen als für ein gewöhnliches Schrägschnittpassepartout. Rechnen Sie mit etwa 4 cm für eine 1 cm breite Schrägschnittkante.
Die Längen der Streifen entsprechen den Längen und Breiten des Fensterausschnitts plus 5 bis 6 cm.
Verfahren Sie beim Verkleiden wie bei gewöhnlichen Kanten; wie das geht, steht auf Seite 70.
Damit die einzelnen Streifen in den Ecken auch sauber auf Stoß liegen, das heißt sauber aneinanderstoßen, ziehen Sie von dem Längenmaß jeweils 1 mm ab.

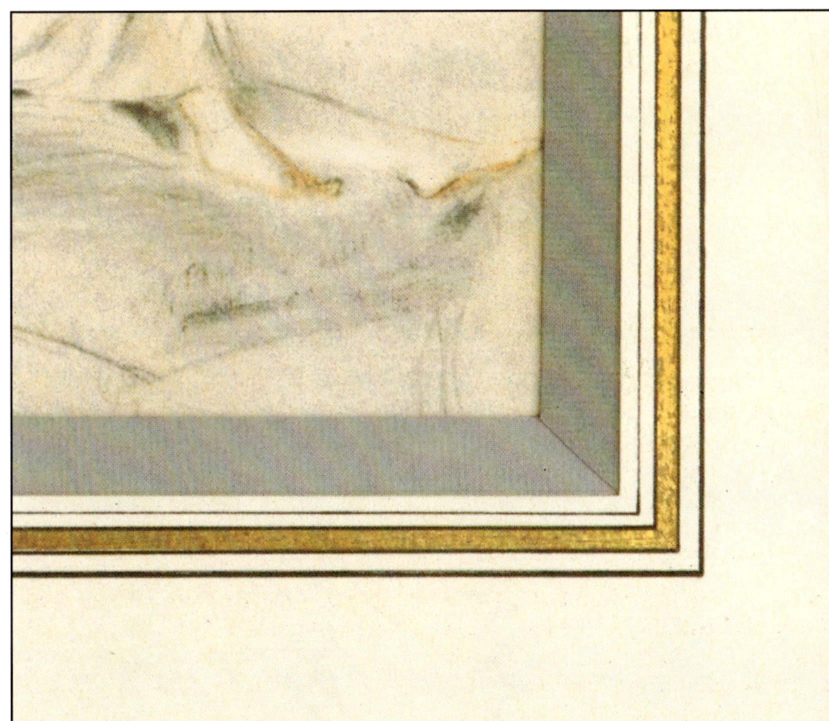

197, 198 Rötelzeichnung mit Kohle. Deutlich zu sehen ist das ausladende »Falsche« Passepartout; Ausarbeitung mit Tuschlinien und Goldlasur; Louis-XIV-Rahmen.

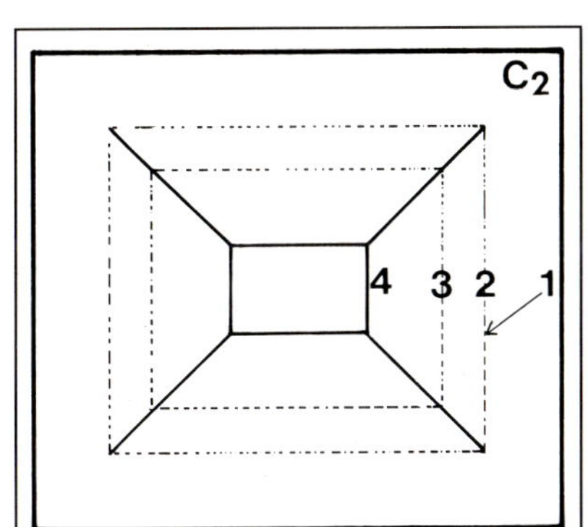

**199 Zeichnen Sie sich vor dem Schneiden und Falten des »Falschen« Passepartouts alle vier Hilfslinien genau auf.
Volle Linie: Schneiden des Kartons
Gepunktete Linie: Einschneiden des Kartons für das Falten**

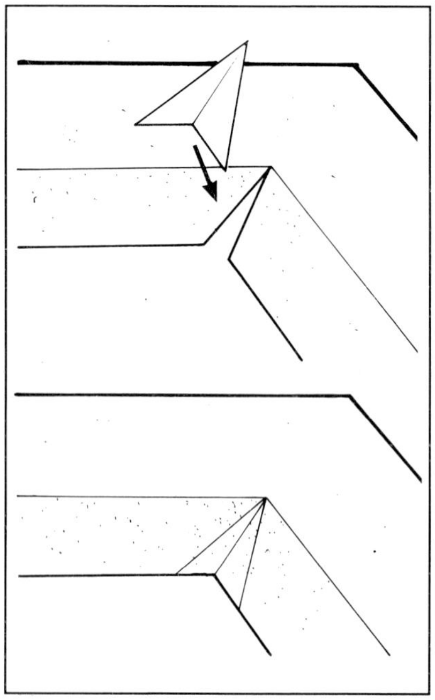

200 **In den Ecken setzen Sie passend zugeschnittene Dreiecke ein.**

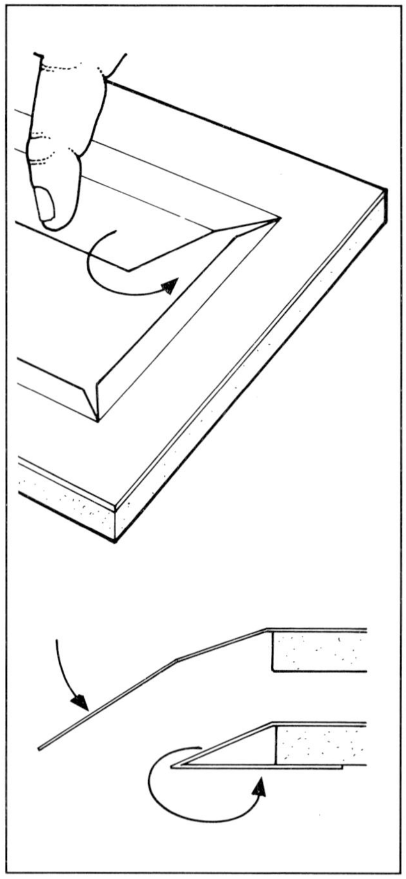

201 **Ausbilden der Schrägen; entsprechend den Falzen werden die Teile umgeschlagen und auf die Auflagefläche geklebt.**

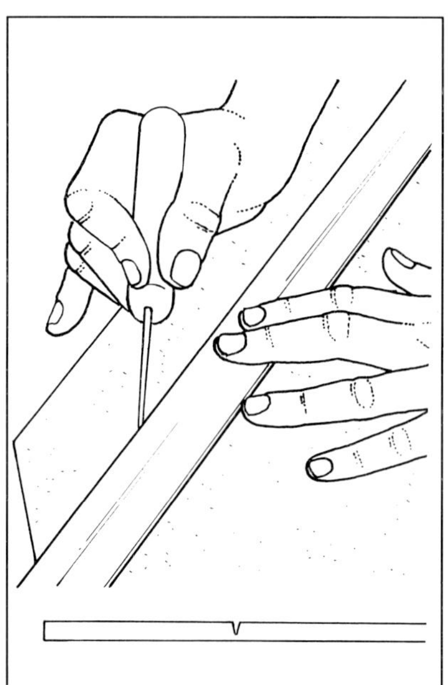

202 **Damit Sie den Karton falten können, müssen Sie ihn einschneiden; vorsichtiges Schneiden ist unbedingt anzuraten!**

Einschneiden von Karton

Damit beim Falten des Kartons die Kanten auch sauber werden, können Sie die eingeschnittenen Linien mit Hilfe eines Stichels noch besser profilieren. Fahren Sie auf der Rückseite über die dort angezeichneten Linien, so daß die Einkerbung verstärkt wird. Drehen Sie zur Kontrolle den Karton um: Auf der Vorderseite sollte die eingekerbte Linie sich durchgedrückt haben, ohne daß die Kartonoberfläche gebrochen (gerissen) ist. Nun können Sie den Karton falten und erhalten eine saubere, durchgehende Kante.
Sollte die Einkerbung zu tief geraten sein, kaschieren Sie die Rückseite des Kartons mit einem Klebestreifen; Sie verstärken damit die etwas lose gewordene Verbindung.

»Falsches« Schrägschnittpassepartout mit ovalem Fensterausschnitt

Zeichnen Sie auf die Rückseite des Kartons (A 1 / **A 2**) für das »Falsche« Schrägschnittpassepartout die Maße für das Fenster und die Breite der Schrägschnittkanten auf. Schneiden Sie das Fenster sauber aus und am Beginn der Kante den Karton ein. Bei einem ovalen Fensterausschnitt gibt es keinen Teil, der auf die Rückseite der Stütze C 2 umgelegt wird. Die Kante des Fensters wird vielmehr an einer innenliegenden zweiten Passepartoutmaske B 2 befestigt. Hierbei ist es ganz hübsch, wenn Sie die Kanten nicht direkt aufeinander stoßen lassen, sondern einen kleineren Rand vorsehen, den Sie vielleicht mit Goldfarbe bemalen können. Verwenden Sie für das »Falsche« Schrägschnittpassepartout einen recht dünnen Karton.
Arbeiten Sie auf einer Glasunterlage; die Schnitte werden sauber. Kennzeichnen Sie die einzelnen Kartons mit den entsprechenden Markierungen.

»Falsches« Schrägschnittpassepartout (A 1 / **A 2**)

Zeichnen Sie auf die Rückseite den ovalen Fensterausschnitt und ein zweites Oval, das 6 mm größer sein sollte. Entlang dieser Linie schneiden Sie den Karton nur ein. Schneiden Sie abschließend das Fenster ganz heraus.

Innenliegendes zweites Passepartout (B 1 / **B 2**)

Legen Sie auf die Rückseite des Kartons (B 1 / **B 2**) die ovale Passepartoutmaske A2. Zeichnen Sie den Umriß des Fensters auf die Rückseite, entfernen die Maske und zeichnen ein zweites Oval, das 3 mm kleiner sein sollte. Diese Fläche ist der dann sichtbare Teil des zweiten Passepartouts, den Sie mit Goldfarbe bemalen können. Schneiden Sie entlang der inneren Umrißlinie das Fenster aus.

Stütze (Auflage) (C1/**C2**)

Dieser Karton bildet die Auflage für Ihr Passepartout. Legen Sie auf die Rückseite des Kartons (C1/**C2**) die Passepartoutmaske A2 und übertragen Sie den ovalen Fensterausschnitt. Entfernen Sie die Passepartoutmaske A2 und zeichnen Sie ein zweites 15 mm größeres Oval. Entlang dieses neuen Ovals schneiden Sie den Karton gerade durch.

Kleben der Kartons

Bestreichen Sie die Rückseite der Stütze C2 mit einer dünnen Kleberschicht und verkleben Sie diesen Teil mit der Maske des innenliegenden zweiten Passepartouts B2; achten Sie auf das genaue Übereinanderliegen der Kanten.
Bestreichen Sie nun die Rückseite der Passepartoutmaske des »Falschen« Schrägschnittpassepartouts A2 mit einer dünnen Kleberschicht und kleben Sie die Maske auf die Stütze C2; auf die Außenkanten achten; nun falten Sie die Neigung entlang des Falzes, so daß eine ovale Schrägschnittkante entsteht. Drücken Sie die innere Kante gut auf das innenliegende zweite Passepartout.
Abschließend legen Sie das Ganze noch unter eine Presse, so daß auch alles plan verklebt wird.

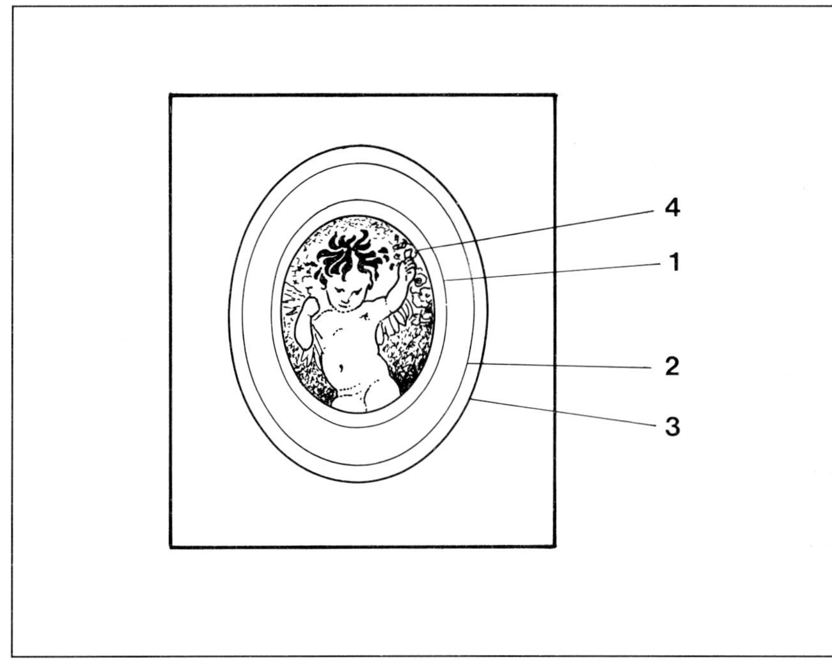

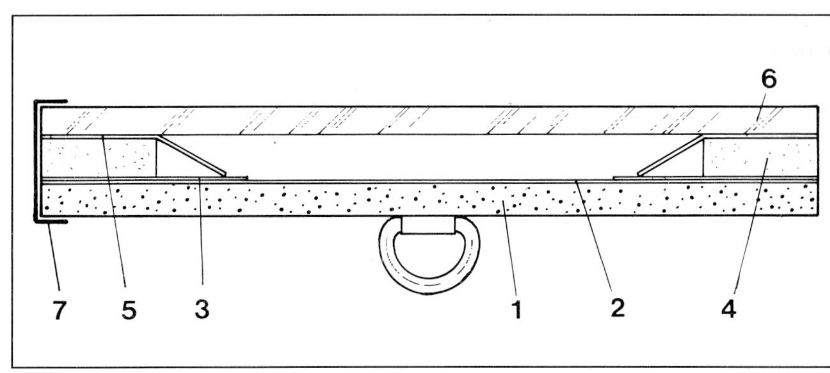

203 Draufsicht eines »Falschen« Passepartouts mit ovalem Fensterausschnitt; die Nummern 1–4 entsprechen den in der Abbildung 204 erläuterten Punkten.

204 Querschnitt durch das Paket eines »Falschen« Passepartouts mit ovalem Fensterausschnitt. Das Paket besteht aus:
1. Rückwand mit Bildaufhängung
2. Trägerkarton für das Bild
3. Dünner Karton für das innenliegende zweite Passepartout (B1/B2)
4. Karton für die Auflagefläche (C1/C2)
5. »Falsches« Passepartout (A1/A2)
6. Deckglas
7. Dichtungsband aus einem 25 mm breiten Naßklebestreifen

Herstellen von Rahmen

205 Kombination eines Louis-XIV-Rahmens mit einem schlichten schwarz-goldenen Rahmen.

206 Übertragen Sie die Maße der Längen auf die Rahmenleiste. Achten Sie dabei auf die Gehrungen. Ziffern 1–8 bezeichnen die Reihenfolge der Schnitte.

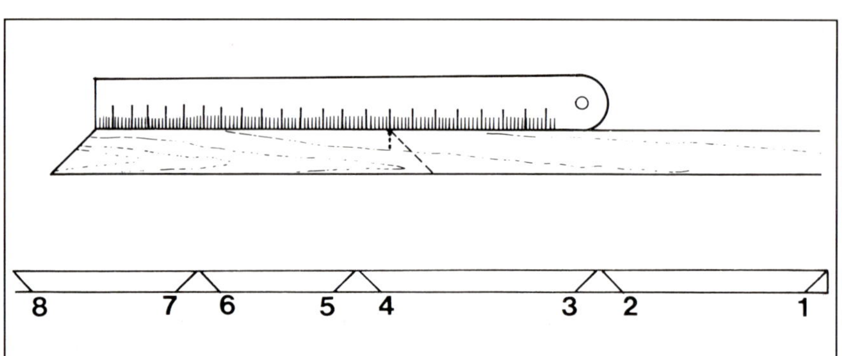

Die Wahl der richtigen Rahmenleiste und das Herstellen von Rahmen sind ganz wichtige und grundlegende Punkte bei einer gelungenen Rahmung. Die schönsten Bilder, die phantasievollsten Verbindungen von Schrägschnittpassepartouts können durch einen nicht passenden oder schlecht zusammengebauten Rahmen ganz erheblich von ihrem Reiz verlieren. Wählen Sie darum erst nach der Herstellung Ihres Pakets die passenden Rahmenleisten aus. Legen Sie sie vorab probeweise an, um zu sehen, ob auch alles stimmig ist. Wenn Sie so verfahren, können Sie entsprechend tiefe Leisten auswählen, die passenden Farben der Leisten usw.

Messen und Schneiden der Rahmenleisten

Wieviel »Meter« Rahmenleiste braucht man?
Um zu wissen, wie lang die komplette Rahmenleiste sein muß, addieren Sie bitte folgende Maße:
– Umfang des Pakets
– 8mal die Falzbreite der Rahmenleiste und
– 10 cm als Sicherheit für den Verschnitt.
Für ein 27,5 × 21 cm großes Paket brauchen Sie also:
Umfang des Pakets: 97 cm
Falzbreite der Leiste: 2 cm
Sicherheitsüberstand: 10 cm
Die Rechnung ist: 97 + (8 × 2) + 10 = 123 cm

Masse für das Schneiden der Rahmenleisten

Ich trage die notwendigen Maße an der Innenseite der Leiste auf. Schneiden Sie vorab eine Seite auf Gehrung und tragen dann die Länge des Pakets auf. Dazu muß ihnen die Falzbreite der Rahmenleiste bekannt sein; sie kann, je nach Art der Leiste, zwischen 3 und 15 mm variieren. Verwenden Sie zum Auftragen der Maße ein gutes Lineal und übertragen Sie die einzelnen Maße mit großer Sorgfalt.
Um nun die Längen der jeweiligen Leisten zu berechnen, gehen Sie wie folgt vor:
Von dem jeweiligen Längenmaß des Pakets ziehen Sie zweimal die Falzbreite ab und addieren 0,2 cm (als Spielraum für das saubere Einpassen des Pakets).
Dies bedeutet bei einem 27,5 × 21 cm großen Paket und einer Falzbreite von 0,5 cm, daß die Leisten folgendermaßen auf Gehrung geschnitten werden müssen:

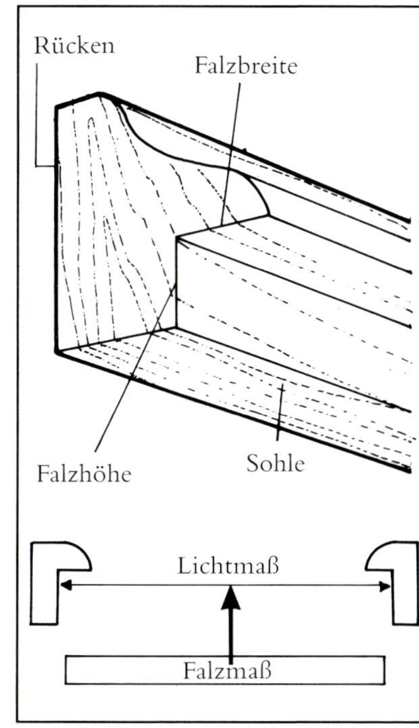

208 Entscheidend für das Schneiden der Rahmenleiste sind das Licht- und Falzmaß.

207 Dies sind nur einige wenige Rahmenleisten aus einer schier unerschöpflichen Vielfalt.

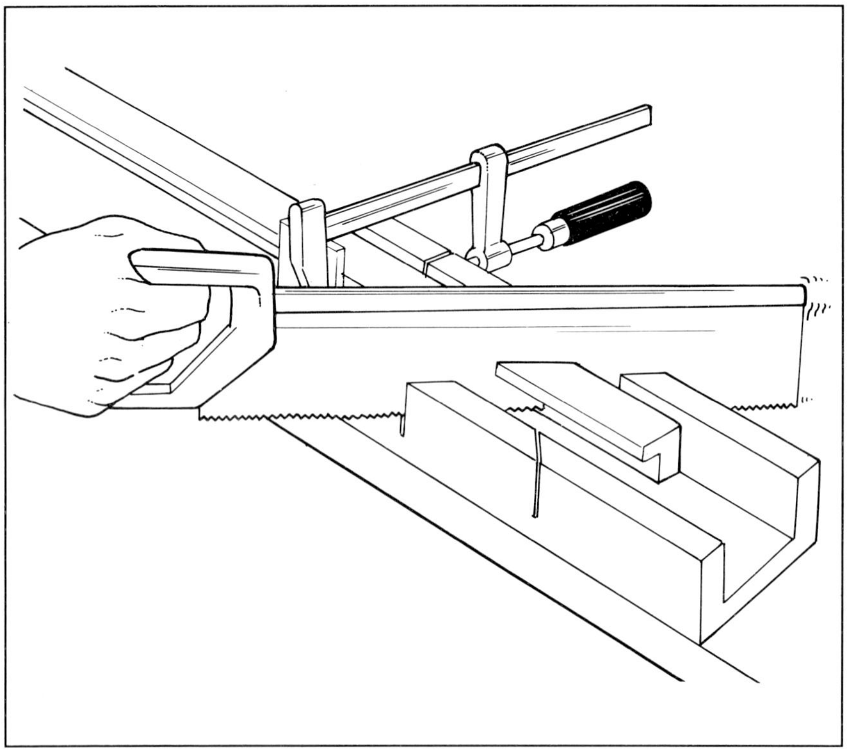

209 Nach dem Einspannen in die Gehrungslade wird zu Beginn das rechte Ende der Leiste auf Gehrung geschnitten.

210 Übertragen der Maßlänge auf die Rahmenleiste.

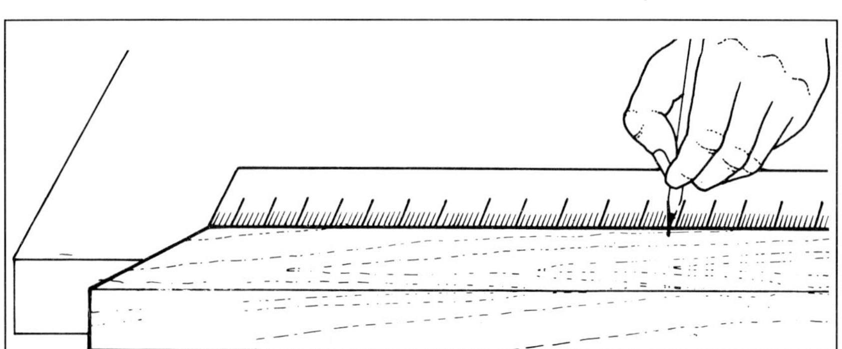

zwei Leisten von 27,5 – (2 × 0,5) + 0,2 = 26,7 cm und
zwei Leisten von 21 – (2 × 0,5) + 0,2 = 20,2 cm.
Die jeweiligen Maße übertragen Sie, wie bereits gesagt, auf die Innenseite der Rahmenleiste.

Schneiden der Leiste

Verwenden Sie für die ersten Versuche ein einfaches Winkelprofil mit einem glatten (planen) Rücken. Schneiden Sie sich zuerst immer die längeren Rahmenleisten zu, da sich diese, im Fall eines Fehlers, immer noch für die kürzeren Seiten verwenden lassen; so haben Sie den geringsten Verschnitt.
Gehrungsladen – aus Holz, Metall oder Plastik – mit einer entsprechenden Rückensäge erleichtern diese Arbeit ganz wesentlich.
Fast professionell sind Handgehrungssägen, die es wie die Gehrungsladen auch in jedem Baumarkt oder gut sortierten Hobbybedarfsladen gibt. Bei den Handgehrungssägen bilden Säge und Gehrungslade ein Teil, was die Genauigkeit der Schnitte noch erhöht. Darüber hinaus lassen sich damit Leisten in jedem beliebigen Winkel zuschneiden; bei einer Gehrungslade haben Sie lediglich die Möglichkeit, zwischen 90° und 45° zu wählen.
Um zu verhindern, daß die Schnittkante unsauber wird (ausfranst), geben Sie über die zu schneidende Stelle ein Klebeband. Doch Vorsicht: Auf keinen Fall dürfen Sie diesen kleinen Trick bei vergoldeten Rahmen anwenden! Hier besteht die Gefahr, daß durch das Klebeband die Goldbeschichtung abgezogen wird. Um zu vermeiden, daß die Säge während des Sägens »flattert« und unsaubere Kanten entstehen läßt, ziehen Sie die Säge gleichmäßig in großen Zügen und ohne allzu großen Druck durch das Holz.

Zu Abbildung 209: Befestigen Sie die Gehrungslade mit einer Schraubzwinge am Arbeitstisch. Legen Sie die zu schneidende Leiste sauber an die Innenseite der Gehrungslade an; der Rücken der Leiste zeigt dabei nach oben. Während des Sägens darf die Leiste nicht verrutschen. Fixieren Sie sie mit einer Schraubzwinge. Legen Sie zum Schutz der Leiste zwischen Leiste und Schraubzwinge einen Kartonstreifen. Schneiden Sie nun die Leiste auf Gehrung; beginnen Sie an deren rechtem Ende. Sägen Sie zu Anfang ohne Druck und ziehen Sie die Säge in ihrer ganzen Länge über die Leiste. Halten Sie die Säge möglichst waagrecht. Wenn Sie damit fertig sind, spannen Sie die Leiste wieder aus.

Zu Abbildung 210: Legen Sie die Rahmenleiste bündig an die

Tischkante an. Parallel zu ihr legen Sie das Lineal an: der Nullpunkt des Lineals liegt genau an der ersten geschnittenen Ecke. Mit großer Sorgfalt übertragen Sie mit einem Bleistift das notwendige Längenmaß. Bei einer dunkelfarbigen Leiste kleben Sie einen kleinen Streifen weißes Klebeband an die entsprechende Stelle; so können Sie die Markierung leicht erkennen.

Zu Abbildung 211: Legen Sie die Leiste erneut in die Gehrungslade; das bereits zugeschnittene Ende befindet sich rechts. Entgegengesetzt zur vorherigen Schnittrichtung legen Sie die Leiste so an, daß Markierung und Gehrungsführung genau übereinstimmen. Geben Sie zur Kontrolle vorsichtig die Rückensäge in die Führung und schauen Sie, ob das Sägeblatt der Rückensäge genau auf der Markierung liegt. Stimmt alles, fixieren Sie die Leiste mit einer Schraubzwinge und sägen die Leiste auf Gehrung. Damit ist die erste Seite des Rahmens fertig. Nun ändern Sie wieder die Richtung des Gehrungsschnitts und schneiden die Leiste möglichst nah am Ende auf Gehrung zu.

Zu Abbildung 212: Falls Sie sich die Mühe sparen wollen, die zweite Leiste wieder genau auszumessen, so können Sie zur Vereinfachung der Arbeit einen Anschlagwinkel verwenden. Geben Sie die Rückensäge in die linke Gehrungsführung der Gehrungslade. Legen Sie die bereits auf Gehrung geschnittene erste Leiste in die Lade; das auf Gehrung geschnittene Ende stößt von rechts an die Säge bündig an. Befestigen Sie nun mit einer Schraubzwinge den Anschlagwinkel; der Winkel liegt genau am rechten Ende der Leiste an. Achten Sie darauf, daß der Anschlagwinkel nicht mehr verrutschen kann. So erhalten Sie die Länge für die zweite Leiste; die Längen der beiden Leisten sind absolut identisch.

Zu Abbildung 213: Entfernen Sie die erste Leiste und geben dafür die restliche Rahmenleiste in die Lade. Nachdem Sie bereits eine Seite der Leiste auf Gehrung geschnitten haben, gilt es nun, den vierten Schnitt in unserer Arbeit auszuführen, der entgegengesetzt zum dritten verläuft. Das auf Gehrung geschnittene Ende liegt an dem Anschlagwinkel bündig an; sie fixieren die Leiste und sägen sie.

Zu Abbildung 214: Kontrollieren Sie, ob die beiden Leisten gleich lang sind. Legen Sie sie aneinander und stellen diese aufrecht auf den Tisch. Für die anderen Leisten verfahren Sie auf die gleiche Art.

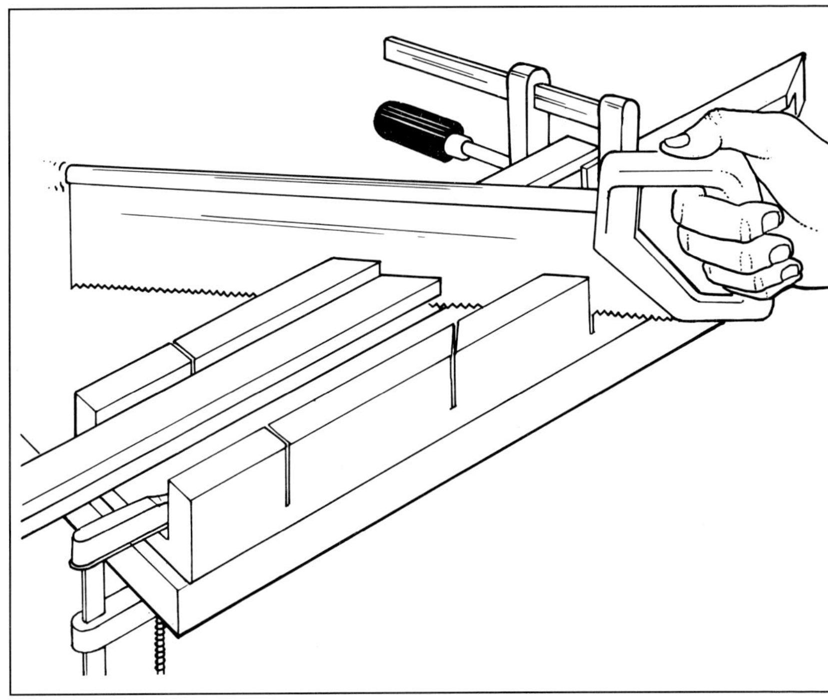

211 △

212 ▽

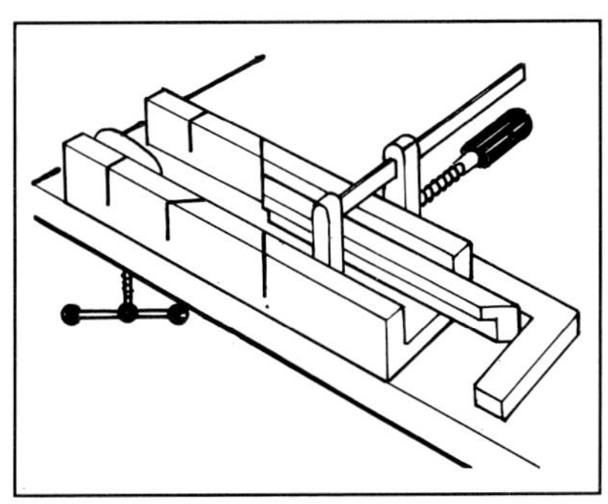

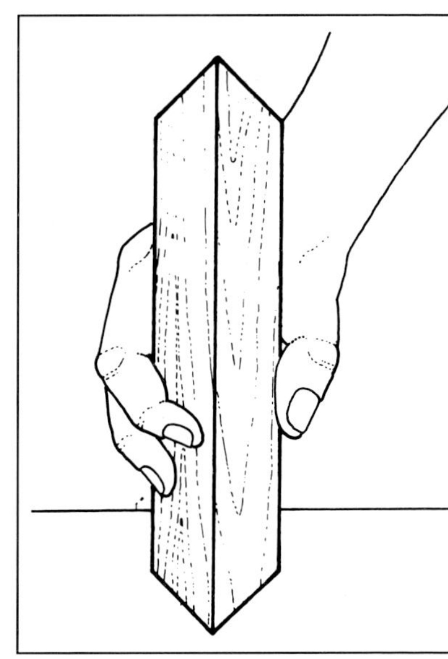

213 ▽

214 ▷

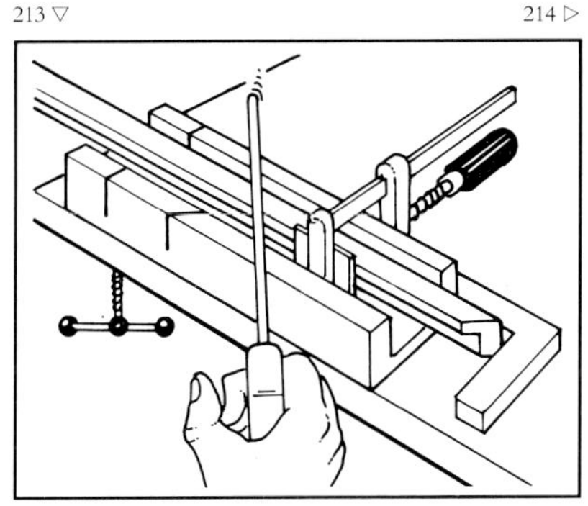

211–214 Schritt für Schritt zu exakt geschnittenen Rahmenleisten.

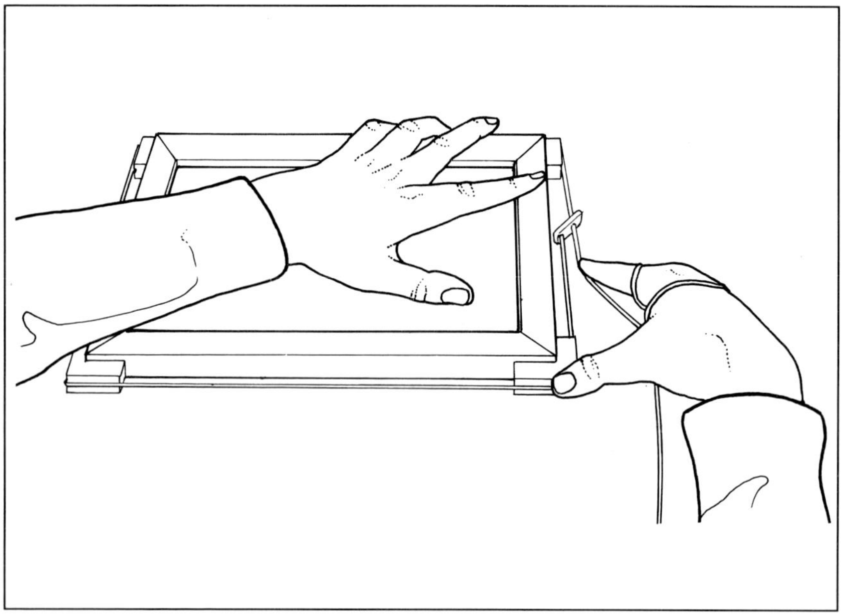

215 Eine schnelle Spannhilfe sorgt gerade bei kleineren Rahmen für einen problemlosen Zusammenbau und den notwendigen Klebedruck.

Zusammenbau der Rahmenleisten

Bilderrahmenspanner

Von den verschiedenen Herstellern werden unterschiedliche Bilderrahmenspanner angeboten. Entsprechend der Profilierung und Größe des Rahmens wählen Sie den passenden Bilderrahmenspanner. Diese Hilfsmittel bestehen aus vier Eckbacken – aus Plastik oder Metall –, die untereinander mit einem Nylongurt, einer reißfesten Schnur oder einem Bandeisen verbunden sind. Die Backen werden an die jeweilige Rahmenecke angelegt, so daß ein Maximum an Druck erzeugt werden kann.

Aus der Vielzahl der unterschiedlichen Modelle sollen die beiden wichtigsten vorgestellt werden: der sogenannte Bandspanner und eine »schnelle Spannhilfe«.

Die **»schnelle Spannhilfe«** wird besonders häufig für den Zusammenbau von kleineren Rahmen verwendet. Die Länge dieses Rahmenspanners beträgt, je nach Hersteller, bis zu 3,5 m. Mit Hilfe der Plastikbacken lassen sich einfache und schmale Rahmenleisten besonders gut verleimen. Die Bedienung ist einfach und praktisch.

Der **Bandspanner** wird häufig verwandt, wenn es gilt, große Rahmen zusammenzubauen; für kleinere Rahmen ist er kaum geeignet. Die großen Backen aus Metall oder Plastik haben eine Höhe von fast 3 cm, so daß bei kleineren Rahmen meist ein Verrutschen der Leisten die Folge ist, weil der Zug zu stark wird und die Leisten verrutschen.

Auf der anderen Seite ist ein Bandspanner für größere, höhere oder stärker profilierte Rahmen nahezu unerläßlich. Mit Hilfe der besonderen Trapezgewindespindel lassen sich Spannung und Druck schnell und sicher einstellen und regulieren.

Bei Bandspannern gilt es zu unterscheiden zwischen jenen mit einem Metallband und jenen mit einem Nylongurt. Achten Sie bei den Metallbändern besonders auf die scharfen Kanten. Es ist daher zu empfehlen, Bandspanner mit Nylongurten zu verwenden; die Längen reichen hier bis zu etwa 5 m.

216 Bestreichen Sie die zugeschnittenen Kantenflächen der Leisten vorsichtig mit Holzleim.

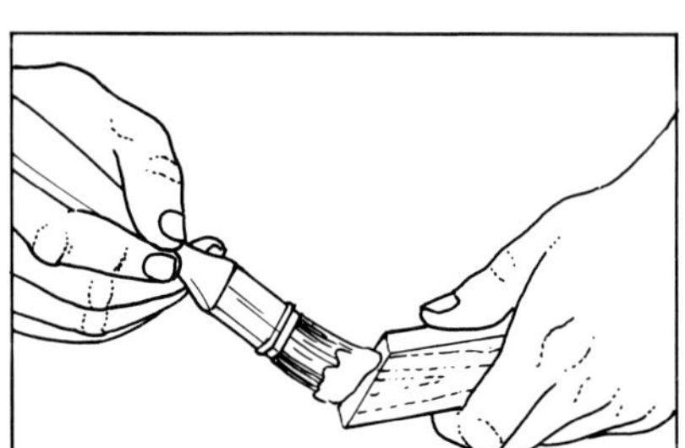

Vorbereiten der Leisten

Schleifen Sie, falls notwendig, mit einem besonders feinen Sandpapier die Gehrungen nach. Damit abschließend alles sauber aussieht, können Sie die geschnittenen Kantenflächen etwa 1 mm mit einer Farbe, die der des Rahmens entspricht, bemalen. Für vergoldete Rahmenleisten gibt es besondere Goldfarben.

Leimen der Leisten

Legen Sie die einzelnen Leisten in der richtigen Reihenfolge auf Ihre Arbeitsfläche. Mit einem gewissen Abstand geben Sie den Bilderrahmenspanner darum. Nun bestreichen Sie die auf Gehrung zugeschnittenen Enden der Leisten mit Holzleim.

Zusammenbau mit der »schnellen Spannhilfe«

Legen Sie die vier Backen an die jeweiligen Ecken an. Achten Sie darauf, daß sich die Spannvorrichtung etwa in Höhe der rechten oberen Rahmenecke befindet.
Um nun das Ganze zu spannen, legen Sie Ihren linken Unterarm plan quer über den Rahmen; Ihre rechte Hand befindet sich nahe der Spannvorrichtung (s. Abb. 215). Wickeln Sie die Schnur ein- bis zweimal um Ihre rechte Hand, so daß der Daumen noch gut die rechte untere Rahmenecke erreicht. Mit der linken Hand halten Sie die rechte obere Ecke fest; die Rechte zieht nun die Schnur zur rechten unteren Ecke hin. Ziehen Sie ruhig fest an und achten dabei immer auf die Ecken, ob die Leisten auch nicht verrutschen. Die Spannung sollte so groß sein, daß sich die Rahmenleisten beim Anheben des Ganzen nicht mehr verschieben.

217 Bandspanner mit einem Bandeisen oder einem Nylongurt sind die ideale Hilfe für größere Rahmen.

Zusammenbau mit dem Bandspanner

Hier befindet sich die Spannvorrichtung an einem der Backen. Mit Hilfe der Trapezgewindespindel können Sie sozusagen »stufenlos« nachspannen, das heißt den Druck erhöhen. Legen Sie die Backen an die vier Ecken an und ziehen Sie zuerst mit der Hand den Gurt gut fest. Danach spannen Sie mit der Spindel nach. Achten Sie auch hier wieder auf die Leisten, damit sie nicht verrutschen. Sollten die Backen aus Metall sein, geben Sie zum Schutz der Leisten über die Ecken ein Stück Stoff. Entfernen Sie bitte überschüssigen Leim umgehend mit einem sauberen Tuch. Lassen Sie den Rahmen mindestens 30 Minuten in dem jeweiligen Rahmenspanner; nageln oder schrauben Sie erst dann die Ecken, um die Festigkeit der Verbindung zu verstärken.

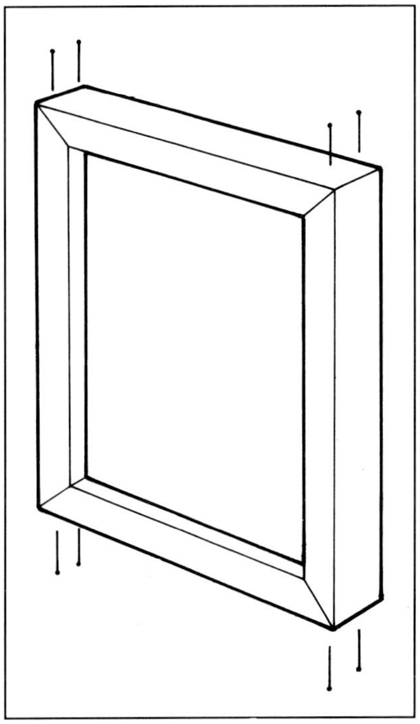

218 Zum Verstärken der Verbindung nageln Sie die Rahmen.

Nageln des Rahmens

Sollten die Maße des Rahmens 30 × 40 cm oder mehr betragen, so empfiehlt es sich, die Leisten an den Ecken zu nageln (s. Abb. 218). Verwenden Sie dafür feine Stiftnägel mit einem gestauchten Kopf und versenken Sie diese mit einem Nageltreiber (Versenker), bis sie nicht mehr sichtbar sind.

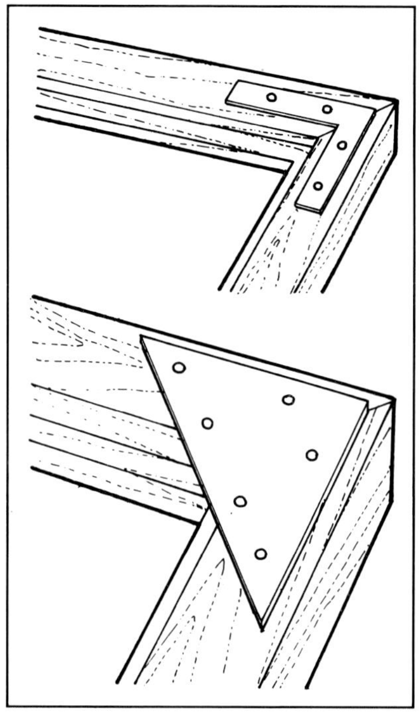

219 Verstärken Sie auf der Rückseite die Rahmen mit Gehrungswinkeln (oben) oder mit Holz-Dreikantecken (unten).

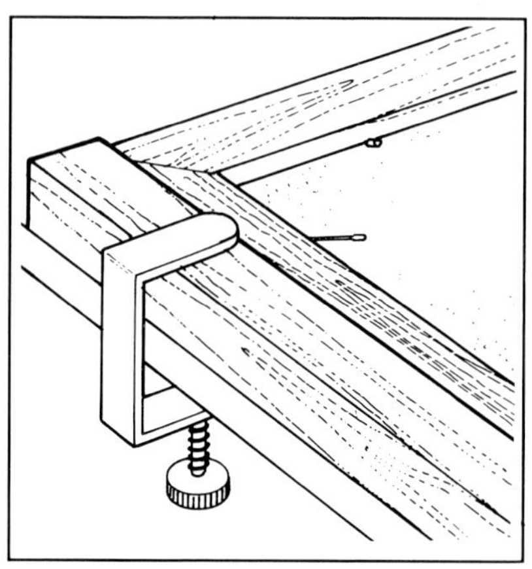

220 Anlegen der Rahmung an einen fixierten Richtscheit.

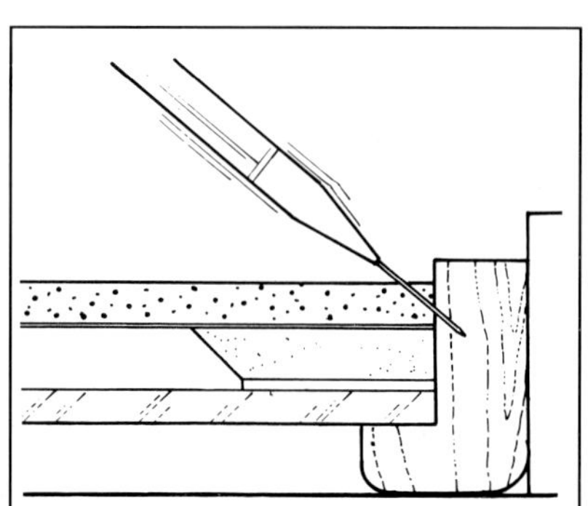

221 So schlagen Sie Nagelstifte richtig ein.

Verstärken der Ecken

Zur Verstärkung der Gehrungen bei schweren, großen Rahmen gibt es Holz-Dreikantecken oder Gehrungswinkel, die Sie schrauben oder nageln können (s. Abb. 219). Für besonders umfangreiche und gewichtige Rahmen gibt es darüber hinaus besonders stabile Gehrungswinkel, die etwa 1,5 mm stark sind; oder Sie verwenden dafür Schwerlastaufhängewinkel für die oberen Gehrungen. Durch die Verstärkungen der Gehrungen erhalten Sie gleichzeitig Bildaufhängungen. Denken Sie daran, daß Sie in diesem Fall zwei absolut parallele Löcher bohren müssen; am besten geht dies mit einer Wasserwaage.

Befestigen des Pakets im Rahmen

Was brauchen Sie dazu?

Stiftnägel, einen Hammer, ein 30 bis 40 cm langes Richtscheit, Schraubzwingen, Naßklebestreifen, etwa 36 mm breit, und einen Nageltreiber (Versenker) in entsprechender Größe.

Paket und Rahmen werden eins

Befestigen Sie mit Schraubzwingen das Richtscheit, welches in etwa der Seitenlänge des Rahmens entsprechen sollte, auf der Arbeitsfläche. So können Sie beim Nageln den Rahmen anlegen, ohne daß er verrutscht (s. Abb. 220).
Legen Sie den Rahmen mit der Rückseite nach oben auf die Arbeitsfläche und passen das Paket sauber ein. Schlagen Sie nun vorsichtig den ersten Nagel ein. Bedenken Sie dabei die Dicke der Rückwand, denn es wäre schade, wenn der Nagel nachher sichtbar wäre, weil er zu steil hineingeschlagen wurde. Ideal ist ein leicht schräges Einschlagen (s. Abb. 221); natürlich sollten die Nägel nicht zu lang sein, sonst tauchen sie wieder an der Kante des Rahmens auf. Schlagen Sie die Nägel in ausreichendem Abstand ein und versenken Sie sie.
Schließlich geben Sie noch den Naßklebestreifen auf die Rückseite; lassen Sie zur äußeren Leistenkante etwa 1 mm Platz. Der so über die Leiste und das Paket geklebte Streifen dichtet die gesamte Rahmung gegen Schmutz und Staub bestens ab. Entscheidend für das Kleben der Streifen ist die durch Paket und Leiste entstehende Oberfläche.

Abschliessende Arbeiten

Ganz wichtig und nicht zu unterschätzen sind diese abschließenden Arbeiten, die das gerahmte Bild erst zu einem Kunstwerk werden lassen.

Plane Rückwand

Damit ist gemeint, daß Rahmenleiste und Rückwand des Pakets eine plane Oberfläche bilden (s. Abb. 222 oben). Schneiden Sie sich die Klebestreifen in den passenden Längen zu und kleben Sie die Streifen sauber auf die Rückseite; lassen Sie dabei zu den Rahmenkanten einen Abstand von 1 mm. Drücken Sie die Klebestreifen am besten mit einem sauberen Tuch blasenfrei an (s. Abb. 223).

Aussenliegende Rückwand

Falls die Falzhöhe der Rahmenleiste nicht mindestens der Dicke des Pakets entspricht, bleibt ein Teil des Rückwandkartons sichtbar (s. Abb. 222 Mitte). Was tun?
Die Antwort geben die Abbildungen 224 und 225; die dort angeführten Zahlen beziehen sich auf die Reihenfolge der notwendigen Arbeitsschritte:

1. Kleben Sie den Klebestreifen, etwa 1 mm nach innen versetzt, auf die Rückseite der Rahmenleiste.
2. Legen Sie nun den Streifen an den überstehenden Teil der Rückwand plan an.
3. Genauso sorgfältig schlagen Sie den Streifen auf die Rückseite der Rückwand um. Achten Sie besonders darauf, daß der Streifen sauber an den Kanten anliegt und keine Spannungen entstehen.
4. Mit einer Schere schneiden Sie in der Verlängerung der oberen Kante den Streifen waagrecht ein und schlagen die oben abstehenden Reste nach unten um.
5. In der Senkrechten schneiden Sie links und rechts den Streifen bis hinunter zur Rahmenleiste ein; schneiden Sie sauber entlang der Kanten.
6. Abschließend kleben Sie die noch verbleibenden Reste links und rechts auf die Rahmenleiste. So kleben Sie Seite für Seite.

Innenliegende Rückwand

Falls das Paket nicht mindestens so dick wie die Falzhöhe des Rahmens ist, liegt es innerhalb des Rahmens (s. Abb. 222 unten). Auch hier zeigt Ihnen Abbildung 226 wieder im Bild die einzelnen Schritte durch Zahlen dargestellt:

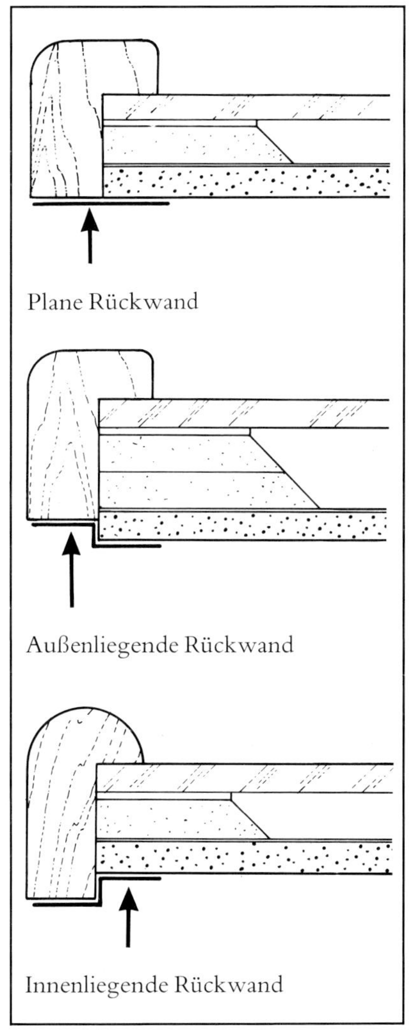

222

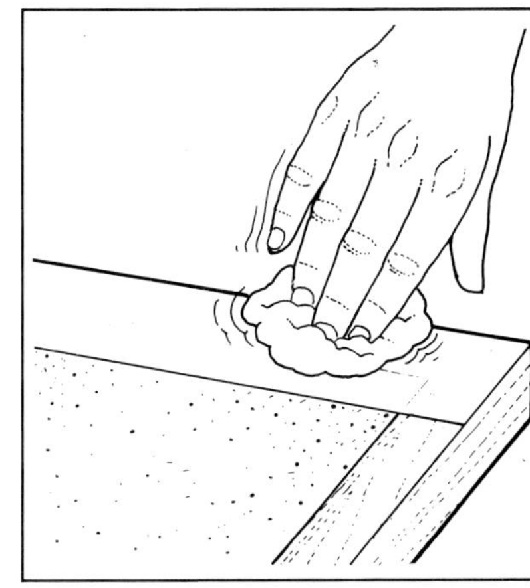

223

222 Entsprechend der Falzhöhe der Leiste und der Dicke des Pakets sehen die Rücken der Rahmungen recht unterschiedlich aus.

223 Andrücken des rückwärtig angebrachten Dichtungsbandes.

224 Ansetzen des Dichtungsbandes bei einer außenliegenden Rückwand; die Zahlen beziehen sich auf die im Text beschriebenen einzelnen Arbeitsschritte.

225 An den Enden werden die Streifen entsprechend eingeschnitten und sauber umgeschlagen; die Zahlen beziehen sich auf die im Text beschriebenen einzelnen Arbeitsschritte.

224 ▽

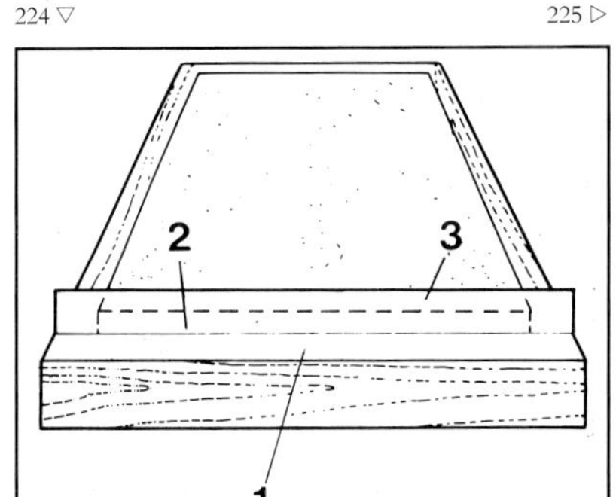

225 ▷

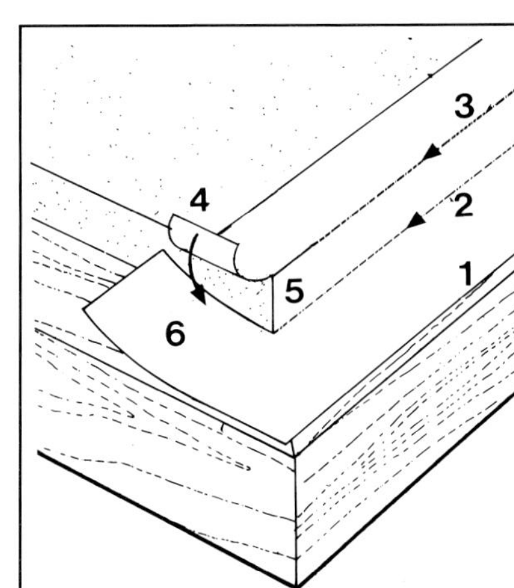

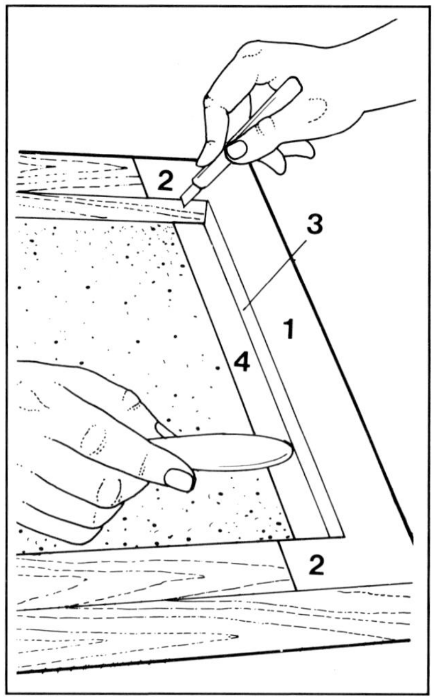

226 Auch bei einer innenliegenden Rückwand wird abschließend ein Dichtungsband angebracht: Entsprechend den einzelnen Schritten – beschrieben im Text – wird es befestigt.

1. Einen Millimeter nach innen versetzt, kleben Sie den Klebestreifen sauber auf die Rückseite der Rahmenleiste.
2. Mit einem Schneidmesser schneiden Sie entlang der Innenkante der Leiste den Streifen bis zu den Ecken links und rechts ein.
3. Den verbleibenden Streifen schlagen Sie sauber nach innen um und drücken ihn mit Hilfe eines Papiermessers gut in die innenliegende Kante.
4. Abschließend drücken Sie den Streifen auf die Rückseite der Rückwand. Kleben Sie nun noch die anderen Seiten.

Zusammengesetzte Rahmen (Einsatzrahmen)

Einen Rahmen aus zwei oder mehreren verschiedenen Rahmen zusammenbauen, welch interessante Idee! Sicherlich wird so die Rahmung insgesamt etwas teurer, aber die faszinierenden Ergebnisse werden diesen Griff in den Geldbeutel mehr als rechtfertigen. Wie durch den Namen angedeutet, werden hier unterschiedliche Rahmenleisten zusammengefügt. Grundsätzlich gilt es, folgendes zu beachten: Der erste – innere – Rahmen sollte eine glatte Oberfläche haben, während der zweite – äußere – Rahmen durchaus profiliert sein kann.

Falls die Breiten der einzelnen Leisten ein unterschiedliches Niveau (Höhe) haben sollten, so besteht kein Grund zur Beunruhigung. Doch wenn Sie eine perfekte Rahmung haben möchten, sollten Sie einen äußeren Rahmen verwenden, dessen Falzhöhe höher sein muß als die des inneren Rahmens. Schneiden Sie die Rahmen entsprechend den Erklärungen auf Seite 112f. zu; lassen Sie aber anstelle der 2 mm nur 1 mm Spiel. Verbinden Sie die beiden Rahmen durch Holzleim und einige Nägel. Dann geben Sie das Paket in den inneren Rahmen (erster Rahmen) und befestigen es, als ob es sich um einen gewöhnlichen Rahmen handelte.

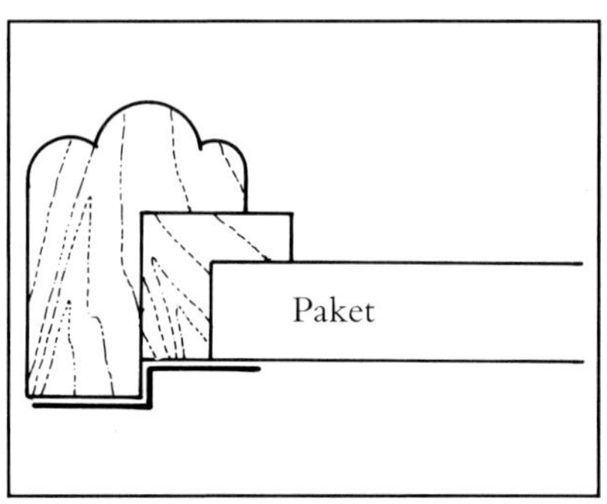

227 Querschnitt durch einen zusammengesetzten Rahmen mit passendem Paket. Hier eine Kombination aus profilierten und nichtprofilierten Leisten.

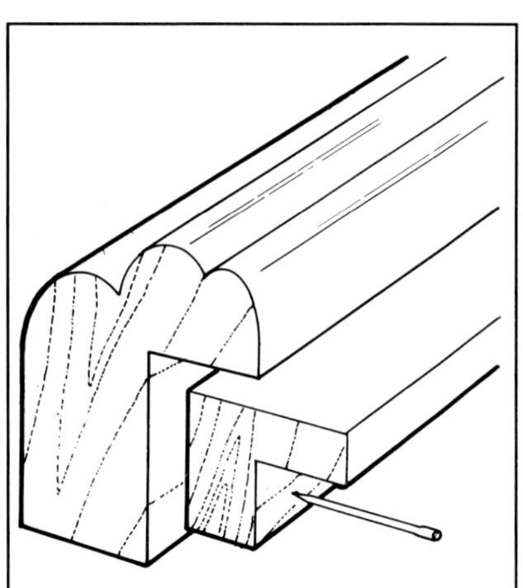

228 Nageln der beiden Rahmenleisten mit versenkbaren Stiftnägeln.

Nichtprofilierte Rahmenleisten (Winkelleisten)

Verwenden Sie diese Leisten, um sie zwischen dem Hauptrahmen und dem Paket anzubringen. Wie bereits erwähnt, ist die Verbindung zwischen Rahmenleiste und Winkelleiste sehr wichtig. Die Leisten können bemalt oder bezogen werden (Stoff oder Papier). Diejenige Seite der Leiste, die am Bild anliegt, ist zumeist angeschrägt und sehr häufig vergoldet. Achten Sie besonders darauf, daß Sie die entsprechende oder gewünschte Verkleidung sorgfältig aufbringen.

Veredeln von Holzrahmen und -leisten

Sie können die bereits zugeschnittenen Leisten bemalen oder einzeln mit Papier oder einem Gewebe beziehen, bevor Sie sie zu einem Rahmen verleimen. Es ist wesentlich einfacher, eine Rahmenleiste mit planer Oberfläche denn eine mit profilierter Oberfläche zu verkleiden. Sie können natürlich den Rahmen auch nach dem Leimen veredeln. So entsteht eine durchgängige Oberfläche und ein harmonisch abgestimmtes Ensemble. Achten Sie besonders darauf, daß die verwendeten Farben mit dem Passepartout und den Farben des Bildes harmonieren.

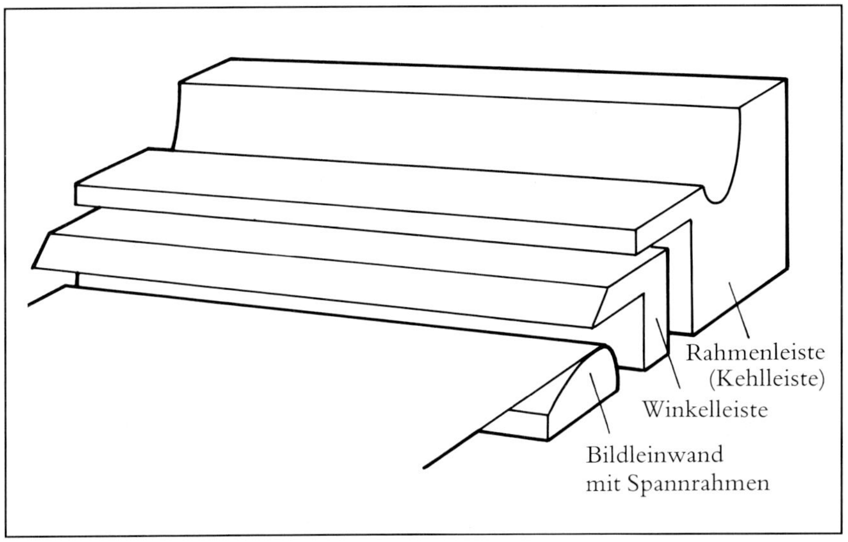

229 Einsatzrahmen; die Verbindung von zwei oder mehreren Rahmen.

Holzleisten

Es empfiehlt sich, vor allen folgenden Arbeiten die Holzleisten mit einem feinen Sandpapier anzuschleifen. Schleifen Sie dabei in Richtung der Maserung des Holzes (zumeist die Längsrichtung). So vermeiden Sie mögliche, nicht sehr schöne Schleifspuren im Holz.

Wachsen

Mit dieser Technik betonen Sie besonders die Maserung des Holzes und dessen natürliche Farbe. Selbstverständlich können Sie auch farbiges – zum Beispiel schwarzes – Möbelwachs auftragen. Wichtig ist beim Aufbringen von Wachsen – sei es weiße Politur, Bienen- oder Bohnerwachs – der gleichmäßige Auftrag mit einem sauberen Lappen und das abschließende Polieren mit einem weichen Tuch. Falls Sie dem Wachs eine persönliche Note geben wollen, so können Sie es auch mit Künstlerfarben mischen.

Beizen

Sie können bereits angelöste Beizen oder ein Beizenpulver kaufen, das es wasser- oder öllöslich gibt. Je mehr Flüssigkeit Sie zugeben, um so »wäßriger« wird der von Ihnen gewählte Farbton. Mischen Sie bitte möglichst nicht unterschiedlich gelöste Beizen, sondern nur innerhalb einer Lösungsmöglichkeit. Aufgetragen werden Beizen mit einem sauberen Tuch oder einem Pinsel.
Holzbeizen gibt es heutzutage in entsprechenden Fachgeschäften nicht nur in allen Holztönen, sondern auch in vielen Farbtönen, deren Spektrum sich durch Mischen noch vergrößern läßt. Ganz wichtig ist für einen sauberen Auftrag, daß Sie von der Holzleiste vorher alle Öl- und Farbreste entfernen. Dies geht am besten mit Terpentin; reiben Sie das Holz mit in Terpentin getränkter feiner Stahlwolle sauber ab.
Beizen gibt dem Naturholz Farbe und bewahrt gleichzeitig die Schönheit der Maserung. Abschließend müssen Sie das gebeizte Holz noch mit Wachs oder Schellack versiegeln; verwenden Sie dafür auch wieder ein sauberes, weiches Tuch.

Bemalen

Bevor Sie Holzleisten bemalen, sollten Sie sie entsprechend grundieren. Verwenden Sie dafür eine Grundierfarbe – weiß oder grau – oder einen Gessogrund, den Sie im Künstlerbedarf bereits gebrauchsfertig kaufen können. Sie schaffen so einen sauberen, neutralen Untergrund, auf den Sie anschließend die Farbe Ihrer Wahl auftragen können.
Welche Farbe Sie verwenden, bleibt letztlich Ihnen und Ihrem angestrebten Ziel überlassen; ebenso die Art und Weise, wie Sie die von Ihnen gewählten Farben auftragen.
So können Sie die Farben beispielsweise vollflächig auftragen oder aber die Oberfläche mit Farbe besprenkeln oder bespritzen. Sie können mit Schwämmen und Tüchern phantasievolle Muster erzeugen beziehungsweise auf eine bereits trockene Farbschicht eine

230–232 Beziehen eines Rahmens.
Abb. 230: Ein Papierstreifen dient als Muster für die Breite des Bezugs; alle Flächen der Rahmenleiste sind so leicht übertragbar.
Abb. 231: Anbringen des Bezugs; wichtig ist der 5 cm breite Überstand an den Enden!
Abb. 232: Andrücken des Bezugs mit einem Falz- oder Papiermesser.

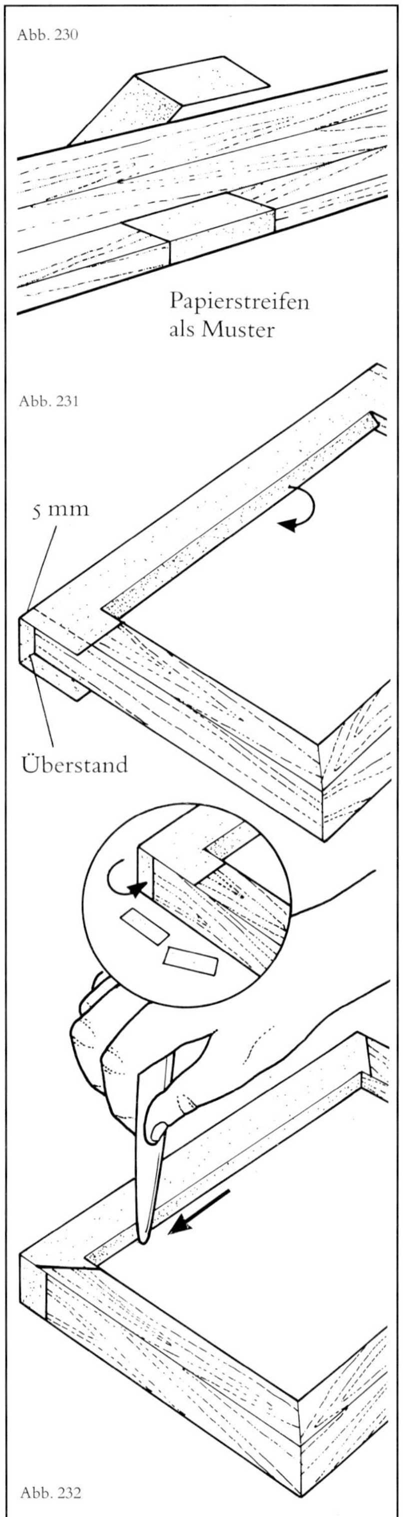

zweite geben, die dann die Grundfarbe teilweise durchscheinen läßt. Diese Art des Bemalens lebt ganz wesentlich von den verschiedenen verwendeten Farbschichten.

Vergolden

Bei dieser Technik wird ein Bilderrahmen mit Blattgold bedeckt; damit können Sie natürlich auch einen bereits vergoldeten Rahmen, der beschädigt ist, »restaurieren«. Da das Auftragen von Blattgold nicht einfach und darüber hinaus sehr kostspielig ist, möchte ich Ihnen eine »einfache« Vergoldung vorstellen: Transfergoldblätter. Transfergold bekommen Sie in Bögen auf einer Unterlage aus Seidenpapier; die Ähnlichkeit zu echtem Blattgold ist verblüffend. Gearbeitet wird damit wie mit einem Abziehbild.
Bevor Sie das Transfergold auftragen, müssen Sie den Untergrund mit einem Goldanlegeöl entsprechend vorbehandeln. Dieses Öl sorgt dafür, daß das Transfergold auf der Oberfläche haften bleibt. So können Sie eine Leiste vollflächig mit Gold beziehen oder phantasievolle Muster auftragen. Nach der Trockenzeit des Anlegeöls geben Sie das Transfergold auf dem Trägerpapier auf die Oberfläche und reiben es mit den Fingern gut an. Für stark profilierte Rahmen verwenden Sie passende Hilfsmittel, so daß Sie auch im Profil das Gold auftragen können. Entfernen Sie nun das Seidenpapier vorsichtig und wiederholen notfalls den Vorgang, bis die gewünschte Oberfläche vergoldet ist. Abschließend schützen Sie die Goldschicht mit einem sogenannten Zapponlack, den Sie gebrauchsfertig kaufen können. Damit verhindern Sie die Korrosion und Verfärbungen von glänzenden Metalloberflächen. Tragen Sie den Lack mit einem weichen Flachpinsel auf.

Beziehen von fertigen Rahmen

Nehmen wir an, Sie wollen einen einfachen, nichtprofilierten Rahmen mit einer schräg nach innen geneigten Fläche (Breite 2 cm) mit Papier beziehen.

Breite der Papierstreifen

Mit Hilfe eines Streifen Packpapiers können Sie ein Modell (Vorlage, Muster) des Rahmenprofils herstellen. Beginnen Sie an der Falzbreite des Rahmens (s. Abb. 230). Schlagen Sie den Papierstreifen sorgfältig um die Rahmenleiste. Drücken Sie ihn dabei sorgfältig in die Winkel und Ecken der Leiste, so daß Sie anschließend

einen Papierstreifen haben, auf dem Sie alle Flächen der Leiste haben. Sagen wir, daß in unserem Beispiel die Streifenbreite 7 cm betragen soll.
Die **Länge** des jeweiligen Papierstreifens entspricht dem äußeren Maß der Rahmenleiste plus einem Überstand von etwa 1 cm.

Beziehen der Längsseiten

Legen Sie den Papierstreifen auf Ihre Arbeitsfläche. Übertragen Sie die Maße der einzelnen Breiten der Rahmenleiste von dem Packpapierstreifen auf den Papierstreifen. Bestreichen Sie diesen mit einem Stärkekleber oder aber die Rahmenleiste. Nun stellen Sie den Rahmen hochkant und geben ihn auf den Papierstreifen, wobei Sie genau auf die Markierungen der jeweiligen Kante achten. Lassen Sie dabei jeweils links und rechts einen Überstand von 5 mm (s. Abb. 231). Dann schlagen Sie den Papierstreifen auf die Oberseite des Rahmens um.
Legen Sie den Rahmen flach auf die Arbeitsfläche. Schneiden Sie an den Ecken das Papier schräg ein – bis zu den inneren Ecken des Rahmens. Drücken Sie das Papier auf die sich nach innen neigende Schrägfläche der Leiste; sorgfältig andrücken, damit keine Luftblasen bleiben.
Drehen Sie nun den Rahmen um und schneiden auf der Rückseite den Papierstreifen auf Gehrung (diagonal einschneiden, und zwar bis zu den Ecken). Schlagen Sie den Streifen um und drücken das Papier gut an. Schneiden Sie Ober- und Unterkante der überstehenden Teile bündig ab und schlagen den verbleibenden mittleren Teil auf die anliegende Rahmenleiste um (s. Abb. 232 und runder Ausschnitt).

Beziehen der Breitseiten

Die Streifen für die Breitseiten des Rahmens werden in der jeweiligen Länge zugeschnitten (s. Abb. 233 oben).
Beziehen Sie die Breitseiten des Rahmens, wie vorher beschrieben. Dies bedeutet, daß an den vier Ecken die Papierstreifen übereinanderliegen, was nicht besonders schön ist. Aus diesem Grund nehmen Sie ein Lineal und legen es diagonal in die jeweilige Ecke. Schneiden Sie nun die übereinanderliegenden Papierstreifen sauber durch und entfernen die Papierteile (s. Abb. 233 Mitte). Abschließend das Papier nochmals gut andrücken. Es genügt, wenn Sie auf der Vorderseite die Streifen sauber zuschneiden, da dies die Sichtseite ist; für die Rückseite reicht das überstehende Verkleben der Streifen (s. Abb. 233 unten).

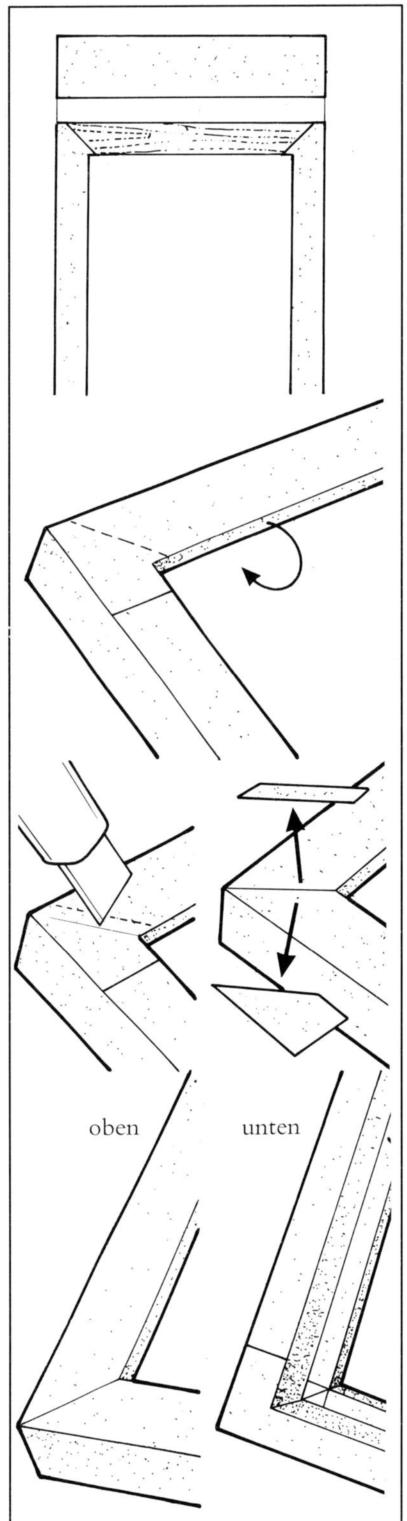

233 Schneiden Sie beim Beziehen eines Rahmens die Enden auf Gehrung sauber ein.

Weitere Rahmungsmöglichkeiten

Rahmen von Ölgemälden

Ölgemälde, zumeist auf Leinwand gemalt, sollten auf einen Keilrahmen aufgezogen und erst dann gerahmt werden. Derartige Keilrahmen gibt es im Künstlerbedarf in den entsprechenden Maßen zu kaufen. Wichtig ist hierbei, daß bei Ölgemälden weder eine Rückwand noch ein Deckglas verwendet werden; nur so können diese Gemälde »atmen«.

Aufspannen, Nachspannen der Leinwand

Gleich ob Sie ein Ölgemälde neu auf einen Keilrahmen aufspannen oder ein bereits aufgespanntes Gemälde nachspannen möchten, weil es bereits etwas lose auf dem Keilrahmen sitzt: Ich empfehle meinen Schülern immer, diese Arbeit von einem Fachmann erledigen zu lassen. Nicht nur weil das Arbeiten mit der Leinwandspannzange nicht einfach ist, auch das Aufspannen von Leinwand ist sehr komplex und bedarf einiger Übung. Wichtig sind vor allem der Gewebeverlauf und das absolut plane Spannen; für das Gemälde schädlich sind zu große Spannungen, die zu Verwerfungen der Leinwand führen und meist die Farboberfläche beschädigen. Also noch einmal der Rat, überlassen Sie diese Arbeiten dem Fachmann oder der Fachfrau.

Ist das Gemälde einmal aufgespannt, müssen Sie sich noch den Rahmen in den entsprechenden Maßen zuschneiden und das Gemälde einsetzen. Befestigen Sie das Gemälde mit Nägeln, die auf der Rückseite des Rahmens eingeschlagen werden. Besser sind sogenannte »Stahlreiber« (s. Abb. 234), die sich besonders für Ölgemälde in Rahmen ohne Nut eignen. Diese Hilfsmittel werden mit Schrauben auf der Rückseite des Rahmens befestigt und drükken aufgrund ihrer gebogenen Form das Bild von hinten in den Rahmen. Erhältlich sind diese Stahlreiber in Größen von 2 bis 8 cm.

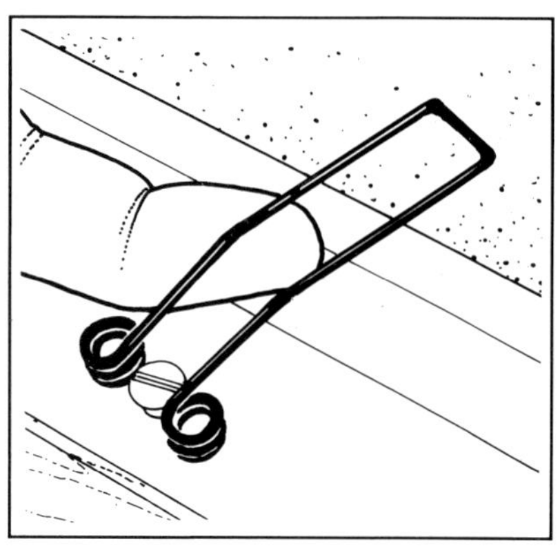

234 Stahl- oder Vorreiber für Wechselrahmen.

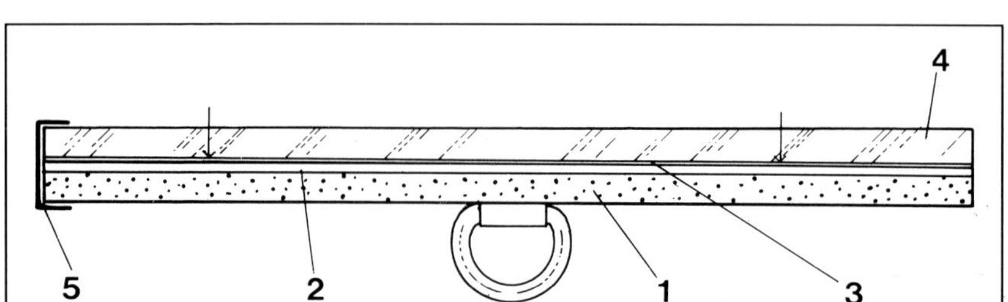

235 Der Querschnitt durch ein Paket für Bilder auf Trägerkarton. Das Paket besteht aus:
1. Rückwand mit Bildaufhängung
2. Trägerkarton für das Bild; zugleich Bezug der Rückwand
3. Bild; die Pfeile bezeichnen die Breite des Bildes
4. Deckglas
5. Dichtungsband aus einem 25 mm breiten Naßklebestreifen

Rahmenloser Bildträger

Bei dieser Art der Rahmung wird, wie der Name bereits sagt, auf einen Rahmen verzichtet. Aus diesem Grund ist gerade die Bedeutung der anderen Teile der Rahmung für eine gelungene Arbeit sehr groß. Verwenden Sie einen bereits farbigen Trägerkarton oder beziehen Sie den Karton mit Stoff oder Papier Ihrer Wahl. Der sichtbare Teil des Trägerkartons bildet sozusagen den Rahmen für das Bild. Gut geeignet ist diese Art der Rahmung für Dokumente, aber auch Poster oder Postkarten.

Das zu rahmende Bild wird mittig auf dem Trägerkarton befestigt. Für wichtige Dokumente oder teure Plakate verwenden Sie am besten einen säurefreien Stärkekleber oder eine Aufziehfolie.

Das Deckglas können Sie entweder direkt mit Rahmenclips, die an der Rückwand befestigt werden, anbringen; oder aber Sie verwenden einen »Rahmen«.

Um die Maße des Trägerkartons zu berechnen, addieren Sie einfach zu den Maßen des Bildes die gewünschte Randbreite. Die Maße des Trägerkartons gelten natürlich auch für alle anderen Teile wie Rückwand oder Deckglas.

Für ein 8 × 12 cm großes Bild und einen Rand, der an drei Seiten 3 cm und an der unteren Kante 4 cm breit sein soll, ergeben sich folgende Maße:

Breite: 8 + 3 + 3 = 14 cm

Länge: 12 + 3 + 4 = 19 cm

236, 237 **Bild auf Trägerkarton. Schön sind die Verzierungen mit Goldpapier, das mit Tinte gesprenkelt wurde. Der dunkle Ton dieser Rahmung akzentuiert die Feinheit der Zeichnung. Um Übereinstimmung zwischen Rahmen und Passepartout herzustellen, wurden die vergoldeten Leisten auch mit Tinte gesprenkelt.**

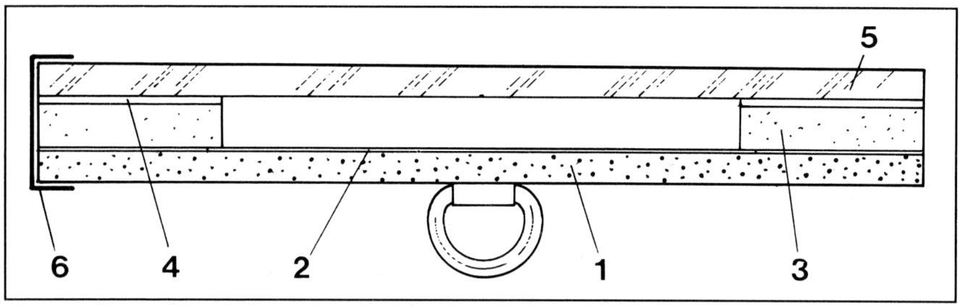

238 **Querschnitt durch das Paket eines Passepartouts mit geraden Kanten. Das Paket besteht aus:**
1. Rückwand mit Bildaufhängung
2. Trägerkarton für das Bild
3. Gerades Passepartout (B 1/B 2)
4. Bezug (A 1/A 2) für das Passepartout
5. Deckglas
6. Dichtungsband aus einem 25 mm breiten Naßklebestreifen

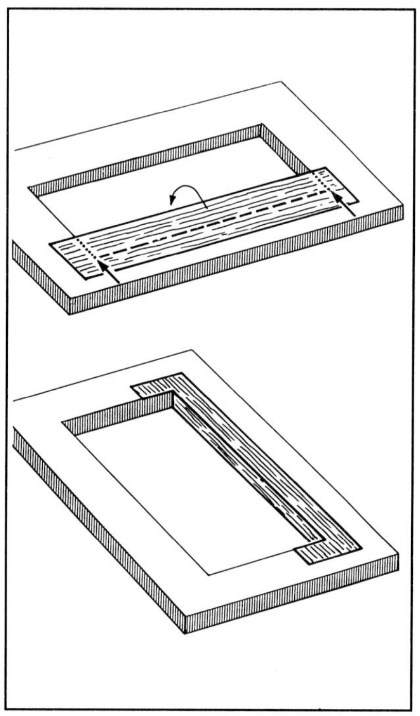

239 **Beziehen der geraden Passepartoutkanten.**

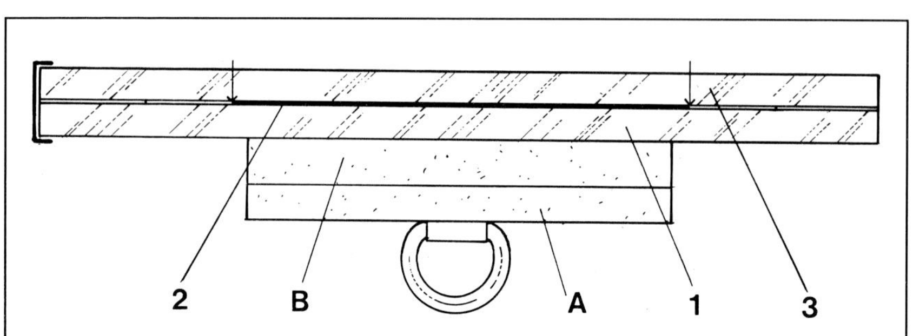

240 **Querschnitt durch das Paket einer Rahmung mit zwei Gläsern. Das Paket besteht aus:**
A. Karton mit Bildaufhängung
B. Fester Karton
1. Glas
2. Bild; die Pfeile bezeichnen die Breite
3. Deckglas

Gerades Passepartout

Nur selten werden Fensterausschnitte für Passepartouts gerade geschnitten. Dies ist schade, da sich auch mit diesen Fenstern schöne Rahmungen herstellen lassen. Durch die Tiefe entsteht ein vergleichbarer Eindruck wie bei den Schrägschnittkanten. Verwenden Sie zum Schneiden der Fensterausschnitte entweder ein scharfes Schneidmesser und ein Stahllineal oder einen Handschneider mit einer geraden Klingenstellung; die entsprechenden Klingen nicht vergessen!

Passepartout (B 1 / **B 2**)

Zeichnen Sie die Maße sauber an (Markierungen nicht vergessen). Schneiden Sie den Fensterausschnitt B 1 gerade aus; wie das geht, steht auf Seite 70.

Bezug (A 1 / **A 2**)

Legen Sie auf die Rückseite des Bezugs bündig die Passepartoutmaske B 2. Zeichnen Sie mit einem feinen Minenbleistift die Kontur des Fensters auf die Rückseite des Bezugs. Entfernen Sie die Passepartoutmaske B 2. Zeichnen Sie einen neuen Fensterausschnitt, der etwa 2 mm weiter außen liegen sollte. Entlang dieser neuen Linie schneiden Sie das Fenster sauber aus; nicht über die Ecken hinausschneiden!

Verkleiden der Passepartoutkanten

Schneiden Sie sich die Papierstreifen für die Breiten und Längen entsprechend zu; lassen Sie einen Überstand von 2 bis 3 cm.
Beginnen Sie mit Ihrer Arbeit auf der Rückseite der Passepartoutmaske. Geben Sie auf die Längsseiten die Streifen, so daß etwa die Hälfte der Streifenbreite in das Fenster hineinsteht. An den Enden lassen Sie den jeweiligen Überstand.
Schneiden Sie nun den Papierstreifen an den beiden Ecken senkrecht ein; das heißt, Sie schneiden den Streifen entlang der jeweils anliegenden Kante bündig ab. Nun schlagen Sie den entsprechenden Papierstreifen um und drücken ihn fest und blasenfrei an (s. Abb. 239 unten).
Genauso verfahren Sie bei den Breitseiten. Abschließend gilt es noch, auf der Vorderseite der Passepartoutmaske die in den Ecken überstehenden Papierstreifen auf Gehrung zu schneiden (diagonal einschneiden). Entfernen Sie die Überstände und drücken die Papierstreifen nochmals gut an.

Doppelglaskomposition

Stellen Sie sich vor, man schenkt Ihnen einen wertvollen handgeschriebenen Brief. Diesen Brief zwischen zwei Gläsern zu präsentieren, ist eine besonders feine Art der Rahmung, da so beide Seiten zu sehen sind. Gerade weil diese Rahmung spektakulär aussieht – alles scheint zu schweben – eignet sie sich für alle Arten von Autographen, Diplome und all jene Objekte, bei denen beide Seiten interessant sind.
Bei wertvollen Objekten empfiehlt es sich, die Rahmungstechnik von Seite 94 anzuwenden, da durch das Passepartout dem Objekt »Luft zum Atmen« bleibt.
Zeichnen Sie mit einem feinen Filzstift (am besten einem wasserlöslichen Stift) die Maße auf die Glasscheiben. Schneiden Sie mit einem Glasschneider die Gläser zu oder lassen sich diese in einem Fachgeschäft zuschneiden.
Zeichnen Sie auf einem der Gläser die Randbreiten an. Am besten auf der Rückseite des hinteren Glases; so können Sie die Hilfslinien am Ende problemlos entfernen. Geben Sie nun auf die Vorderseite des hinteren Glases das zu rahmende Objekt und befestigen es an den Ecken mit kleinen Streifen einer Aufziehfolie. Sodann geben Sie darauf das zweite Glas und schließen Sie das Paket mit Naßklebestreifen, die Sie geradlinig anbringen; wie das geht, steht auf Seite 45. Abschließend können Sie das Ganze noch mit einem Rand Ihrer Wahl verschönern; die Beschreibung hierzu steht auf Seite 45 f. Stellen Sie diese Rahmung auf einen Bilderständer aus Plexiglas oder Holz.
Sie können zwischen die beiden Gläser alle Arten von Papierstreifen oder sonstige Dekorationsmaterialien geben. Einige Beispiele sehen Sie auf den Abbildungen 243–250.

Doppelglaskomposition mit Rahmen

Sie können natürlich auch um die zwei Gläser einen Rahmen geben wie bei einem gewöhnlichen Paket. Entsprechend den Maßen der Gläser schneiden Sie die Rahmenleisten zu. Geben Sie etwa 1 mm zu den Maßen hinzu, als Spiel. Befestigen Sie das »Glaspaket« im Rahmen mit kleinen Stiftnägeln oder kleineren Stahlreibern.

Dreiglaskomposition

Auch wenn diese Art der Rahmung im Querschnitt (s. Abb. 242)

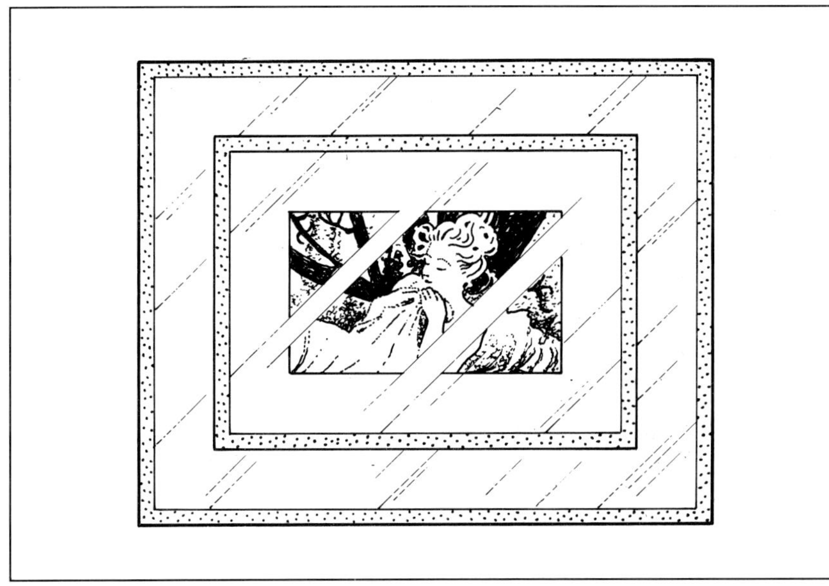

241 Beispiel für eine Dreiglaskomposition.

242 Querschnitt durch das Paket einer Dreiglaskomposition. Das Paket besteht aus:
1. Karton mit Bildaufhängung
2. Größer angelegtes rückwärtiges Glas
3. Rückwand aus festem Karton
4. Glas
5. Bild
6. Deckglas
7. Dichtungsband aus einem 25 mm breiten Naßklebestreifen
8. Selbstgestaltete Ränder oder Rahmen

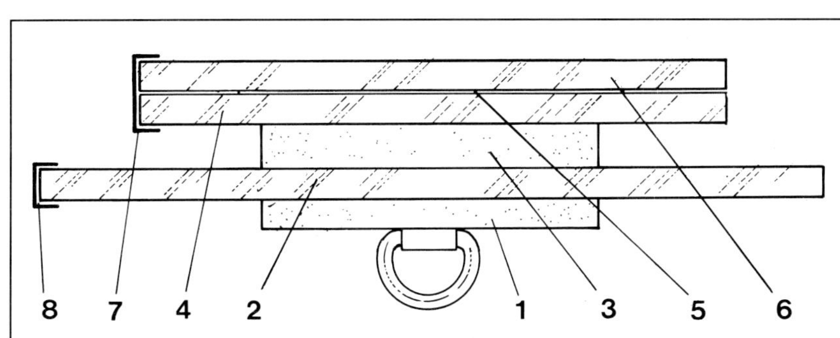

243–250 Einige Beispiele für einfache und dennoch schöne Rahmungen:
Abb. 243: Rahmung mit Deckglas
Abb. 244: Rahmung mit einer Linie
Abb. 245: Rahmung mit umgekehrtem Passepartout
Abb. 246: Rahmung mit Bild auf Trägerkarton
Abb. 247: Rahmung mit Blattverzierungen
Abb. 248: Rahmung mit außenliegendem Passepartout
Abb. 249: Rahmung mit zwei Linien
Abb. 250: Rahmung mit Blumendekor

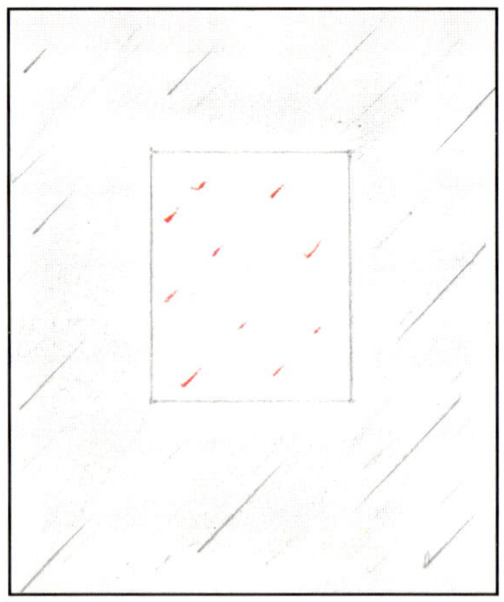
243

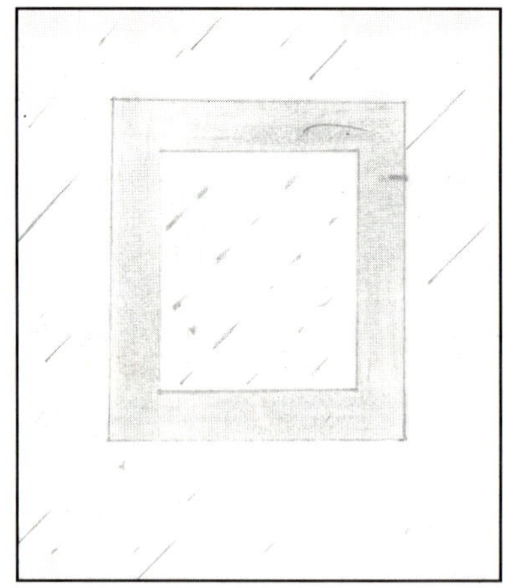
246

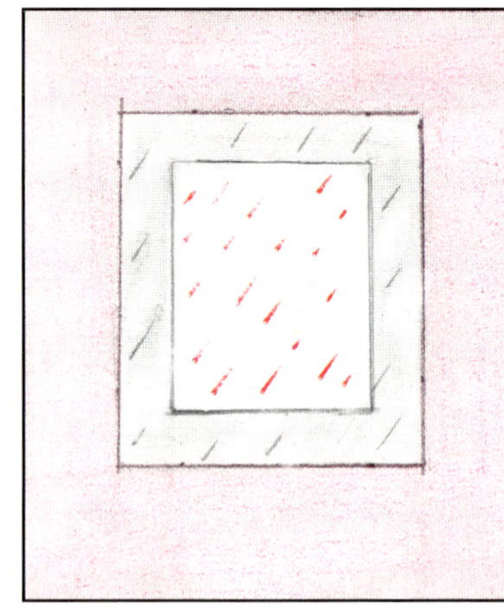
248

244

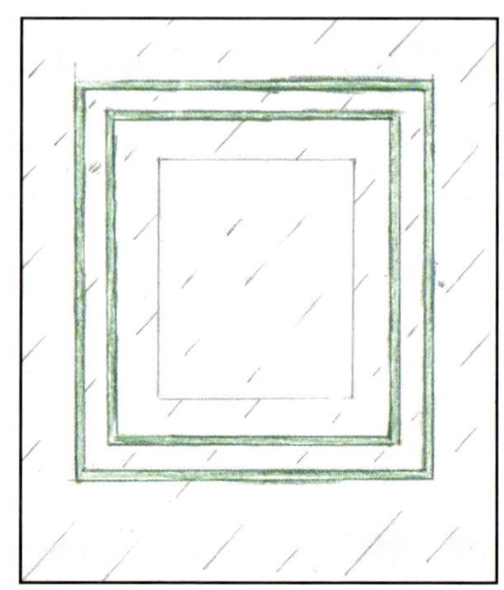
249

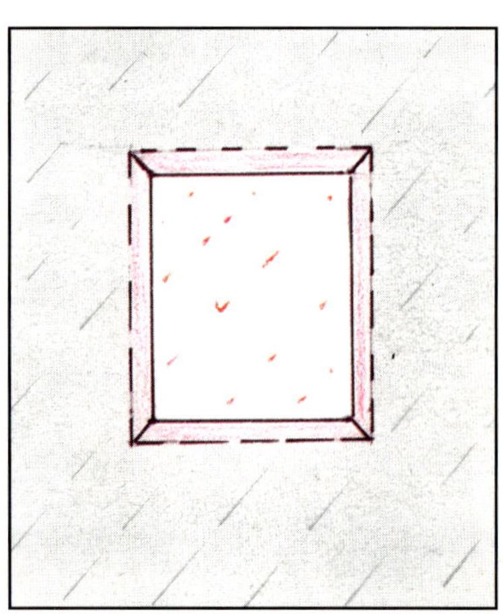
245

247

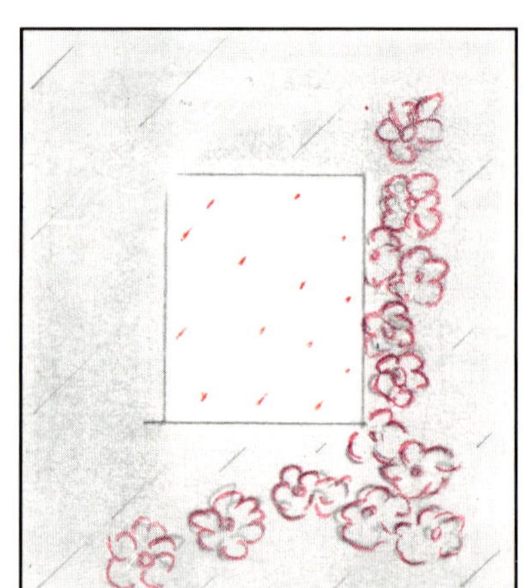
250

251 Bild zwischen zwei Gläsern. Das Passepartout besteht aus einer Spitzendecke der Jahrhundertwende; vergoldeter Louis-XVI-Rahmen.

252 Rahmen mit Stütze; Schnappschuß der Autorin. Der Rahmen wurde mit Samt bezogen; als Verzierung wurden stilisierte Rosen aus Kupfer aufgebracht.

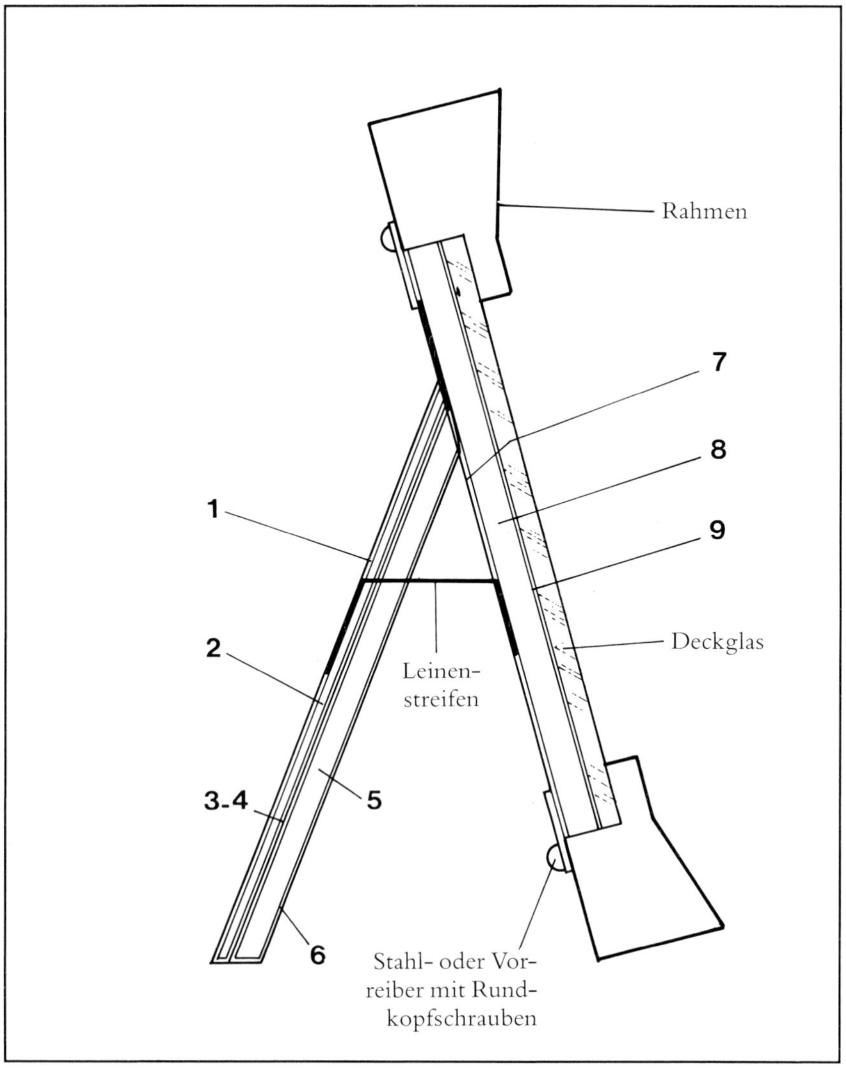

253 Querschnitt durch eine Rahmung mit Stütze.
Die Stütze besteht aus:
1. Stoff
2. Dünner Karton C 1
3. Stoff
4. Stoff
5. Holzhaltiger Karton B 1
6. Stoff
Die Rückseite der Rahmung besteht aus:
7. Stoff
8. Rückwand
9. Stoff

recht umfangreich und kompliziert aussieht, ist sie nicht sehr schwer auszuführen. Wichtig ist dabei, daß die verschiedenen Breiten der unterschiedlichen Ränder beachtet werden. Umranden oder einfassen können Sie diese Komposition aus Glas mit einem feinen Streifen Papier oder Gewebe.

Die **Abmessungen** für ein 9 × 14 cm großes Bild. Wenn man von einer Breite von 3 cm ausgeht, ergeben sich für die ersten beiden Gläser folgende Abmessungen:
Breite: $9 + (2 \times 3) = 15$ cm
Länge: $14 + (2 \times 3) = 20$ cm
Für das »Podest« hinter den beiden Gläsern gelten die Maße des Bildes abzüglich 2 cm; das heißt in unserem Fall: 7 × 12 cm.
Die Maße des dritten Glases entsprechen denen der ersten beiden Gläser plus die Randbreite; in unserem Fall 3 cm. Daraus ergeben sich folgende Abmessungen:
Breite: $15 + (2 \times 3) = 21$ cm
Länge: $20 + (2 \times 3) = 26$ cm
Dies bedeutet, daß Sie zwei Gläser in den Maßen 15 × 20 cm und ein Glas in dem Maß 21 × 26 cm zuschneiden müssen oder sich zuschneiden lassen.

Zusammenbau

Bauen Sie sich zuerst aus den beiden kleineren Gläser die Doppelglaskomposition; mitteln Sie das Bild sauber aus. Verbinden Sie die beiden Gläser mit einem Streifen Ihrer Wahl oder einem kleinen Rahmen. Anschließend befestigen Sie an der Rückseite das »Podest«; verwenden Sie einen Zweikomponentenkleber (Verarbeitungsvorschriften beachten). Achten Sie darauf, daß das »Podest« genügend Zwischenraum zwischen den Gläsern läßt, dann ist die Reinigung der Gläser einfacher.
Nun noch das dritte Glas einfassen, passend zur Rahmung der Doppelglaskomposition. Verbinden Sie nun »Podest« und drittes Glas und befestigen Sie auf der Rückseite dieses Glases die Rückwand mit der Bildaufhängung. Die Maße der Rückwand entsprechen denen des »Podestes«.

Rahmen mit Stütze

Diese Rahmen eignen sich vor allem für Fotos, die Sie beispielsweise auf einen Tisch stellen möchten; entscheidend für die Qualität der Rahmung ist die Neigung des Ganzen.

Was brauchen Sie dazu?

Einen 2 mm starken Karton, einen dünneren Karton, einen 15 mm breiten Leinenstreifen (etwa 10 cm lang) und für den Bezug Papier oder einen Stoff Ihrer Wahl (in unserem Beispiel – Abb. 252 – ist es Samt).
Zur Befestigung des Pakets brauchen Sie noch vier Stahlreiber und passende Schrauben und Naturholzleisten mit nach innen gehender Schräge (Breite 4 cm) für den Rahmen.
Das Falzmaß unseres Rahmens soll 18,2 × 12,2 cm betragen. Kennzeichnen Sie mit Markierungen die Vorder- und Rückseiten des Kartons.

Trägerkarton A 1

Die Maße des Trägerkartons entsprechen dem Falzmaß des Rahmens abzüglich eines Spiels von 2 mm. Dies bedeutet für die Abmessungen des Trägerkartons eine Größe von 18 × 12 cm. Die 2 mm Spiel brauchen Sie noch für den Bezug.
Die Halterung (Stütze) sollte so angebracht werden, daß sie sich im oberen Drittel befindet. Öffnen Sie darum in einer Höhe von 6 cm mittig auf dem Karton einen für die Stütze passenden Schlitz von 4 cm Breite.

Stützkarton B 1

Die Höhe der Stütze entspricht ⅔ der Höhe des Trägerkartons plus der Breite des Rahmens; dies bedeutet für den Stützkarton B 1 eine Höhe von 12 + 4 = 16 cm.
Die Breite für eine gute Stabilität beträgt 4 cm oben und 6 cm unten. Der Leinenstreifen wird bei ¾ der Höhe des Stützkartons angebracht. Schneiden Sie in dieser Höhe einen 15 mm breiten Schlitz in den Stützkarton B 1. Legen Sie anschließend die Teile A 1 und B 1 übereinander und übertragen die Form des Schlitzes auf den Karton A 1. Schneiden Sie auch hier den Schlitz aus.

Abmessungen der Bezüge

Seiten des Kartons A 1

Der Stoff für die Rückseite hat die Maße des Kartons plus 1 cm. Die Vorderseite erhält einen Stoff, der 2 mm kleiner ist als die Maße des Kartons.

254 Rückansicht der Rahmung mit Stütze.

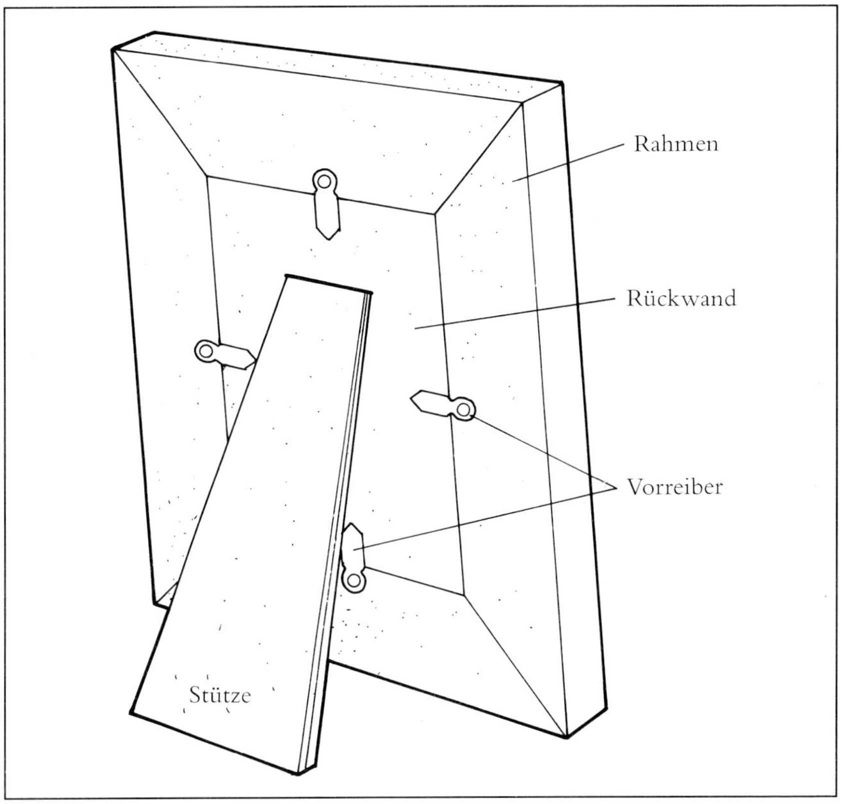

255 Kastenrahmen mit einem Spiegel als Rückwand; verkleidet wurde der Kasten mit Stoff.

256 Schön zu sehen die Halterungen für die Einlegeböden; hier sind es leicht angeschrägte feine Holzleisten.

257 **Kastenrahmen mit allerlei Süßem; schön das pyramidenförmige »Podest« für das Bild.**

Seiten des Kartons B 1

Der Stoff für die Vorderseite hat die Maße des Kartons plus 1 cm an den Seiten; nach oben hin rechnen Sie bitte 2 cm dazu.
Für die Rückseite brauchen Sie einen Stoff, dessen drei Seiten kleiner sind als die Abmessungen des Kartons; nach oben hin rechnen Sie bitte 2 cm hinzu.

Seiten des Kartons C 1

Der Stoff für die Rückseite ist an den drei Seiten 1 cm und nach oben hin 2 cm länger. Für die Vorderseite brauchen Sie einen Stoff, der an den drei Seiten 2 mm kleiner ist als die Maße des Kartons und nach oben hin 2 cm länger.

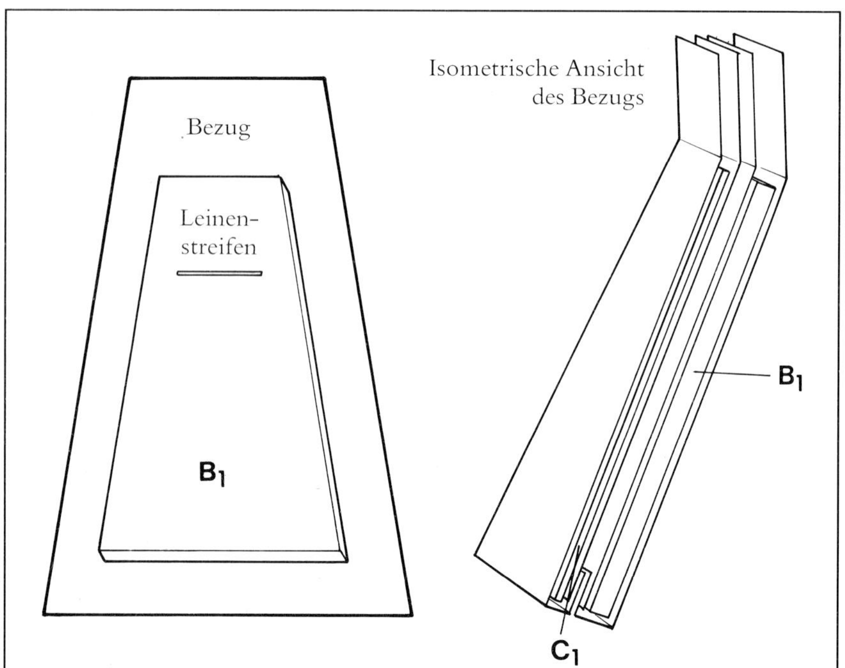

258 Entscheidend für die Schönheit dieser Rahmung ist das genaue Beziehen der Stütze.

Beziehen der einzelnen Kartons

Ziehen Sie von den Längen des Stützkartons B 1 und C 1 2 mm ab.

Trägerkarton A 1

Beziehen Sie zuerst die Rückseite. Bestreichen Sie die Ränder des Stoffs mit Kleber. Schneiden Sie an den Kartonecken die Ecken des Stoffs diagonal ab; wie das geht, steht auf Seite 34f. Schlagen Sie dann die Ränder des Stoffs auf die Vorderseite um und drücken Sie sie gut an.

Stützkarton B 1

Beziehen Sie zuerst die Vorderseite. Bestreichen Sie die Ränder des Stoffs mit Kleber und schneiden Sie die Ecken diagonal ab. Schlagen Sie die beiden Längsseiten um und drücken diese gut an.

Stützkarton C 1

Beziehen Sie zuerst die Rückseite. Bestreichen Sie die Ränder des Stoffs mit Kleber und schneiden Sie die Ecken diagonal ab. Schlagen Sie bis auf den oberen Überstand die Ränder um und drücken sie gut an.

Befestigung des Leinenstreifens

Schneiden Sie sich vorab ein etwa 20 cm langes Stück zu; die Länge des Leinenstreifens bestimmt letztlich die Neigung des Rahmens.

Vorderseite des Stützkartons B 1

Schieben Sie das eine Ende des Leinenstreifens quer durch den Stoff und den Karton etwa 2 cm hinein.

Rückseite des Trägerkartons A 1

Hier schieben Sie das andere Ende des Leinenstreifens durch. Entscheiden Sie sich für den Neigungswinkel und schneiden Sie den Leinenstreifen so ab, daß etwa 2 cm Überstand bleiben.

Befestigung der Stütze

Bestreichen Sie die Fläche des Kartons C 1 mit Kleber. Drücken Sie die Vorderseite des Kartons C 1 gegen die Vorderseite des Kartons B 1.

Vorderseite des Trägerkartons A 1

Schieben Sie die oberen Teile der Stütze 2 cm durch den Stoff und den Trägerkarton. Drücken Sie die Teile gut an. Bestreichen Sie nun den Stoff für die Vorderseite mit Kleber und beziehen Sie damit die Vorderseite des Trägerkartons A 1.

Befestigung von Trägerkarton und Stütze

Befestigen Sie mit den Schrauben die Stahlreiber auf dem Rahmen. Geben Sie den Trägerkarton mit der Stütze in den Rahmen und fixieren Sie das Ganze im Rahmen mit vier Stahlreibern.

Gewusst wie

Beziehen Sie die Leisten des Rahmens einzeln. Schlagen Sie die acht Seiten und die überstehenden Millimeter auf die Gehrungskanten um. Das Foto wird zwischen Glas und Trägerkarton mittig befestigt.

Eine Pinnwand

Diese etwas andere Pinnwand ist recht einfach herzustellen und eignet sich für Fotos aller Art; das ideale Geschenk, um anderen eine Freude zu bereiten!
Ein sehr gebräuchliches Maß für eine Pinnwand ist ein Format von 30 × 40 cm. Bei einem Format von 40 × 50 cm haben Sie den Vorteil, daß Sie eine zwei Meter lange Rahmenleiste verwenden können, ohne daß Verschnitt anfällt.

Was brauchen Sie dazu?

Ein stabiles Lineal, ein Winkelmaß, ein Schneidmesser, Stifte, ein Papiermesser, zwei Halterungen, einen kleinen Leinenstreifen und etwas Kleber. Darüber hinaus noch sechs Stahlreiber (die entsprechende Anzahl Schrauben), eine Rahmenleiste und ein doppelseitiges Klebeband (etwa 1 cm breit).

Rückwand

Beziehen Sie diesen Karton auf der Rückseite. Schneiden Sie an den Ecken den überstehenden Bezug diagonal ein (auf Gehrung schneiden). Schlagen Sie danach die Ränder auf die Vorderseite um und beginnen hier mit den Längsseiten.
Befestigen Sie die Halterungen an der Rückwand. Entweder stellen Sie die Bildaufhängung selbst her oder verwenden wasserlöslich gummierte Klebeösen mit einer vermessingten Öse.
Geben Sie dann auf die Vorderseite, etwa 2 bis 3 mm vom Rand

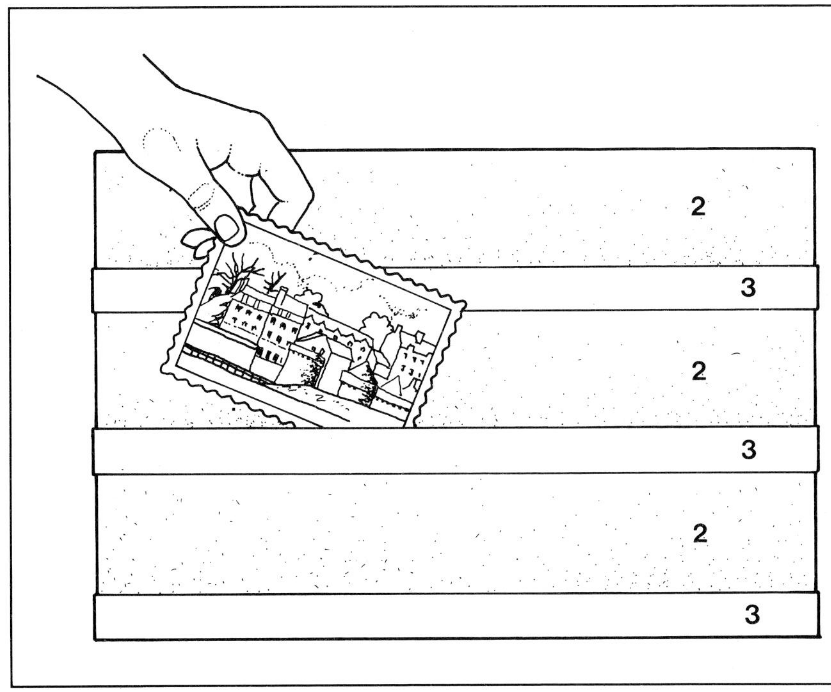

259 Eine Pinnwand, leicht herzustellen.
2. Dünner Karton
3. Streifen zum Einstecken der Bildobjekte

260 Querschnitt durch eine Pinnwand. Eine Pinnwand besteht aus:
1. Rückwand mit zwei Bildaufhängungen, auf der Rückseite bezogen
2. Dünner Karton, auf der Vorderseite bezogen
3. Drei Streifen mit einem Bezug Ihrer Wahl

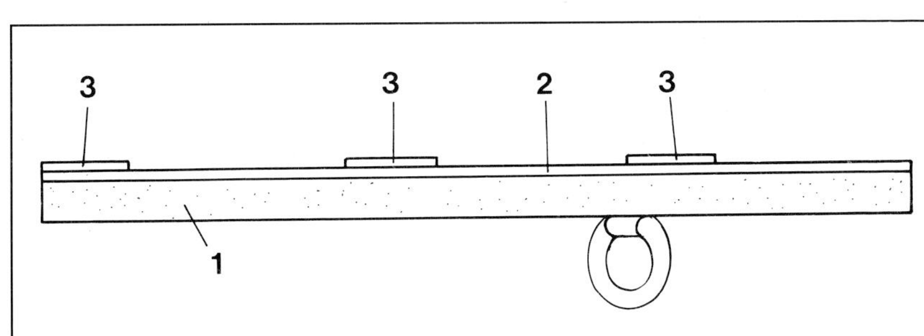

261 Kastenrahmen mit »Schnee«; dieser besteht hier aus feinen Plastikspänen.

262 Kastenrahmen mit Sand; Wolken, Möwen und Sonne wurden in Hinterglasmanier auf das Deckglas gemalt.

263

263 Ein altes Buch, präsentiert in einem Kastenrahmen. Der Boden des Kastens wurde mit einer Hirschlederimitation bezogen; Pincenez (Zwicker) der Zeit. Schön die getrockneten Blumen als dekoratives Lesezeichen.

264, 265 Kastenrahmen für Münzen; der Karton wurde mit schwarzem Velours bezogen, um das »Leuchten« der Münzen zu verstärken.

265 ▽ 264 △

nach innen gerückt, rundherum Streifen doppelseitiges Klebeband. Mit diesen Klebebändern wird der dünne Trägerkarton mit der Rückwand verbunden.

Trägerkarton

Beziehen Sie die Vorderseite: dies ist also die Sichtseite unserer Pinnwand. Lassen Sie den Bezug Ihrer Wahl an den Kanten etwa 2 cm überstehen. Mit Hilfe des Papiermessers drücken Sie den Bezug fest an die Kanten an, so daß an den vier Ecken richtig schöne Spitzen entstehen. Mit einer guten Schere schneiden Sie die überstehenden, nach oben zeigenden Spitzen mittig zu den Kartonecken hin ein. Achten Sie darauf, daß gerade an den Ecken der Bezug fest anliegt. Nun schlagen Sie die Ränder sauber auf die Rückseite um; gut andrücken.

Drei Streifen

Sie bilden die Halterungen für Ihre Fotos. Ob sie das gleiche Muster oder die gleiche Farbe wie der Trägerkarton haben, bleibt Ihrem Geschmack überlassen.
Beziehen Sie zuerst ein Kartonstück in einer Gesamtbreite von 12 (= 3 × 4) cm und schneiden Sie sich dann die Streifen in einer Länge von 44 cm passend zu. So haben Sie an den Streifenenden für

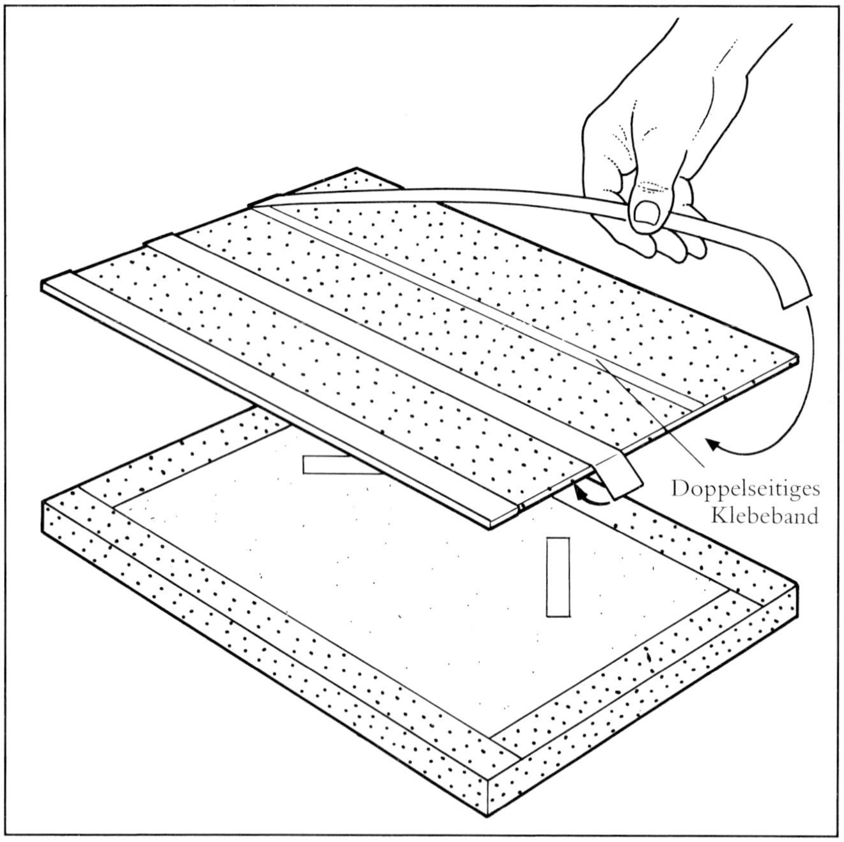

266 Mit einem doppelseitigen Klebeband befestigen Sie die einzelnen Streifen.

jede Seite 2 cm zum Umschlagen. Legen Sie die Streifen auf die Vorderseite des Trägerkartons und schlagen Sie die Enden auf die Rückseite. Drücken Sie dabei die Streifen mit dem Papiermesser gut an die Kanten des Kartons. Nun geben Sie auf die Vorderseite des Kartons entsprechend lange Streifen des doppelseitigen Klebebands; schlagen Sie die Streifen des Klebebands etwa 1 cm auf jeder Seite auf die Rückseite um. Der erste Kartonstreifen wird so angebracht, daß er mit der Unterkante des Trägerkartons bündig abschließt. Dies bedeutet, daß Sie den dafür notwendigen Klebestreifen ebenfalls bündig an der Unterkante anliegend anbringen. Entfernen Sie das Schutzpapier und befestigen Sie nun den Streifen darauf; sein oberer Teil bleibt frei, so daß Sie dorthinein die Fotos stecken können. Schlagen Sie die Enden sauber um.

Verbinden der beiden Kartons

Entfernen Sie den Schutzfilm des doppelseitigen Klebebands, das Sie vorher auf der Vorderseite der Rückwand angebracht hatten. Stellen Sie nun beide Kartons hochkant auf Ihre Arbeitsunterlage. Achten Sie darauf, daß die Halterungen nach oben zeigen, und der erste Streifen des Trägerkartons unten ist.
Vorsichtig richten Sie die beiden Kartons aus, bis ihre Seiten bündig übereinanderstehen. Nun drücken Sie die zwei Kartons fest zusammen. Abschließend gilt es noch, den Rahmen passend zuzuschneiden.

Deckglas

Falls Sie die Fotos nicht ständig austauschen wollen, sollten Sie zu ihrem Schutz ein Deckglas verwenden. Geben Sie in den Falz des Rahmens ein doppelseitiges Klebeband und drücken Sie das entsprechend zugeschnittene Glas in den Falz.

Befestigen der Stahlreiber

Verteilen Sie die Stahlreiber so, daß sich im gleichen Abstand auf jeder Seite zwei Stahlreiber befinden. Achten Sie beim Anschrauben darauf, daß sich das Holz des Rahmens nicht spaltet. Geben Sie nun die Pinnwand in den Rahmen und fixieren Sie die Pinnwand mit den Stahlreibern.

Kastenrahmen

Mit Hilfe eines Kastenrahmens haben Sie die Möglichkeit, Ihre Objekte in einer Art Vitrine oder Schaukasten zu präsentieren. Auch wenn diese Art der Rahmung außergewöhnlich erscheint, ist sie doch recht einfach auszuführen. Geeignet sind Kastenrahmen für dreidimensionale Objekte wie Münzen, Bleisoldaten oder andere Sammlungen, die besser vor Staub geschützt aufbewahrt werden sollten.

Ein Schaukasten mit Einlegeböden

Was brauchen Sie dazu?

Einen 3 mm dicken Karton, einen dünneren Karton, Holzleim, Bildaufhängung, Leinenstreifen, Papiermesser, ein sauberes Tuch, ein Schneidmesser und eine Vierkantleiste als Stütze für die Einlegeböden (etwa 0,3 × 0,3 cm).
Alle Teile des Schaukastens werden einzeln zugeschnitten: Boden, Längs- und Breitseiten, Einlegeböden, Trägerkarton und Rückwand. Dies bedeutet, daß Sie die einzelnen Teile sehr genau und absolut rechtwinklig zuschneiden müssen.

Die Masse

Der **Boden** sollte 16 × 20 cm groß sein. Auf der Rückseite befestigen Sie die Bildaufhängung, die Sie, wie es sich für einen echten Meister gehört, selbst herstellen; wie das geht, steht auf Seite 38 f.
Die **Seitenteile** des Kastens haben folgende Abmessungen:
Längsseiten: Länge des Bodens, dies bedeutet 20 cm.
Breitseiten: Breite des Bodens plus zweimal die Dicke des Kartons; dies bedeutet 16 + (2 × 0,3) = 16,6 cm.
Breite oder besser gesagt Höhe des Kastens, der Seitenteile: 3 cm für alle vier Seiten.
Die **inneren Abmessungen** des Kastens entsprechen denen des Bodens; dies bedeutet 16 × 20 cm.
Die Maße des **innenliegenden Trägerkartons** errechnen sich wie folgt: Ziehen Sie von den Abmessungen des Bodens für den Bezug 2 mm ab; dies bedeutet 15,8 × 19,8 cm.
Die **äußeren Abmessungen** des Kastens errechnen sich wie folgt: Rechnen Sie zu den Abmessungen des Bodens die Dicke der Seitenteile (2 × 0,3 cm) hinzu; dies bedeutet 16,6 × 20,6 cm.
Die Maße der **Rückwand** entsprechen den äußeren Maßen des Kastens (16,6 × 20,6 cm) abzüglich 0,3 bis 0,6 cm für alle vier Seiten. Wir wählen für unser Beispiel ein Maß von 0,5 cm; dies bedeutet für die Rückwand:
Breite: 16,6 – (2 × 0,5) = 15,6 cm
Länge: 20,6 – (2 × 0,5) = 19,6 cm

Gewusst wie

Die Rückwand kann natürlich auch den äußeren Maßen des Kastens genau entsprechen, aber ich habe die Erfahrung gemacht, daß ein kleiner Absatz ganz hübsch ist und zudem die Kanten der Rückwand nicht sichtbar macht.

Einlegeböden

Für die **Breite** der Einlegeböden ziehen Sie von der ursprünglichen Höhe oder Breite (3 cm) des Kastens 0,5 cm ab. Die 0,5 cm entsprechen der Dicke des Kartons (0,3 cm) und der Dicke des Bezugs (0,2 cm); dies bedeutet eine Breite von 2,5 cm.
Für die **Länge** der Einlegeböden ziehen Sie von der Breite des Bodens (16 cm) 0,2 cm ab. Diese 0,2 cm entsprechen der Dicke des Bezugs; dies bedeutet eine Länge von 15,8 cm.

267 Achten Sie beim Zusammenbau des Kastens darauf, daß der Kasten rechtwinklig zusammengeklebt wird.

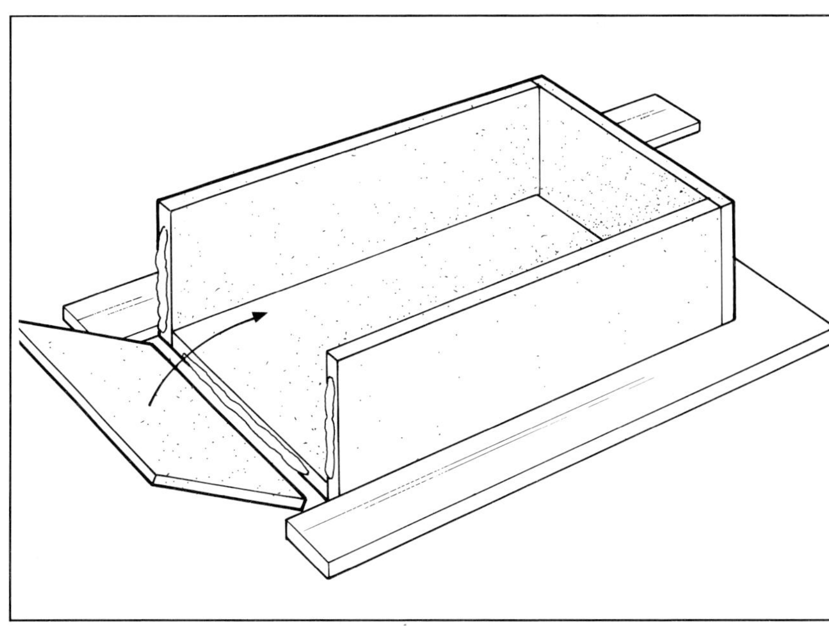

Zusammenbau des Kastens

Zeichnen Sie auf den Boden des Kastens die Markierung für die Bildaufhängung an. Legen Sie die fünf Kartonteile – Boden und die vier Seitenwände – auf ein Packpapier oder entsprechendes Papier. Bestreichen Sie die Kantenflächen des Bodens gleichmäßig mit einer dünnen Kleberschicht; ebenso die Seitenkantenflächen der längeren Seitenwände. Fügen Sie nun die Teile zusammen; drücken Sie sie gut zusammen. Mit einem Winkelmaß und einem langen Lineal kontrollieren Sie, ob alle Seiten auch rechtwinklig sind. Verstärken Sie den Halt in den Eckkanten mit einem entsprechend langen Naßklebestreifen, den Sie innerhalb und außerhalb der Eckkanten des Kastens aufbringen. Lassen Sie nun den Kleber anziehen.

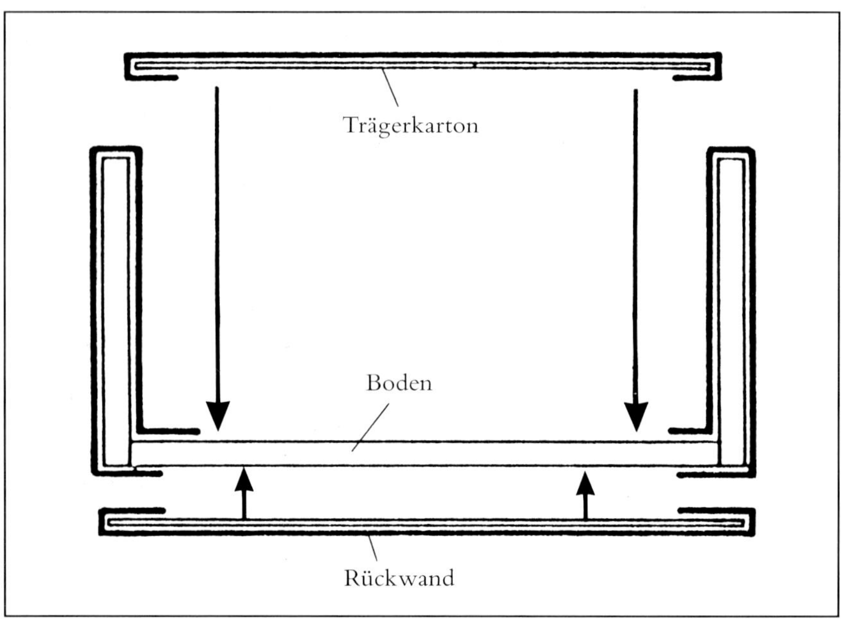

268 Querschnitt durch den Kasten mit den Teilen, die Sie beziehen sollten.

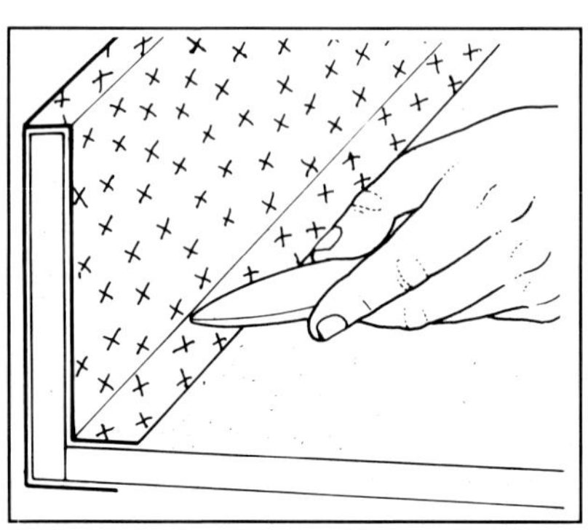

269 Mit einem Papiermesser drücken Sie den Bezug sauber in die Ecken.

Beziehen des Kastens

Stoff oder Papier, uni oder mit einem phantasievollen Muster, die Möglichkeiten der Gestaltung sind schier unbegrenzt: Blumen, Rankmuster, Buchstaben, geheimnisvolle Zeichen, Herzen, einzeln oder zusammen (Beispiel: Blumen und Rankmuster). Achten Sie aber unbedingt auf eine wichtige Tatsache: Verarbeiten Sie Stoffe oder Papier immer in der richtigen Laufrichtung; wie das geht, steht auf Seite 33. Schneiden Sie nun für die vier Seitenwände den **Bezug** in den richtigen Maßen zu.
Die **Länge** entspricht der der Seitenwände plus 1 cm; dies bedeutet (2 × 16,6 cm) + (2 × 20,6 cm) + 1 cm = 75,4 cm.
Die **Breite** entspricht zweimal der Breite (Höhe) der Seitenwände plus 3 bis 4 cm Überstand; dies bedeutet in unserem Beispiel eine Breite des Streifens für den Bezug von 9 bzw. 10 cm.
Zeichnen Sie nun mittig auf die Rückseite des Streifens über die gesamte Länge eine Hilfslinie. Bestreichen Sie die Rückseite vollflächig mit einer dünnen Kleberschicht. Stellen Sie sodann den Kasten hochkant entlang der Hilfslinie auf den Streifen. Lassen Sie den Streifen an einem Rand etwa 1 cm überstehen: Oberkante der Seitenwände und Hilfslinie liegen aufeinander. Nun drehen Sie den Karton immer eine Seitenfläche weiter. Achten Sie darauf, daß die Oberkante stets entlang der Hilfslinie verläuft. Bevor Sie die letzte Fläche der Seitenwände beziehen, schlagen Sie die 1 cm Überstand des Streifens am Rand auf diese Seite um und schneiden den Streifen an den Ecken gerade bis zur Kante ein. Nun schlagen Sie die Streifen auf die Innenseiten der Seitenwände um und drücken mit einem Papiermesser den Bezug gut in die Längskanten zum Boden. Schneiden Sie an den Innenecken den verbleibenden Streifenrest ein und drücken ihn sauber auf den Boden des Kastens.
Beziehen Sie abschließend die Rückwand und kleben Sie sie an die Rückseite des Bodens; das Anbringen der Bildaufhängung nicht vergessen! Nun noch den Trägerkarton sauber beziehen und auf den Boden des Kastens kleben.
Die Seitenwände des Kastens lassen sich einzeln mit vier zugeschnittenen Streifen beziehen: dies hängt von den Abmessungen des ausgesuchten Materials für den Bezug ab. Sie können auch, was manchmal ganz sinnvoll ist, die Außen- und Innenseiten der Seitenwände einzeln beziehen.

Die Einlegeböden

Bestimmen Sie vorab, wo die einzelnen Einlegeböden angebracht werden sollen. Verwenden Sie als Halterung oder Auflagefläche für die Einlegeböden die vorher bereits erwähnten kleinen Vierkantleisten. Kleben Sie diese Leisten bitte gerade an.

RAHMEN

Mit dem Rahmen umfassen Sie den Kasten und verleihen Ihrem Schaukasten so ein ganz persönliches Gepräge. Dann ist es wichtig, daß der Rahmen von der Falzhöhe gesehen genau mit den Höhen der Seitenwände übereinstimmt. Sorgen Sie abschließend für eine gute und dauerhafte Halterung des Kastens im Rahmen.

Phantasievolle Ideen für Kastenrahmen

Zur Freude Ihrer Kinder seien hier einige fast »lebende« Rahmungen vorgestellt (s. Abb. 257, 261, 262). Es sind einfache Kastenrahmen, in die Sie die unterschiedlichsten Elemente einfüllen oder mit etwas Kleber aufkleben können.

Kastenrahmen für Fächer

Das hier vorgeschlagene Modell basiert auf dem gerade zuvor beschriebenen Kastenrahmen. Entsprechend der Größe des zu rahmenden Fächers legen Sie die Maße des Fensterausschnitts fest.

TRÄGERKARTON

Bei einem geöffneten Fächer – dies entspricht in etwa der Form eines Halbkreises – gibt es einen meßbaren Radius, den wir mit dem Buchstaben r bezeichnen wollen. So erhält man auch die Abmessungen des Trägerkartons:
Länge: 2 × r + Randbreiten
Breite: r + Randbreiten

SCHRÄGSCHNITTPASSEPARTOUT (B 1 / **B 2**)

Zeichnen Sie auf die Rückseite des Kartons die Form des geöffneten Fächers als Halbkreis. Nun zeichnen Sie einen zweiten Halbkreis, dessen Radius 1 cm größer ist als der des Fächers. Entlang dieser zweiten Halbkreislinie schneiden Sie das Fenster schräg aus.
Verkleiden Sie die Schrägschnittkanten mit Goldpapier, wobei Sie den Streifen für den Halbkreis entsprechend einschneiden; wie das geht, steht auf Seite 100.

BEZUG (A 1 / **A 2**)

Übertragen Sie auf die Rückseite mit Hilfe des Passepartouts (B 1 / **B 2**) das Fenster, wie Sie es vorher gelernt haben. Daraufhin schneiden Sie den Fensterausschnitt A 1 aus.

KASTENRAHMEN

Um eine passende Höhe zu bekommen, sollten die Seitenwände des Kastenrahmens etwa 3 cm hoch sein; dies entspricht in etwa der Höhe des Fächers und der Dicke des Passepartoutkartons. Abschließend beziehen Sie den Kastenrahmen mit einem Stoff oder Papier Ihrer Wahl; wie das geht, steht auf Seite 138.

BEFESTIGEN DES FÄCHERS

Beziehen Sie die Vorderseite des Trägerkartons. Nähen Sie nun den Fächer mit einem durchsichtigen Nylonfaden mittig auf den bezogenen Trägerkarton.
Entlang dem inneren Umfang des Kastenrahmens befestigen Sie einen ausreichend dicken (hohen) Karton als »Podest«. So heben Sie das Passepartout ausreichend hoch an; eine notwendige Maßnahme für alle zu rahmenden dreidimensionalen Objekte.

270 Querschnitt durch einen Kastenrahmen für Fächer. Der Kastenrahmen besteht aus:
1. Rückwand – auf der Rückseite bezogen – mit Bildaufhängung
2. Boden des Kastenrahmens
3. Trägerkarton, auf der Vorderseite bezogen
4. Fächer
5. Abstandhalter
6. Schrägschnittpassepartout (B 1/B 2)
7. Bezug (A 1/A 2) für das Passepartout
8. Deckglas
9. Dichtungsband aus einem 25 mm breiten Naßklebestreifen

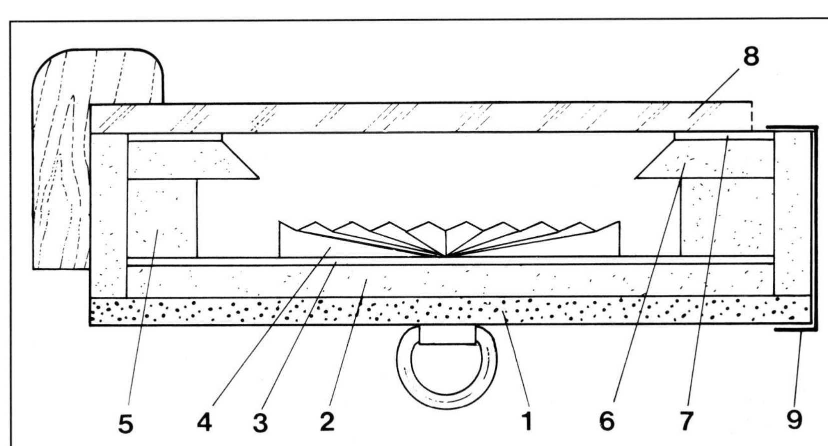

Befestigen Sie anschließend das Deckglas mit Hilfe eines Naßklebestreifens am Kastenrahmen.
Nun gilt es noch, den Rahmen für das Ganze herzustellen. Achten Sie auf eine passende Falzhöhe der Leiste, damit der Kastenrahmen in dem Rahmen »verschwindet«. Fixieren Sie den Kastenrahmen im Rahmen mit kleinen Nägeln, die Sie vorsichtig in die Rückseite des Rahmens einschlagen. Selbstverständlich können Sie auch mit anderen Hilfsmitteln den Kastenrahmen fixieren.

Kastenrahmen für Münzen

Auch hier liegt das Prinzip des Kastenrahmens zugrunde. Ganz wichtig ist es dabei, daß die einzelnen Fensterausschnitte sehr genau ausgeführt werden. Als Bezug verwenden Sie am besten einen dunklen Velours-Stoff, da dieser den Glanz und die Schönheit der Münzen unterstreicht. Verwenden Sie entsprechende Rahmenleisten, die mit dem Gold oder Silber der Münzen harmonieren.

Die Masse

Legen Sie auf den Passepartoutkarton entsprechend Ihrem Geschmack die ausgesuchten Münzen. Achten Sie darauf, daß zwischen zwei Münzen ein Mindestabstand von 15 mm und ein äußerer Rand von 3 cm besteht. So erhalten Sie auch die Maße für den Passepartoutkarton wie für Trägerkarton und Boden des Kastenrahmens. Als Hilfe können Sie die Münzen zunächst auf ein kariertes Pauspapier legen; so lassen sich die Abstände leichter festlegen.

271 Querschnitt durch einen Kastenrahmen für Münzen oder Medaillen. Der Kastenrahmen besteht aus:
1. Rückwand mit Bildaufhängung
2. Boden des Kastenrahmens
3. Trägerkarton, auf der Vorderseite bezogen
4. Holzhaltiger Karton mit den passenden Öffnungen, auf der Vorderseite bezogen
5. Deckglas, befestigt in dem Falz des Rahmens

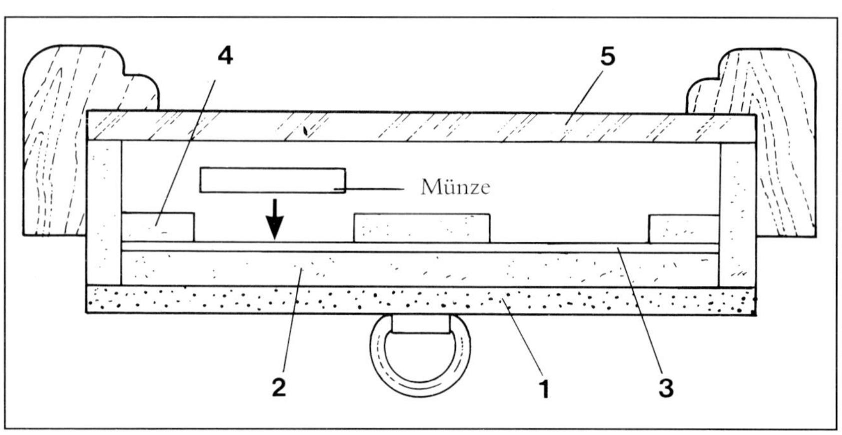

Der Kastenrahmen

Bauen und beziehen Sie den Kastenrahmen entsprechend den Anweisungen auf Seite 138. Kleben Sie Rückwand, Boden des Kastens und Trägerkarton richtig zusammen und beziehen Sie alle Teile sauber mit dem Stoff Ihrer Wahl.
Übertragen Sie die Umrisse der Münzen auf die Rückseite des Passepartoutkartons und schneiden Sie die einzelnen Ausschnitte aus. Um kleinere runde Fensterausschnitte zu fertigen, gibt es besondere Kreisschneider. Schneiden Sie die einzelnen Fenster so aus, daß sie etwa 1 bis 2 mm größer als die Umrisse der Münzen sind – warum? Wegen des Bezugs natürlich. Beziehen Sie abschließend den Passepartoutkarton. Schneiden Sie an den einzelnen Fenstern den Bezug sternförmig ein und schlagen die Ausschnitte auf die Rückseite des Kartons sauber um.
Da die einzelnen Münzen zumeist unterschiedlich dick sind, sollten Sie dies mit einem passenden »Podest« ausgleichen. Legen Sie unter die dünneren Münzen jeweils ein passendes »Podest«, so daß eine plane Oberfläche entsteht. Befestigen Sie die Münzen mit kleinen Stücken einer Aufziehfolie. Das Deckglas befestigen Sie mit einem doppelseitig klebenden Klebeband im Falz des Rahmens.

Spielarten, Varianten

Sie können einmal die Fenster schräg ausschneiden, was nicht ganz einfach ist, da der Radius der Kreise zumeist sehr klein ist. Beziehen Sie nun die Schrägschnittkanten der einzelnen Fenster mit Goldpapier und das Passepartout mit einem dunklen Velours.
Um Münzen zu rahmen, ist es nicht unbedingt notwendig, einen Kastenrahmen herzustellen. Es genügt auch schon ein umgekehrtes Schrägschnittpassepartout; wie das geht, steht auf der Seite 98. Wichtig ist, daß Sie Rahmenleisten mit der passenden Falzhöhe finden, die die Dicke des Pakets überdecken.
Darüber hinaus sind auch andere Techniken und Variationen möglich; Ihrer Phantasie sind da kaum Grenzen gesetzt. Denken Sie nur an all die bereits erlernten Techniken: innen- oder außenliegendes zweites Passepartout, übereinanderliegende Fensterausschnitte und und und... Ich bin sicher, Sie werden noch eine Reihe von Möglichkeiten ausprobieren.

Beispiele für Passepartouts

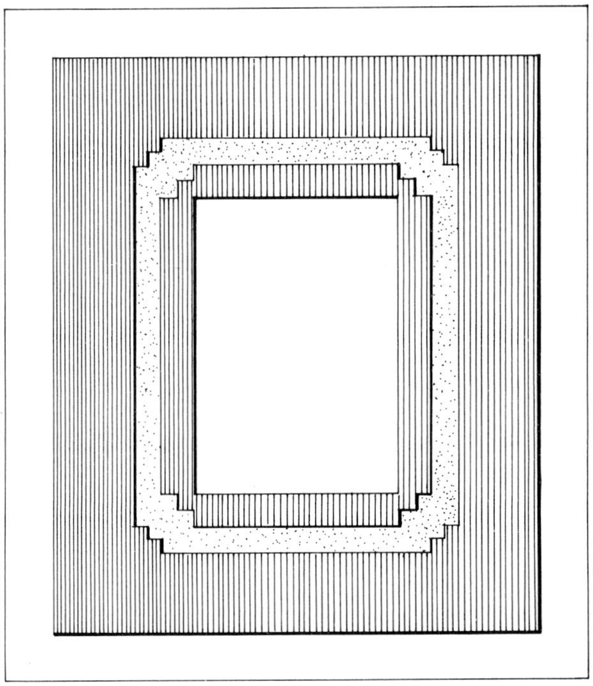

272 Verzierung des Passepartouts. Schneiden Sie in das Passepartout einen dekorativen Rand, so daß der darunterliegende, andersfarbig bezogene Trägerkarton durchscheint.

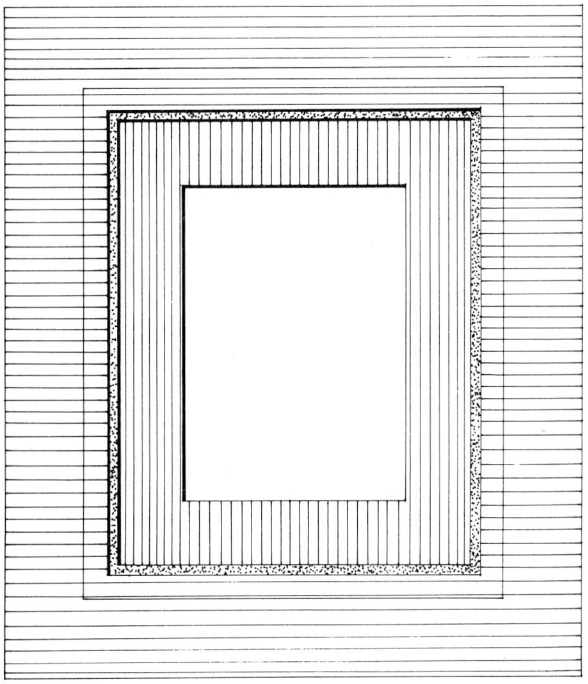

274 Spielen mit Schrägschnittpassepartout und zweitem Passepartout (von innen nach außen):
- Schrägschnittpassepartout in gebrochenem Weiß
- Schrägschnittpassepartout im gleichen Farbton mit einer bemalten Kante, z. B. grau
- Außenliegendes zweites Passepartout, gefärbt mit schwarzer Tusche, überzogen mit Lack für das Vergolden
- Schrägschnittpassepartout mit grauem Bezug und Passepartoutzierlinien aus Goldfarbe

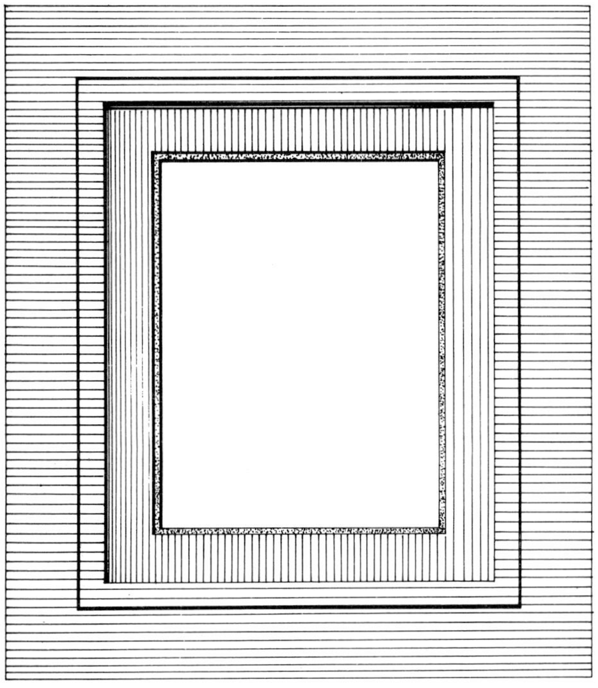

273 Übereinanderlegen von Schrägschnittpassepartouts und zweitem Passepartout (von innen nach außen):
- Innenliegendes zweites Passepartout
- Erstes Schrägschnittpassepartout
- Zweites Schrägschnittpassepartout, verziert mit einer einfachen Linienzeichnung

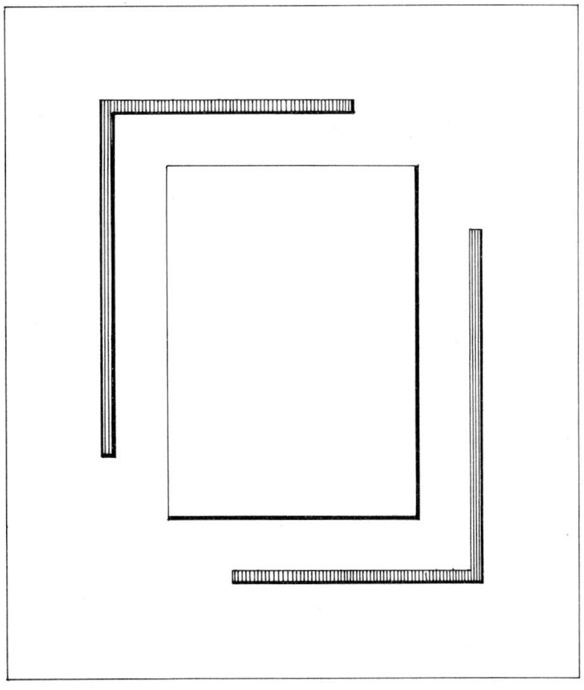

275 Verzierung eines Passepartouts. In den Bezug des Passepartouts hineingeschnittene Winkel; so erscheint ein sich unter dem Bezug befindliches Papier.

276 Drei Passepartouts. Die ersten beiden Passepartouts haben eine gebrochen weiße Oberfläche; das dritte Passepartout wird in Aquarellmanier bemalt, passend zu dem Bild.

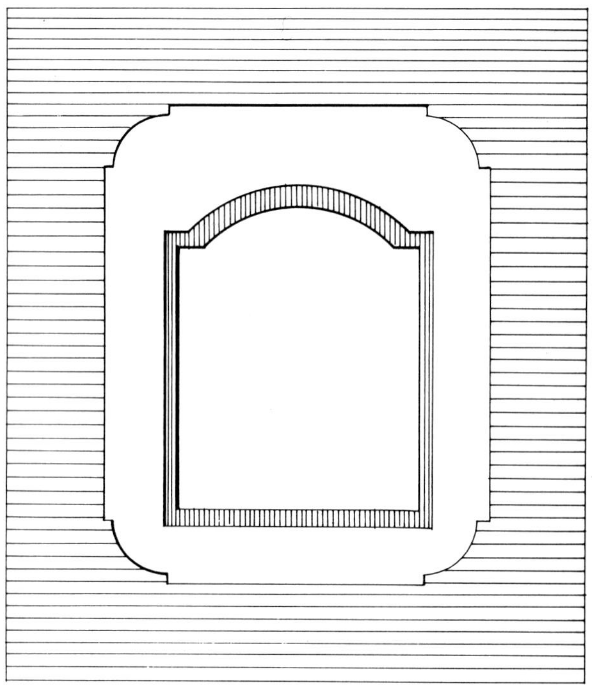

278 Farbig bezogenes Passepartout. In dem Fensterausschnitt bleibt ein großer Kreisbogen stehen; dieser Bogen kann in Himmelblau bemalt werden, um beispielsweise den Himmel eines Urlaubsfotos hervorzuheben.

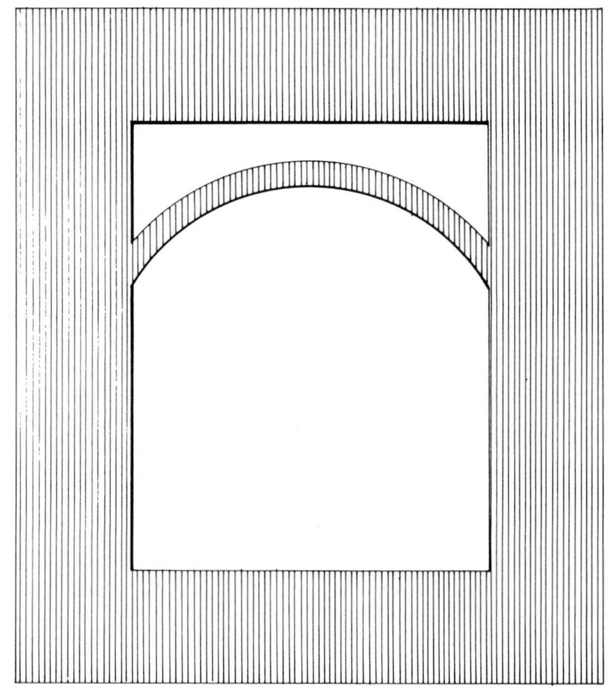

277 Überdecken eines innenliegenden zweiten Passepartouts, dessen innerer Rand bemalt wird. In den Bezug wird ein unterbrochener Rahmen geschnitten, so daß das darunterliegende, farbig gestaltete Papier erkennbar wird.

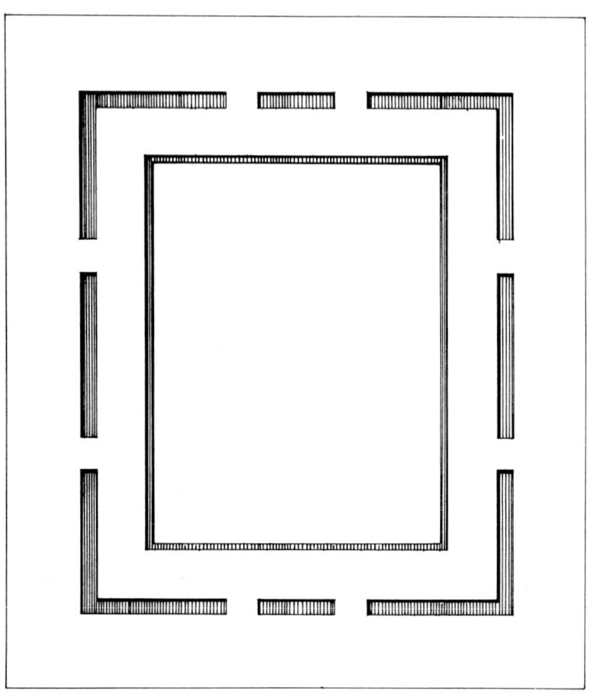

279 Schrägschnittpassepartouts mit außenliegendem zweiten Passepartout; Bezug bemalt mit Passepartoutzierlinien aus Tusche.

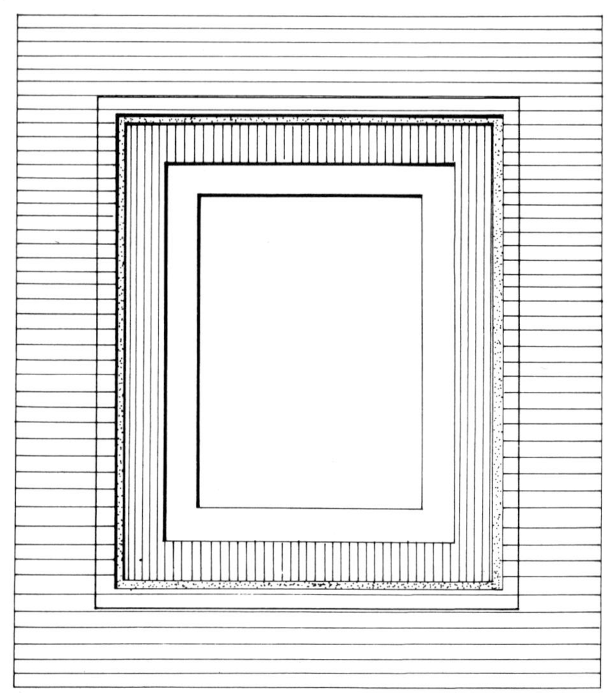

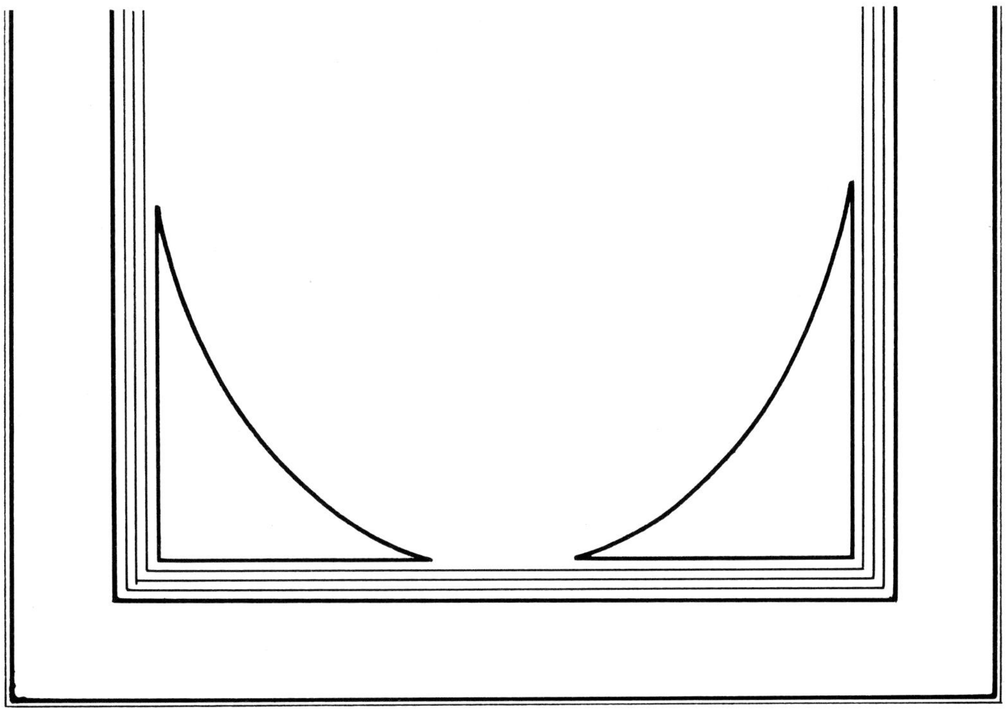

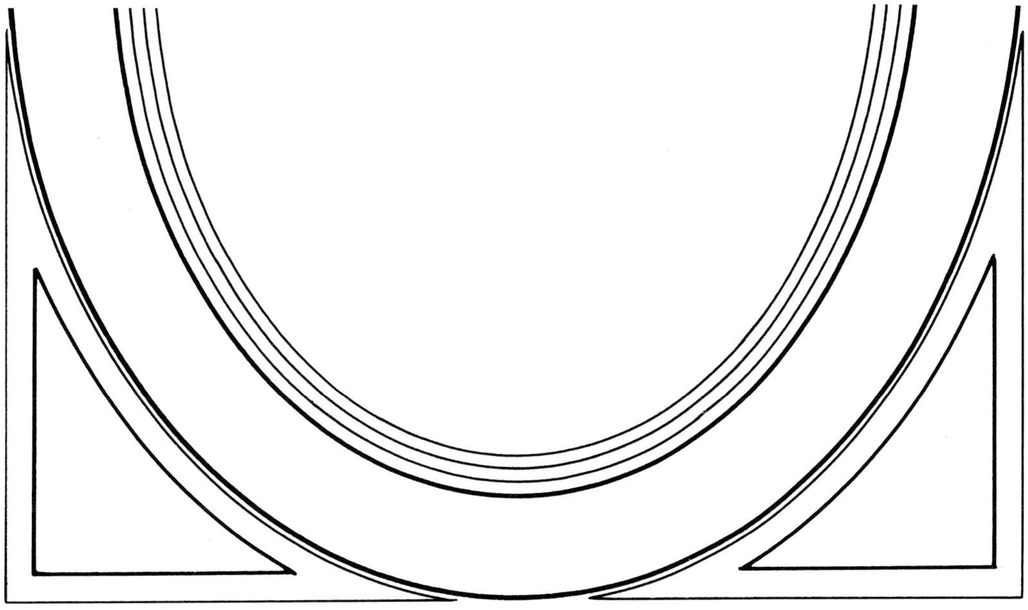

280, 281 Zwei Beispiele für phantasievolle Passepartoutzierlinien für einen ovalen Fensterausschnitt.

Dank

Daß dieses Buch eine solche Themenvielfalt kompetent beschreiben kann, war nur möglich durch die Mitarbeit und Ratschläge von Fachleuten. Ein besonderer Dank gilt der Firma Natalini, in Frankreich vertrieben von der Firma Texlibris S.A., von der die gezeigten Rahmenleisten und Intarsienrahmen stammen; Dominique Farantos für die Fotografien; Jean-Pierre Clerc für die Zeichnungen auf den Seiten 141–143; Zarza für alle anderen Zeichnungen; der Autorin, von der alle vorgestellten Rahmungen stammen; und zu guter Letzt Frau B. Ebert, Wiesbaden, die dem Übersetzer die phantasievolle Welt des Wechselspiels von Passepartout und Bild öffnete.

Bildnachweis

Firma Baguette de Bois: Abb. 19
Firma Beaux-Arts Canson: Abb. 17
Firma Editions Cartes d'Art: Abb. 114, 115
Firma L. B. M.: Abb. 78, 79, 160, 161
Firma M. C.: Abb. 18, 23
Firma Relma: Abb. 207
Firma Texlibris S.A.: Abb. 20, 22
Verwaltung der Staatl. Schlösser und Gärten, Berlin: Abb. 1